La divinisation du Moi

Études Psychanalytiques

Collection dirigée par Alain Brun et Joël Bernat

La collection *Études Psychanalytiques* veut proposer un pas de côté et non de plus, en invitant tous ceux que la praxis (théorie et pratique) pousse à écrire, ce, « hors chapelle », « hors école », dans la psychanalyse.

Dernières parutions

Fabio GALIMBERTI, *Le prince noir. Don Juan, un rêve féminin*, 2023.
Jean-Louis SOUS, *On abuse un enfant en l'Église*, 2023.
Samuel SCHIRO, *Le psychanalyste sur le divan. Pourquoi devient-on analyste ?*, 2023.
Alfredo EIDELSZTEIN, *L'origine du sujet en psychanalyse. Le Big Bang du langage et du discours dans la clinique psychanalytique et le concept de sujet en psychanalyse*, 2023.
Frank ROLLIER, *Adolescents et parents déboussolés. Traitements courts, orientés par la psychanalyse*, 2023.
Carine KHOURI NAJA, *Le cadre à l'épreuve des situations limites de la psychanalyse. L'œuvre d'art entre transfert et sublimation*, 2023.
Emmanuel MAUDET, *La subversion Lacanienne du structuralisme Lévi-straussien*, 2023.
Claude CROZON NAVELET, *Entre fauteuil et divan. La clinique psychanalytique*, 2023.
Gérard PIRLOT, *Psyché en quête d'esprit. Cliniques adolescentes, psychosomatiques et des cas-limites postmodernes*, 2023.
Annie COTTET, *Correspondances entre psychanalyse et théorie systémique. Clinique de l'inconscient dans les systèmes familiaux et managériaux*, 2022.
Françoise DENAN, *Souffrance au travail et discours capitaliste. Une lecture psychanalytique subversive*, 2022.
Karim MEKIRI, *Aux origines de la violence. Naît-on violent ou le devient-on ?*, 2022.
Stéphane VINOLO, *La psychanalyse existentielle : 1927-1943. Sartre (tout) contre Freud*, 2022.
Frédérique F. BERGER, *Psychanalyse avec les enfants*, 2022.
Dominique BERTHON, *Transmettre la psychanalyse. De l'hystérie au dégoût en passant par la pulsion de mort,* 2022.
Françoise DECANT, *Ce que savait Molière*, 2022.
Jean-Louis SOUS, *Avatars de la perversion*, 2022.
Jean-Paul MATOT, *De l'informe aux configurations psychiques. (Dé)peindre les processus*, 2022.
Cléopâtre ATHANASSIOU-POPESCO, *L'enfant, donner un sens aux apprentissages,* 2021.

Pierre Willequet

La divinisation du Moi

L'ego, indispensable et délirant

L'Harmattan

Du même auteur

Essais

La bizarrerie du rêve et ses représentations. Une revue critique et une étude empirique. Berne : Peter Lang, 1999.

Le Rêve – sa créativité, ses bizarreries. Genève : Georg, 2000.

L'envol et le lien – dix ans d'activités au Cerf-Volant : lieu d'accueil parents-enfants. En coll. avec A. Aebersold, C. Schopfer & J. Stitelmann. Genève : Suzanne Hurter, 2000.

Mères et filles – histoire d'une emprise. Paris : Le Seuil, 2008.

L'ego face au divin – Naissance du moi et expériences mystiques. Genève : Slatkine, 2010.

Accueillir parents et enfants – Vingt ans de vie au Cerf-Volant. En coll. avec E. Bitton, D. Châtelain, M. Lévêque et L. Louca. Genève : Slatkine, 2011.

Le vide spirituel et la dialectique âme/esprit. Paris, Bruxelles : Éditions Romaines, 2012.

Trahir, être trahi. Paris, Le Martin-Pêcheur, 2015.

Sexualité homme-femme – L'éternel malentendu. Paris, Dervy-Médicis, 2016.

Délires et splendeurs du religieux – La transcendance au 21e siècle. Paris, Le Martin-Pêcheur, 2018.

Jung et l'élan créateur. En coll. avec S. Shamdasani, G. Corneau, Ch. Maillard, B. Vergely et all. Bruxelles, Éditions Esperluète/L'Arbre Soleil, 2018.

Une effarante vacuité – Spiritualité et opposition âme/esprit dans une perspective jungienne. Avion, Éditions du Cénacle de France, 2019.

Contemporanéité de Jung. En coll. avec F. Bonardel, B. Eveno, E. Devolder et all. Bruxelles, Éditions Esperluète/L'Arbre Soleil, 2022.

L'image entre nuisance, inanité et nécessité. En coll. avec D. Baumann, B. Eveno, Th. Michel et all. Bruxelles, Éditions Esperluète/L'Arbre soleil, 2023.

Ego, The Ultimate Deity – Reflections on the Formation of the Self, its Madness, its Genius. Chicago, Analytical Psychology Press, 2024.

Fictions

Histoire d'un qui s'en alla – Roman psychiatrique. Genève, Slatkine, 2016.

Déluge des sens. Paris, Éditions Les trois colonnes, 2021.

5-7, rue de l'Ecole-Polytechnique, 75005 Paris

http://www.editions-harmattan.fr

ISBN : 978-2-336-43374-5
EAN : 9782336433745

Sommaire

INTRODUCTION **9**

LE MOI ET SA PROBLÉMATIQUE **15**

LE MOI ORIGINEL **33**

DÉCRIRE ET NON RÉDUIRE – LE MOI EN TANT QUE NÉCESSITÉ 41

1) L'organisation *42*

2) L'interaction-communication *44*

3) La pérennisation *45*

LA TOUTE-PUISSANCE REVISITÉE 53

LES CINQ SENS EN TANT QUE MOTIONS CENTRIPÈTES 61

LES CARACTÉRISTIQUES ARCHÉTYPIQUES INHÉRENTES AU MOI 63

LES COMPOSANTS « DIVINS » DU MOI 70

LE REFUS DE LA MORT **87**

QUE SIGNIFIE UN TEL REFUS ? 92

LES MOUVEMENTS CONTRA-MORBIDES 94

LE CAUCHEMAR 100

LE TEMPS ET LA MORT 115

LE TRAUMA ET SES EFFETS : LE TRAUMATISME **125**

COMMENT L'ÉCONOMIE SUBJECTIVE RÉAGIT-ELLE FACE AU TRAUMA ? 136

L'IMPRÉPARATION ÉGOTIQUE EN SITUATION TRAUMATIQUE 141

DE JUSTES ATTITUDES 145

LA CONTRAINTE SYMPTOMATIQUE 148

LES TENDANCES PARANOÏDES DU MOI 152

LE MOI GÉNÉRATEUR DE STRATÉGIES **173**

LA CULPABILISATION 184

LA SÉDUCTION 186

LE BESOIN DE RECONNAISSANCE 192

LA RECONNAISSANCE S'APPARENTE-T-ELLE À DE L'AMOUR ? 195

L'HÉGÉMONIE STRATÉGIQUE 202

L'INDIVIDUATION QUESTIONNÉE 209

L'INDIVIDUALISME TRIOMPHANT 215

RETOUR À L'INDIVIDUATION 219

LE MOI EN SES RÉCITS **221**

La dialectique assimilation-accommodation 222
L'outrance assimilatrice 226
L'outrance accommodatrice 229
La fonction justificatrice 233

CONCLUSION **237**

BIBLIOGRAPHIE **251**

REMERCIEMENTS **258**

Il est impossible de vivre pour toujours
sous la loi de l'ego : c'est trop infantile. Certes,
nombreux sont ceux qui commettent l'erreur
majeure de confondre l'ego et le Soi.
Or l'ego n'est qu'un Soi artificiel (…)
Chacun déteste faire retour sur lui-même ;
en fait chacun est dégoûté par soi.
C. G. Jung[1]

---

[1] Jung, C.G., *L'analyse des visions – Le séminaire de 1930-1934*, p. 394.

Introduction

Le combat de l'homme contre Dieu ; la révolte de la créature à l'encontre du créateur ; tels sont, depuis son aube, certains des motifs centraux de la pensée occidentale. Elle ne s'en est pas détournée depuis et vraisemblablement, ne s'en détournera pas, ni dans ses termes originels – s'opposer au « Tout-Autre », quelle qu'en soit la forme – ni dans ses avatars historiques – s'insurger contre toute forme d'autorité manifeste.

Initiée par le mythe dans la geste prométhéenne, il s'agit certainement d'une de ses plus cruciales orientations, car, en s'attaquant à cette figure, en la remettant en question et en la taraudant, il lui devint possible de donner naissance à la notion d'individu – celui qui, à la fois se sépare et se distingue du groupe –, pour ensuite la développer. Découlant de cela, put également se déployer la subjectivité, en tant que redressement et retournement face aux puissances immémoriales qui, jusque-là, dominaient largement l'espace spirituel et psychique, tout en l'asservissant de toutes parts.

Cette thématique constitue, par ailleurs à n'en point douter, un schème universel. Ce qui revient à dire qu'apparaît là une sorte d'impératif développemental, s'imposant comme nécessaire au sein de toute civilisation. Toutefois, et c'est là que l'insistance sur l'Occident reste pertinente, c'est bien sous nos latitudes que l'affrontement s'est perpétré avec le plus d'âpreté et de détermination : *la crucifixion du fils de Dieu* en est une sidérante illustration.

On pourrait, en effet, imaginer qu'en tant qu'universelle cette thématique puisse s'exprimer partout, et l'on n'aura pas tort : le neuf doit affronter, puis supplanter l'ancien, le vermoulu, le figé. Le fils va affronter son père, la fille, sa mère, et les conceptions ou créations inédites sont appelées à déloger les actuelles, dans un éternel mouvement de recouvrement du passé par les vagues du présent avant d'être, elles aussi, remplacées par d'autres, encore plus fringantes, plus stimulantes que les précédentes. Tout cela est parfaitement logique et correspond à une profonde nécessité archétypale, qui n'a jamais cessé de s'exprimer et qui, sans aucun doute, continuera de le faire.

La question demeure néanmoins : qu'est-ce qui a permis à l'Occident – « pays du couchant, mais pays où se lève, en revanche, le « soleil intérieur » de la « Conscience de Soi », dont l'éclat surpasse infiniment toute lumière simplement physique[1] » – de développer à ce point ce thème, alors qu'il s'agissait d'un motif omniprésent dont on retrouve, d'ailleurs, les manifestations au niveau éthologique, dans l'éradication des vieux dominants par les plus jeunes, afin de préserver la vitalité de l'espèce ?

La réponse est complexe et ne peut être abordée exhaustivement. Essayons toutefois d'en repérer deux facteurs, analysés ailleurs[2], ainsi que leur concomitance.

- Le premier a trait à la nature de l'investigation et de l'interrogation socratiques, autrement dit, et pour une bonne part, à la manière dont s'introduisent la méthode réflexive et ses effets sur la psyché. Car, en questionnant ses interlocuteurs, en dénonçant leurs approximations tout en soulignant, parfois, la justesse de leurs propos, Socrate sollicite de leur part, et en extrait du même coup, la possibilité d'aller puiser, chercher *au fond d'eux-mêmes* un certain accès à la « vérité », par autodénonciation de l'erreur en laquelle ils s'étaient engagés, confondant savoir et croyance. C'est ce qu'on a appelé la maïeutique[3]. Par ce processus d'extraction, qui correspond trait pour trait au travail de parturition des femmes enceintes, *l'individu accouche de lui-même*. Autrement dit, il naît, en tant que sujet, à ses yeux propres ; émerge en tant que conscience agissante, laquelle, de son côté, le reconnaît comme différent de ce qu'il était auparavant.

Ce tour de force introspectif permet au sujet réflexif – c'est-à-dire « psychologique » – d'advenir, capable de s'atteler désormais à la déconstruction de l'ensemble des intimations, idéologies et affiliations auxquelles il devait adhérer, sans forcément savoir pourquoi, si ce n'est par respect de la tradition ou simple atavisme[4]. Maintenant qu'il le sait –

---

[1] Beaufret, J., *Parménide - Le Poème*, p. 3. Souligné par l'auteur.

[2] Willequet, P., *Délires et splendeurs du religieux - La transcendance au 21e siècle*, p. 39 et suivantes.

[3] *Maïa* est l'aînée des Pléiades (filles du titan Atlas). Dans la mythologie grecque, elle veillait aux accouchements.

[4] Giegerich insiste sur le fait que, par le passé, ce qu'on nomme aujourd'hui « psychologie » n'était tout simplement pas nécessaire : « Aussi longtemps qu'existaient des ancêtres comme représentants fiables de l'expérience et de la conception du monde, aussi longtemps qu'existaient le Ciel et l'Enfer ainsi qu'une âme immortelle, régnaient aussi la mythologie, la cosmologie, la religion et la métaphysique, mais en aucun cas la nécessité d'une approche *psychologique* des choses. Comme Jung le répète souvent, c'est la perte de la religion et de la métaphysique à l'époque moderne qui fut à l'origine de la

car il l'a analysé[1] – il peut s'en distancier et, ce faisant, se dresser face à ce qui, jusque-là, le maintenait inscrit dans un système qu'il n'était pas capable d'interroger.

- Le second procède, sans doute, de l'avènement du monothéiste. Dans un régime polythéiste ou panthéiste, les dieux sont partout. Autrement dit, nulle part. Il n'existe aucun endroit où l'on puisse, distinctement, en identifier l'essence après l'y avoir repérée. Ce qui revient à dire que la « réalité » divine – son mana[2] – se répand uniformément et, de ce fait, demeure insaisissable. Au cœur des sources, des arbres, de la foudre ou des cavernes, dans l'animal ou le cyclone, se nichent autant d'entités protéiformes, aux apparences multiples, dont la profusion empêche toute possibilité d'en circonscrire l'existence ou les manifestations. Mais, dès l'instant où Dieu se proclame en tant qu'Unique, il rassemble *en un seul lieu* toutes les facultés représentationnelles le concernant et permet, justement, que l'on puisse se concentrer, se focaliser sur lui, foyer de toutes les grâces, mais aussi de toutes les oppressions, frustrations et ignominies possibles.

Du point de vue archétypal, le Dieu unifié est bien « l'Ancien » à qui l'on peut, certes, se confier, mais à qui l'on peut également s'opposer, sachant maintenant qui il est, où il se trouve et de quel bois il se chauffe. Lorsque les déités sont diffuses, il devient très difficile, voire impensable, de se rebeller contre elles. Leur prolifération empêche toute révolte à leur endroit, par déperdition d'énergie ou, plus simplement, par conscience de l'inutilité de tels assauts. Prométhée ne s'attaque en effet pas au Panthéon[3], mais bien à son chef, Zeus, en tant que représentant d'une autorité identifiable, concentrée sous l'égide d'une seule instance en laquelle se polarisent les puissances divines. De ce point de vue, Zeus préfigure les monothéismes à venir en incarnant celui auquel il faudra, désormais, se soumettre ou se mesurer, et auquel il faudra sans doute ravir un peu de substance, sous la forme du feu, la lumière conscientielle et les immenses aptitudes au faire, au connaître et au créer qui lui sont inhérentes.

---

possibilité, tout autant que de la nécessité d'une psychologie en tant que discipline empirique. » Giegerich, W., *What is soul ?*, p. 25. Traduit par moi.

[1] Rappelons qu'étymologiquement, le verbe *analyser* signifie « dissoudre ». Rey, A & coll., *Dictionnaire historique de la langue française*, T. I, p. 70.

[2] « Terme mélanésien qui désigne une puissance extraordinairement agissante émanant d'un être humain, d'un objet, d'un acte, d'un événement ou d'êtres et d'esprits surnaturels. Peut signifier aussi : santé, prestige, pouvoir magique et pouvoir de guérison. Concept primitif de l'énergie psychique. » Jung, C.G., *Ma vie, souvenirs, rêves et pensées*, p. 458.

[3] « Tous les dieux », en grec.

La conjonction de ces deux orientations – naissance et développement de la capacité réflexive par l'investigation maïeutique *et* conceptualisation progressive du divin en tant qu'unique – est la marque de fabrique de l'esprit occidental, son génie tout autant que son drame. Car, comme indiqué par le mythe, Prométhée finit mal.

Toutefois, en décidant de se tenir droit face au divin, en lui opposant ses maigres forces, l'être humain s'expérimente, par la même occasion, capable d'un tel exploit et apte à en assumer les conséquences : l'érection de la tour de Babel « dont le sommet touche le ciel[1] », est d'ailleurs perçue, par Dieu lui-même, comme une véritable menace[2]. Ainsi, la lutte contre l'Ancien, cette joute incessante menée depuis plus de vingt-cinq siècles s'est, peu à peu, tout autant qu'inévitablement, muée en divinisation de l'Homme (avec une majuscule) au détriment de toute autre forme de transcendance, pour s'achever par la destitution finale et massive de l'idée même de Dieu.

En s'autorisant un important saut temporel, on sait, par exemple, que le régicide perpétré le 21 janvier 1793 fut, en réalité, un déicide. Louis XVI en effet, souverain de droit divin comme l'étaient ses aïeux, se plaçait loin au-dessus des contingences humaines et, ce faisant, renvoyait ses éventuels contradicteurs à une situation de non-recours quant à sa légitimité[3]. Nos rois – au même titre que le furent les papes – étaient par nature in-faillibles[4], sans possibilité d'erreur, étant donné qu'ils procédaient en droite ligne de la volonté suprême, celle émanant du Très-Haut. En décapitant Louis XVI, c'est bien l'instance monothéiste que l'on atteint et à laquelle on substitue, après mille tâtonnements plus ou moins probants[5], *l'Homme*, identifié avec une candeur indicible à la Raison et à la Vertu. Une telle bascule idéologique, car il s'agit bien de cela (on le trouve abondamment théorisé par maints auteurs des siècles passés), a dû, pour être crédible et asseoir sa fiabilité, s'ancrer dans un

---

1 Gen. 11, 4.

2 « Eh, dit le Seigneur, ils ne sont tous qu'un peuple et qu'une langue et c'est là leur première œuvre ! Maintenant, rien de ce qu'ils projetteront de faire ne leur sera inaccessible ! Allons, descendons et brouillons ici leur langue, qu'ils ne s'entendent plus les uns les autres ! » Gen. 11, 6-7.

3 Signalons que tout système autoritaire a *toujours* procédé de la sorte : les César, Tsars ou autres Führers doivent, s'ils veulent perdurer et massacrer impunément les gens, s'identifier de près ou de loin au droit divin. Le slogan nazi l'a proclamé sans vergogne : *Gott mit uns !* (Dieu avec nous !).

4 Mot issu du latin et signifiant : « exempt de fautes ».

5 Les textes justificateurs de son exécution sont, à cet égard, nombreux et remarquablement décortiqués par Camus dans *L'homme révolté*.

postulat grandiose tout autant qu'invérifiable : *la Bonté*, inhérente à l'espèce.

On sait ce qu'il en advint.

Aujourd'hui, nous ne pouvons plus être dupes de telles idéalisations ni des naïvetés dont elles furent lestées. En effet, nous sortons à grand-peine d'un 20e siècle champion toutes catégories du nombre de morts par génocides, d'instauration de systèmes concentrationnaires ou totalitaires, de guerres fratricides ou de racismes multiformes. Il ne nous est donc plus concevable de souscrire, benoîtement, à des postulats aussi puérils ou, pour le moins, adolescents. La niaiserie humaniste a fait place à une sorte de torpeur conceptuelle relative à l'humain et à ses prouesses. Plus personne ne croit en des lendemains qui chantent, ni ne s'estime en droit d'ériger de nouveaux universaux, capables d'embrasser le futur dans une perspective à la fois radieuse et réconciliée.

Tout cela est terminé.

« Dieu » est mort, mais « l'Homme vertueux et raisonnable », prôné par les grands mouvements sociaux ou révolutionnaires d'antan, l'est également.

Les illusions initiales, rousseauistes en leur esprit, les innombrables doctrines en « isme » ont été laminées au profit d'une réalité bien plus âpre, plus terrible aussi, de la condition humaine et de ses appétits. Et l'on s'enfonce à petits pas, vieillissants et craintifs, dans un 21e siècle confondant de tiédeur et de pusillanimité, bordé de tous côtés par un matérialisme sans nom, mâtiné çà et là de tristes superstitions en direction desquelles – la nature ayant horreur du vide – s'engage le citoyen, affolé par la perspective de voir fondre son pouvoir d'achat sous les coups de boutoir de crises qui, de toute manière, ne manqueront pas d'advenir.

Toute forme de transcendance – qu'elle qu'en soit l'expression – étant désormais disqualifiée, pour ne pas dire ratiboisée, ne subsiste plus que ce qui, de l'humain, apparaît de façon la plus tangible, la plus immédiate et la plus fruste qui soit : la partie émergée de son être.

Autrement dit *son moi.*

Le moi comme simple *reste* de ce qui fut célébré avec tant d'espoir et de crédulité. Une fois les autres déités exterminées, n'en demeure plus qu'une seule, tonitruante, vindicative tout autant que rouée : ego, l'ultime divinité.

Et puisqu'il semblerait que, d'un même élan, la population mondiale se mette à souscrire aux impératifs de la Nouvelle Idole, il serait temps d'en réanalyser[1] certains aspects, les outrances ou les impasses, tout autant que l'intelligence ou la malignité. Ceci afin de pouvoir, une fois encore, la dénoncer quand il le faut et, si nécessaire, s'y opposer fermement, comme le fit Prométhée défiant Zeus. C'est à cette tâche que propose de s'atteler le présent ouvrage. Non point pour en stigmatiser unilatéralement les orientations – que certains, par confort, se plairont à taxer d'hédonistes – mais pour en saisir à la fois la nécessité *et* les ravages.

Car ravages il y a.

---

[1] Un tel travail a bien sûr déjà été initié, notamment par nombre de philosophes ou de mouvements psychanalytiques. Notre démarche vise à amplifier ces réflexions de façon méthodique, tout autant qu'heuristique.

Le moi et sa problématique

> Nous avons dit : sur la terre, pro-vient un obscurcissement du monde. Les événements essentiels de cet obscurcissement sont : la fuite des dieux, la destruction de la terre, la grégarisation de l'homme, la prépondérance du médiocre[1].

Inutile de vouloir se leurrer : les innombrables problèmes auxquels se heurte l'humanité ressortent *tous* de ses fonctionnements psychiques et, principalement, de ce que l'on est en droit d'appeler ses orientations égotiques. La haine de l'autre ; les guerres et massacres interethniques, interreligieux ; le dérèglement climatique ; la destruction inédite d'espèces animales et végétales ; la surconsommation ou la pulsion consumériste ; les trafics en tous genres ; la corruption généralisée ; les violences faites aux femmes, aux enfants ; le déferlement pédophile au sein de l'Église ; les multiples addictions sont toutes liées, de près ou de loin, à notre vie psychique et à l'une de ses expressions les plus tonitruantes, le moi.

Il en va de même de la pandémie du covid19, tout autant que des inénarrables ratés ou réactions délirantes qui en ont accompagné la gestion, signant, eux aussi, le rapport entretenu par l'homme avec le monde ambiant et les soi-disant impératifs qui en émanent, en termes d'exploitation des biens et des personnes, de circulation des marchandises, d'habitudes et/ou d'exigences de satisfactions immédiates. Inhérentes au productivisme, devenu l'alpha et l'oméga d'une mondialisation s'étant offert pour unique perspective, celle définie par la pulsion d'accaparement et ses pseudo « droits », ces orientations sont, elles aussi, placées sous l'égide de l'ego et des prérogatives dont il se réclame[2].

---

1 Heidegger, M., *Introduction à la métaphysique*, p. 56.

2 « Cette pandémie a un lien avec la destruction des écosystèmes. Le virus affecte les pangolins et les chauves-souris, deux espèces qui disparaissent très rapidement. Pour tenter de survivre, selon le mécanisme de la sélection naturelle, il doit se trouver un nouvel hôte, et cet hôte, c'est nous. Quand on crée des déséquilibres dans les milieux naturels en détruisant les écosystèmes, on augmente le risque de ce type d'échanges. Les

Dans un tel contexte, il apparaît utile, si ce n'est urgent, d'analyser encore et toujours les principaux mécanismes mis en œuvre par cette instance psychique *dominante* – selon ses propres dires – qu'on a identifiée comme étant l'ego ou le moi[1]. Il semble en effet avéré que les tendances préhensives[2], la volonté de maîtrise, l'avidité sous toutes ses formes ainsi que la peur de l'autre, à connotation paranoïde, résument de façon évidente certaines de ses dispositions, rendant de plus en plus épineuse la cohabitation des êtres humains sur un territoire limité, la Terre, aux ressources limitées elles aussi. En des termes plus qu'alarmistes, Attali résume ainsi la situation :

> Dans un bric-à-brac insensé, on accumule sans aucune précaution bien des matières inflammables, qui peuvent toutes déclencher un embrasement global : Pékin peut tirer sur les manifestants de Hongkong, entraînant des réactions violentes des Américains et des voisins de la Chine (...). De même, la destruction catastrophique au Brésil d'une des ultimes forêts primaires du monde, vitale pour l'humanité, comme l'accumulation insensée de déchets dans les océans, constituent d'autres exemples d'un « chacun pour soi » suicidaire[3].

---

pathogènes coévoluent avec leurs porteurs. On le sait depuis 1950, date à laquelle on a introduit la myxomatose chez les lapins australiens qui, par leur surpopulation, menaçaient les écosystèmes de l'île. » Testot, L. & Chartier, C., « Quand les grandes épidémies dictaient la géopolitique. » *L'Express* 3586, p. 70. Un tel constat est corroboré par l'écologue Ph. Grandcolas qui affirme que, par la déforestation ou la mise en contact d'animaux sauvages chassés de leur habitat naturel avec des élevages domestiques dans des écosystèmes déséquilibrés, proches des villes, « on offre (...) à des agents infectieux de nouvelles chaînes de transmission et de recompositions possibles. » Grandcolas, Ph., « Coronavirus : “Nous offrons à des agents infectieux de nouvelles chaînes de transmission” » *Le Monde*.

[1] Encore et toujours, car de nombreux mouvements psychanalytiques se sont continûment attelés à l'analyse du moi et de ses fonctionnements. Simplement, ces théories ayant quasiment perdu l'assentiment du public – pour des raisons qu'il serait oiseux de vouloir analyser ici (certains aspects en sont débattus dans mon ouvrage *Mères et filles - Histoire d'une emprise*, au chapitre « Regards critiques sur l'Œdipe » p. 95 et suivantes) – on en vient à rejeter tout ce qui, de près ou de loin, apparaît comme en étant issu. On assiste ainsi, depuis un certain temps, à ce qu'il ne faut pas hésiter à qualifier de « haine de l'inconscient », évacuant de ce fait le bébé avec l'eau du bain, ce qui est regrettable, mais s'explique, notamment, par la passion du jargonnage dont a fait preuve la littérature analytique, au détriment des vérités dont elle était porteuse.

[2] Adjectif formé à partir du verbe *prendre*.

[3] Attali, J., « Sur une poudrière, une fois encore. » *L'Express* 3554, p. 17.

Ainsi, cette entité psychique[1] a paradoxalement acquis, aux yeux d'un esprit du temps toujours prompt à dénicher ce qui dysfonctionne, une réputation exécrable et se voit taxée de tous les maux, au point où il devient banal d'énoncer qu'elle doit impérativement s'effacer au profit d'autre chose, le bien commun, la préservation des générations à venir, et ainsi de suite. Ce qui n'est bien sûr pas faux, mais ne résout rien tant qu'on n'a pas pris la peine de se pencher sur ses mécanismes, autrement dit, sur ce qui la constitue en tant que telle et la fait agir comme elle le fait.

Cette dénonciation est, en effet, paradoxale, car concomitamment aux dérives qui viennent d'être évoquées et qui devraient nous alarmer – toutes étant bien connues du grand public – se développe un individualisme forcené, aveugle, dont on aura à décrire certaines des manifestations les plus préoccupantes.

On assiste ainsi à un double mouvement, crucifiant, qui devient le symptôme d'une civilisation déboussolée : d'un côté, la revendication des obsessions égotiques comme ultime objectif existentiel, de moins en moins tamisé par une autorité consensuelle de nature politique, idéologique ou religieuse et, de l'autre, le constat hautement médiatisé de ses conséquences sur la qualité de vie ou, plus radicalement, sur la survie de l'espèce.

Pour autant, et contrairement à ce qui est généralement colporté par une certaine littérature new-ageuse, souvent mâtinée de bouddhisme mal digéré, générateur d'un prêt-à-penser un peu niais, on ne peut, ni on ne va, se débarrasser du moi. Il est consubstantiel à notre être-au-monde et en constitue la condition *sine qua non.* Le fait même d'énoncer qu'il faut le destituer, si ce n'est le « détruire », relève d'un acte mental issu de l'univers langagier, ayant eu accès à la conceptualisation, c'est-à-dire d'une *instance nécessairement égotique*, elle aussi.

Proclamer l'indispensable anéantissement de l'ego au profit du vivre-ensemble, de la préservation des espèces ou de Dieu sait quel autre motif, provient ainsi d'une construction émanant de lui, autrement dit, d'une conscience qui s'est construite, qui a pu évaluer et comprendre les enjeux vitaux auxquels elle est confrontée et qui, forte de ses propres déductions, en vient à pouvoir proclamer, effectivement, qu'il faudra

[1] Tout au long du livre, les substantifs « ego » et « moi », tout comme les qualificatifs qui en dérivent « égotique » et « moïque » sont utilisés comme synonymes. Ceci est justifié d'un point de vue lexical, étant donné que le terme « moi », issu du latin *me*, est l'accusatif de *ego.* Il « se rattache à un groupe de pronoms personnels indo-européens comme l'irlandais *mé* "moi", le grec *eme*, le sanskrit *mâ*, le vieux slave *me*, le gotique *mik.* » Rey, A & coll., op. cit., TII, p. 1260.

bien, tôt ou tard, s'attaquer aux origines du problème : son autodestruction.

On quitte alors le monde du paradoxe pour entrer, de plain-pied, dans celui de la contradiction. Contradiction flagrante, bien sûr, si ce n'est aberrante en ses conclusions. Le moi a été, est et sera. Il faudra bien que l'on s'y fasse, et que l'on continue de « faire avec », selon la formule consacrée, car de choix il n'y en a tout simplement pas : *être*, comme le remarquait Descartes avec malice, implique un moi, et affirmer quoi que ce soit à son égard – y compris ses outrances ou sa folie – nécessite également son existence et son activité, dans tous les domaines qui lui sont accessibles.

On ne va donc pas s'en débarrasser. Ni l'occire. Même si, au cours d'expériences tout à fait particulières, limitrophes, il est possible de ressentir, l'espace d'un instant, que ce qui s'éprouve ne provient pas de lui, ni, surtout, n'est par lui désiré. Ces moments de « sortie de soi », que l'on peut rencontrer lors de déferlements émotionnels, d'extases, de ravissements amoureux ou mystiques, indiquent qu'il existe effectivement un *au-delà* de son domaine empirique ou de son champ d'action. Cet *au-delà* ne peut être unilatéralement interprété en tant qu'illusion ou comme simple refus d'une « réalité » qui serait le seul espace légitime de ses expressions, étroites et circonscrites par définition.

En tant qu'outil psychique – et l'on entend par là le sens intime, intrinsèque du terme, celui-ci provenant en effet du latin classique *ūtensilia*, dérivé de *ūti* « se servir de, employer » – ce qu'on pourrait appeler la psyché globale (soit l'ensemble des composants psychiques ayant été élaborés au cours de millénaires pour en arriver à la configuration actuelle) a effectivement mis au point un instrument particulier, le moi dont il est question, afin de pouvoir se repérer dans le monde, le lire et y forger sa place, y aménager un parcours viable et faire en sorte de pouvoir s'y mouvoir de la façon la plus adéquate possible, pour ne pas dire la plus performante qui soit.

Dans un précédent ouvrage, nous avions proposé comme définition du « moi primaire », autrement dit, de cette entité en ses attributions les plus irrévocables, les plus déterminantes, la formule suivante :

> « *Le moi primaire est l'expression de ce qui permet à une entité organique d'appréhender et d'évaluer le réel en lequel elle s'insère, en vue de sa survie* ». Il s'agit là d'une perspective souple – que l'on pourrait également qualifier de floue, cela ne me dérange pas –, mais relativement englobante dans la mesure où, effectivement, toute forme vivante devra se forger une

relation au monde passant par la rencontre/confrontation avec les qualités spécifiques de celui-ci[1].

Dans la mesure où l'on tolère ce type de définition – et il semblerait effectivement qu'il y ait là une formulation objective, tangible, de la chose – on comprendra du même coup qu'il est hors de question d'imaginer pouvoir s'en délester, par Dieu sait quels tours de passe-passe ou naïveté conceptuelle.

Ce qui, en revanche, est envisageable et semble constituer à l'heure actuelle une sorte d'impératif éthique relativement à nos confrères humains, pour ne pas dire à notre environnement au sens large, peut s'énoncer comme suit :

Primo, il est possible de s'investir dans une certaine compréhension des soubassements égotiques, afin de ne pas rester dupe de leur furieuse propension à tout ramener à eux en se prenant pour l'ultime réalité, jusqu'en ses plus intimes anfractuosités.

Secundo, de leur faire admettre – car c'est bien eux qu'il faut persuader – qu'ils ne sont pas « les seuls en la demeure » et que, *nolens volens*, ils seront tôt ou tard confrontés à cette vérité à laquelle, par force ou par raison, ils seront contraints d'accorder une place.

Tertio, une fois cette conscientisation initiée (pour ne pas dire *achevée*, car cela, elle ne le sera pas, ni ne pourra jamais l'être, étant donné la dimension protéiforme, littéralement tentaculaire de la chose), envisager non pas d'anéantir cette instance, comme certains mouvements millénaristes ou autres sectes apocalyptiques tentent de nous en persuader[2], mais, plus modestement, d'en atténuer les méfaits sur les générations à venir ou l'état du monde actuel.

Ces trois actes – car il s'agit bien d'opérations mentales, conceptuelles, à la portée de chacun, pour peu que l'on se donne la peine de réfléchir, c'est-à-dire de se pencher non pas uniquement sur les objets environnants, mais bien sûr la manière dont nous les traitons, nous les considérons et sur la teneur de nos exigences à leur encontre – ces actes, donc, sont tout à fait concevables et ne dépassent aucunement nos aptitudes psychiques. Simplement, ils sont ardus, demandent du temps, de l'introspection, et surtout nécessitent ce qui apparaît comme la tâche

---

[1] Willequet, P., *L'ego face au divin - Naissance du moi et expériences mystiques*, p. 41.

[2] Sous la pression d'informations alarmistes certains mouvements appelés *collapsologues* ou *écofascistes*, tels que le VHEMT (*Voluntary Human Extinction Movement*) ou l'Église de l'Euthanasie (*Church of Euthanasia*) prônent une stérilisation massive de l'espèce ou un suicide collectif afin de préserver la nature. On trouve sur Internet nombre d'articles publiés par ces groupes.

la plus ingrate aux yeux d'ego : être capable de se décentrer, de se désobnubiler de lui-même, au sens où le mythe de Narcisse en illustre inversement la vertigineuse tendance. Car l'ego est bel et bien une structure mentale obsédée d'elle-même, et ses plus lancinantes préoccupations convergent toutes vers cette seule et unique réalité : son image[1] et son désir, effréné, de gratification et de reconnaissance.

Se situe donc là son plus grand défi, sa tâche la plus ardue et la plus « antinaturelle » : interroger ses appétits, remettre en question ses inclinations les plus évidentes, bref, supporter qu'une bonne part de ses compulsions puissent être *sacrifiées*, ou tout au moins temporisées, au profit d'un plus vaste que l'on pourrait identifier comme étant l'écosystème global (qui n'appartient à personne, mais incarne le bien de tous, autres espèces comprises) ou l'équilibration de systèmes organisés au sein d'un univers où chacun puisse trouver sa place sans s'y sentir constamment menacé. La question n'est bien sûr pas uniquement d'ordre écologique ou environnemental, au sens habituel de ces notions qui s'intéressent à l'état actuel de la planète. Celle-ci demeurant toutefois présente dans toute réflexion sur la place et le rôle du moi dans un contexte d'interdépendance grandissante, peuplé de sujets interconnectés et conscients des répercussions de leurs agissements sur ce qui n'est pas eux.

Mais il y a plus, et ces interrogations peuvent, sinon doivent s'évaser de façon plus nuancée, intériorisée, en direction de *l'autre*, du rôle et de la puissance du *mystère* situé face à l'ego. En d'autres termes, ce dernier est appelé, si ce n'est intimé, à prendre en compte, de façon radicale, toute forme d'altérité effective, y compris celle concernant *l'autre-du-moi*. Car celui-ci existe. Ce qui revient à dire que, non content de s'intéresser en toute lucidité à la façon dont il consomme, pour ne pas dire ingurgite et s'accapare le monde sous les diverses modalités du prendre (c'est là une de ses principales attributions naturelles, nous y reviendrons), il est également indispensable qu'il comprenne et tienne compte du fait,

---

[1] Il est à noter qu'à l'heure actuelle la chirurgie esthétique – au service légitime de l'image de soi – connaît un succès foudroyant, et pas uniquement chez les seniors désireux de se refaire une beauté : « le nombre d'interventions dans ce secteur est pour la première fois plus important sur les 18-34 ans que sur les 50-60 ans. Les *millennials* (individus nés après 2000) pointent désormais en deuxième position du classement des populations les plus attirées par les retouches esthétiques, juste derrière les 35-50 ans. » Marteau, St., « Jeunes : les réseaux sociaux rabattent pour la chirurgie esthétique. » *L'Express* 3556, p. 51. L'utilisation des smartphones et la diffusion des selfies amplifient largement un phénomène dont la Corée du Sud reste la championne toutes catégories.

comme l'indique les différentes orientations psychanalytiques depuis fort longtemps, qu'au sein du psychisme, *il n'est pas l'Unique.*

Et qu'il n'est pas, non plus, générateur des projets et ambitions les plus inventives qui soient. Là se situe également sa tâche éthique relativement au réel : en refusant de se déprendre de l'illusion tenace en laquelle il s'est installé (tout pouvoir justifier au motif de ses « droits »), le moi s'interdit du même coup l'accès à *ce qui n'est pas lui* au sein d'un plus vaste, difficile à définir, mais néanmoins indéniable, et recelant un univers bien plus équivoque, chatoyant, multiforme que celui en lequel il veut se maintenir : cadre sécurisé, calfeutré et avaleur en lequel chaque objet, si ce n'est chaque être, devient effectivement une chose assimilable, happée dans un perpétuel tourbillon dont le centre, à l'instar des trous noirs du cosmos, absorbe tout ce qui s'en approche pour le faire sien et, en définitive, le faire disparaître dans l'obscur de sa digestion.

Le refus, souvent assumé, d'admettre jusqu'en ses ultimes conséquences l'aspect pluriel de la psyché, autrement dit, la façon dont l'ego refuse ou s'arc-boute devant des réalités internes souvent dissonantes ou indomptables, signe, selon certains, la dimension névrotique caractérisant notre époque.

Jusqu'il n'y a pas si longtemps, en effet, la conscience collective accueillait, tout en la projetant souvent de façon candide ou dévote, cette altérité sur des supports symboliques extrêmement forts, de nature mythologique, religieuse, si ce n'est politique[1]. Ainsi, l'ego laissait la place à *l'autre-du-moi* en se le représentant à la fois comme globalement efficace, donc réel – rien ne l'étant plus que les instances mythiques qui parsemaient l'horizon mental de nos aïeux – et doté de pouvoirs auxquels il n'avait pas accès et, surtout, dont il n'était pas le générateur. Ce qui est fondamental. En effet, la prise en compte d'une autre efficience, d'autres puissances que celles qu'il s'attribue aujourd'hui,

---

[1] Historiquement parlant, la modernité s'est en effet manifestée sous forme de « proto-religions » telles que le socialisme, le communisme ou le fascisme qui, toutes, ont proposé une structuration globale de l'existence des peuples durant plusieurs décennies. Ce n'est plus le cas. À ce propos, voici ce qu'en dit le politologue D. Reynié : « Les dirigeants ne parviennent pas à dessiner un horizon désirable, ce que les grandes idéologies prenaient en charge. Mais l'absence d'horizon, et donc de direction, empêche toute mobilisation, engendrant une forme dangereuse d'anomie et de dépression politique. Or, comme les propositions en faveur d'un changement divisent aussitôt énoncées, la plupart des politiques craignant de se retrouver dans le camp des perdants, préfèrent se contenter de cet état anomique. » Chartier, Cl., « Le futur sera marqué par des bouleversements inouïs » L'Express 3556, p. 112. (Dérivé du grec, le substantif anomie signifie « absence de loi(s). »)

permettait à l'individu de se sentir relié, tout autant que redevable à ce « plus vaste », généralement appelé Dieu ou déité(s), plus tard remplacé par les idéologies en « isme ».

Sous nos latitudes, cela appartient au passé. Il y a eu « retrait des projections » comme on l'exprime généralement en termes psy, qui eut historiquement pour effet l'érection du moi comme seule finalité, s'instaurant du même coup comme la référence autour de laquelle allait s'organiser l'ensemble des projets existentiels, de manière à en célébrer, unilatéralement, la splendeur tout autant que les innombrables talents ou aptitudes.

Ce fut l'erreur fondamentale, le dérapage conceptuel majeur et létal, auquel nous sommes aujourd'hui confrontés avec tous les drames et désarrois qui peuvent en découler. Car ces *autres-du-moi* ne se sont bien sûr pas volatilisés. Et les « dieux et divinités » ancestraux n'ont pas disparu d'un coup de baguette magique parce que cela convenait aux ambitions moïques. Certainement pas. Ceux-ci, et c'est là tout le génie de l'investigation psychanalytique, se sont révélés, bien après la « mort de Dieu » nietzschéenne, comme autant de forces et d'emprises *internes au sujet*, tout aussi efficaces en matière d'horreur ou de ravissement, de fureur destructrice ou de beautés ineffables, que leurs prédécesseurs.

C'est là qu'intervient massivement, aujourd'hui, la notion de névrose collective. Celle-ci constitue en effet une désunion interne, accompagnée et soutenue par sa propre négation : ego dénie à la vie psychique tout autre forme de réalité que celle à laquelle il se réfère, lui. Il *hait* ce qu'on a traditionnellement appelé l'inconscient, dans la mesure où il y décèle ce qui, précisément, lui est insupportable : la perte de maîtrise sur l'ensemble de ce-qui-est :

> Il n'est pas névrotique d'avoir une main droite et une main gauche qui accomplissent des choses différentes, si ce n'est opposées. Ce qui en revanche l'est, c'est si la main droite ne doit pas savoir ce que fait la main gauche, et vice-versa. En d'autres termes, la dissociation névrotique consiste en sa propre négation (de la dissociation) et, ceci découlant de cela, insiste obstinément sur le fait que chaque vérité partielle soit la seule et unique vérité[1].

On comprend mieux en quoi notre époque répugne à l'idée même d'un autre-du-moi – appelons-le l'inconscient – dans la mesure où elle se caractérise par plusieurs traits, éminemment égotiques :

---

[1] Giegerich, W., *The soul's logical life: Towards a rigorous notion of psychology*, p. 25. Traduit par moi.

- La maîtrise et le contrôle du réel, par toutes les astuces et prouesses scientifiques et technologiques dont nous devons, soit dit en passant, être redevables au moi, car elles y révèlent son génie propre, son ingéniosité et ses incroyables capacités adaptatives. Or, maîtrise et contrôle seront toujours démentis par les soubassements psychiques et leur incompatibilité foncière relativement à de tels projets.

- Le développement effréné de l'individualisme, à tous les niveaux de la société, marqué notamment par le fait que cette dernière se retrouve de plus en plus atomisée en autant de micros-groupes, revendiquant chacun une pleine et entière légitimité et prise en compte, quelle que soit sa taille. Ce qui revient à dire que chacune de ces mini-entités fonctionne peu ou prou comme un moi, escomptant des autres qu'il soit reconnu comme « seule et unique vérité », au sens où en parle Giegerich dans le précédent extrait. Les forces inconscientes, une fois de plus, subvertissent, si ce n'est laminent ce genre de rengaine, en brouillant les cartes d'une identité unifiée, clairement circonscrite, qu'il s'agisse d'un individu ou d'un groupe.

- Le refus obstiné de toute forme de transcendance (au sens large), surtout religieuse, perçue à l'heure actuelle comme obsolète, si ce n'est délétère par nombre de nos contemporains et, surtout, par de nobles « penseurs » plus ou moins soutenus par le consensus collectif véhiculé par le *Zeitgeist* ou les médias[1]. Or, ce que nous apprend le commerce avec *le monde du dessous*, comme l'appelle Hillman[2], c'est que celui-ci est parcouru et déterminé par une vitalité, une puissance imaginative et créative sans commune mesure avec celle dont le moi se croit porteur. En d'autres termes, la transcendance est bien là, active en nos tréfonds, comme l'ont reconnu depuis la nuit des temps nombre de mystiques, de poètes ou d'artistes, sans compter bien sûr les fondateurs de religions qui, tous, ont perçu et célébré la splendeur de l'Être et son incompréhensible intensité évocatrice.

C'est dans un tel contexte qu'il est donc utile de se pencher à nouveau sur le moi et ses folies, sa démesure et son inénarrable intelligence, afin

---

[1] Ces questions sont traitées dans deux de mes récents ouvrages : *Délires et splendeurs du religieux - La transcendance au 21e siècle* et *Une effarante vacuité - Spiritualité et opposition âme-esprit.* Le *Zeitgeist*, mot allemand, signifie *l'esprit du temps.* Bien que celui-ci qualifie généralement la façon dont « on » pense le monde à l'instant présent et dont y circulent les valeurs et options morales dominantes, le *Zeitgeist* plonge ses racines dans le parcours sédimentaire d'une civilisation particulière. Il en provient nécessairement, en est la partie émergée, visible.

[2] Hillman, J., *The Dream and the Underworld.*

d'en cerner certains excès, ou certaines cécités, non pas uniquement pour les dénoncer, mais aussi et surtout, pour les comprendre :

> Il est urgent de comprendre pourquoi nous ne comprenons pas. Ni pleurer ni rire, mais comprendre, exigeait Spinoza. Soyons spinozistes, en dépassant l'émotionnel pour chercher à comprendre notre incompréhension même[1].

La réponse essentielle à ces débordements, à ce refus, à ce développement généralisé d'une *hubris*[2] collective engendrant autant de ravages environnementaux qu'humains, n'est pas à rechercher dans l'expansion protéiforme et généralisée de nouvelles technologies, aussi astucieuses soient-elles, comme le martèlent nombre d'intellectuels contemporains, tous plus ou moins contaminés par la peur du « déclassement » occidental – européen en particulier – face à la montée en puissance, démographique et technologique, d'un Orient plus que jamais perçu comme hégémonique et, donc, menaçant[3].

Non, la place et le rôle du citoyen actuel (notamment dans l'UE, héritière d'un incomparable trésor civilisationnel) ne peuvent uniquement se trouver dans la formation de milliers d'ingénieurs ou d'informaticiens, avec pour objectif premier de ne pas laisser aux mains des Chinois ou des Américains la maîtrise de l'Intelligence artificielle ou des mégadonnées (*big data*). Le sursaut humanisant, tout autant que le cheminement en vue d'une nécessaire préservation/évolution de l'espèce (si ce n'est *des* espèces) ne peut, ni ne doit se cantonner au développement illimité du monde numérique, ni au traitement de données statistiques. Il y faut un peu plus de nuance et, surtout, un véritable travail réflexif, ce qui est plus compliqué. Nous ne pouvons en effet pas concevoir le futur comme ramené à des centaines de millions d'individus rivés à leurs ordinateurs pour y concocter des algorithmes, ou s'abrutir devant d'interminables lignes de chiffres. Tout cela est bien trop pauvre, trop fruste pour les aspirations profondes, animiques, d'une créature dotée de tant de potentiels, d'imagination et de créativité, souvent peu ou mal exploitées.

---

[1] Redeker, R., « Comprendre ce que nous ne comprenons pas. » *Le Point* 2254, p. 120. Souligné par moi. La citation du philosophe batave se trouve dans l'introduction au *Traité politique*, p. 27.

[2] Terme grec signifiant « *la démesure* ».

[3] Ce qui, dans les faits et ambitions assumés, n'est pas tout à fait faux. Notamment concernant la Chine.

Un élément de réponse à la désorientation généralisée réside, certainement, dans un rigoureux retour sur soi tel que le prônait, entre autres, le plus ancien précepte qui fut gravé sur le fronton du temple de Delphes[1]. Il s'agit de la prise en compte, attentive tout autant que lucide, de réalités propres à la psyché humaine, accompagnée du regard critique que l'on peut porter sur ses indéniables tendances destructrices, annihilatrices, qui ne demandent qu'une chose : s'emparer, encore et toujours, de plus de biens, de nouveaux territoires (courant 2019, D. Trump avait projeté d'acheter le Groenland et l'on sait, en 2022, ce que V. Poutine veut faire de l'Ukraine), d'objets ou d'êtres afin de les asservir à son immense et inconsolable sentiment de manque, à ses peurs, à sa cupidité récurrente et dominatrice.

Un tel *retour sur soi* – dont le confinement obligé de 2020 fut une malicieuse illustration – rejoint ce qui est ici proposé : un questionnement sans concession relatif à nos fonctionnements les plus intimes, les plus archaïques et, de ce fait, une remise en question de ce qui semble la chose la plus naturelle qui soit : considérer le monde et ses objets comme autant de prétextes à l'accaparement et à la maîtrise, soit le projet technologique en chacun de ses aspects.

Ces dispositions sont toutes régies par des soubassements égotiques, c'est-à-dire par l'angoisse de mort. L'obnubilation technologiste ne vise qu'à cela : faire en sorte que celle-ci s'éloigne de soi, le plus rapidement et le plus définitivement possible. Faire en sorte qu'elle devienne une abstraction, un non-étant, un simple obstacle à surmonter[2]. Faire en sorte que notre passage ici-bas ressemble, de plus en plus, à un amusant batifolage au milieu d'objets consommables, ce qui, évidemment, mérite une sérieuse réévaluation.

Dans une discussion cruciale sur le terme *technè* (d'où proviennent les termes technique et technologique), Heidegger fait remarquer ceci : pour les Grecs, le terme ne signifiait pas seulement le « faire » de l'artisan, mais surtout l'ensemble des beaux-arts, au sens élevé du terme. Par ailleurs, il était indissociablement accolé au terme ἐπιστήμη qui renvoie à l'acte du connaître, tout autant que du *savoir-faire* et de la *compréhension* :

> Tous deux sont des noms de la connaissance au sens le plus large. Ils désignent le fait de pouvoir se retrouver en quelque chose, de s'y connaître. La connaissance donne des ouvertures. En tant que telle, elle

---

[1] « Connais-toi toi-même » (*Gnauthi seauton*), repris par Platon dans le *Charmide*, pp. 94-95.

[2] C'est, clairement, le projet transhumaniste tel qu'il est, par exemple, défendu par le philosophe Luc Ferry et nombre de théoriciens de la *Silicon Valley*.

est un dévoilement. (…) Ainsi le point décisif, dans la technè, ne réside aucunement dans l'action de faire et de manier, pas davantage dans l'utilisation de moyens, mais dans le dévoilement dont nous parlons[1].

Le *dévoilement*, concept fondamental chez cet auteur, se retrouve tout au long de son œuvre en tant qu'acte capable de révéler ce qui n'est pas, au premier abord, accessible. Ainsi, poursuit-il :

> La technique est un mode du dévoilement. La technique déploie son être dans la région où le dévoilement et la non-occultation, où ἀλήθεια[2] où la vérité a lieu. (…) Le dévoilement, cependant, qui régit la technique moderne, ne se déploie pas en une production au sens de la ποίησις[3]. Le dévoilement qui régit la technique moderne est une provocation (*Heraus-fordern*) par laquelle la nature est mise en demeure de livrer une énergie qui puisse comme telle être extraite (*herausgefördert*) et accumulée.

C'est d'ailleurs en cela qu'en tant que mode opératoire elle peut être questionnée, si ce n'est critiquée :

> Mais ne peut-on dire autant du vieux moulin à vent ? Non : ses ailes tournent bien au vent et sont livrées directement à son souffle. Mais si le moulin à vent met à notre disposition l'énergie de l'air en mouvement, ce n'est pas pour l'accumuler. Une région, au contraire, est pro-voquée à l'extraction de charbon et de minerais. L'écorce terrestre se dévoile aujourd'hui comme bassin houiller, le sol comme entrepôt de minerais.

Autre concept important, chez Heidegger, celui de *pro-vocation* qui correspond à l'acte d'intimer aux choses ou aux êtres une finalité – voire une rentabilité – qui les aliène de leur ontologie :

> Tout autre apparaît le champ que le paysan cultivait autrefois. (…) Le travail du paysan ne pro-voque pas la terre cultivable. Quand il sème le grain, il confie la semence aux forces de croissance et il veille à ce qu'elle prospère. (…) Qui accomplit l'interpellation pro-voquante, par laquelle ce qu'on appelle le réel est dévoilé comme fonds ? L'homme, manifestement[4].

---

[1] Heidegger, M., Essais et conférences, pp. 20-24 pour les citations qui suivent.

[2] *Alètheia*, « La vérité » en grec, opposée à la simple apparence.

[3] « La fabrication, la création ou composition poétique. »

[4] Heidegger, M., Essais et conférences, pp. 20-24.

Quelques remarques supplémentaires à propos de ce texte qui, bien que daté de 1953, n'a pas pris une ride. Il interroge en effet, de façon cruciale, deux modalités de l'être-du-moi, en d'autres termes, deux de ses orientations fondamentales qui méritent réflexion. Heidegger part d'un concept pour lui essentiel, qu'il nomme *le dévoilement*. Celui-ci correspond à l'acte par lequel l'être humain veut pénétrer l'essence des choses, en en dé-couvrant ce qui était couvert. En effet, pour comprendre les fondements « invisibles » d'un objet quelconque – un arbre, une roche, un virus – il faut bien y pénétrer, l'investiguer, afin d'en saisir les soubassements fonctionnels. Il faut, en d'autres termes, en dé-voiler ce qui en restait voilé étant donné que l'objet, en tant que tel, ne se montrait que sous les termes de son *apparence* – et pas de son essence. Il n'y a, à cela, rien à dire, et l'on tombe ici sur l'une des principales fonctions de la cognition, c'est-à-dire son besoin, impérieux et vital, de comprendre le monde pour pouvoir y séjourner en étant capable de coopérer avec lui. L'exemple du moulin à vent ou de la semaison rejoint cette modalité comportementale : pour construire le moulin ou semer adéquatement le grain, il faut en comprendre les lois internes, les rythmes, et ainsi de suite.

Le problème surgit, poursuit Heidegger, lorsque l'homme commence à exiger de la nature (mais aussi d'autrui, de son prochain) qu'elle se réduise à ce qui lui convient, c'est-à-dire, pour reprendre notre terminologie, à se soumettre aux exigences moïques. Il étaye son raisonnement sur le terme *eidos* (εἶδος) signifiant l'aspect qu'une chose visible offre à notre œil corporel. Or pour Platon, qui a popularisé l'usage du terme (raison pour laquelle on parle souvent des Idées platoniciennes), la notion ne peut en aucun cas se résumer à cela. Au contraire, elle désigne et souligne « ce qui précisément n'est pas, n'est jamais perceptible par les yeux du corps[1]. » Ainsi, les objets du monde, ceux que l'on rencontre à chaque instant, supportent ces deux aspects : leur visibilité, leur apparence sensible, d'une part – tout à fait pertinente et légitime – et d'autre part leur effective irréductibilité, leur secret ou leur étrangeté, tels que les définit cet auteur.

Dès lors que l'on commence à faire fi ou à nier ce second aspect, on se cantonne à un positionnement ne pouvant considérer l'objet que sur son versant consommable. On en nie et en détruit l'essence (son *en-soi*) pour n'en garder que l'utilité (son *pour-soi*). Cet acte spécifique, Heidegger le nomme *l'Arraisonnement*. Il a pour objectif de transformer le réel en un

---

[1] Ibid., p. 27.

« fonds » dont on peut jouir et qu'il est possible de traiter seulement sous les auspices du prendre et de l'ingestion :

> La technique arraisonne la nature, elle l'arrête et l'inspecte, et elle l'arraisonne, c'est-à-dire la met à la raison, en la mettant au régime de la raison, qui exige de toute chose qu'elle rende raison, qu'elle donne sa raison[1].

Un tel positionnement va donc traiter la « nature » (tout autant qu'autrui) de façon à ce qu'elle puisse être saisissable « par le calcul et qu'elle puisse demeurer commise en tant que système d'information[2]. » Ce qui implique, logiquement, que tout ce-qui-est se retrouve pris dans un vaste système de cause à effet dont la science, tout autant que la *technè*, sont les plus éminentes représentantes.

Ce processus n'est, en soi, pas dommageable, dans la mesure où, selon Heidegger, « l'essence de la technique moderne réside dans l'Arraisonnement et celui-ci fait partie du destin de dévoilement[3]. » Toutefois, son vice revient au fait de réduire, une fois encore, la chose envisagée à la stricte utilité de ce qui en a été dévoilé.

Ce que le philosophe nomme la *non-occultation*, suivant laquelle la nature se révèle comme une série d'effets complexes et calculables de forces et d'incidences, peut sans doute amener à des résultats ou à des constatations exactes : il est possible de mesurer de façon plausible, par exemple, la manière dont tel ou tel objet peut, ou non, flotter dans un milieu aqueux, selon ses caractéristiques moléculaires, sa masse et ainsi de suite. Mais ces succès cognitifs, au sens large, n'en restent pas moins imperméables à ce qui, de l'objet, *échappe* foncièrement au domaine du démontrable, c'est-à-dire à la suite logique des causes et des effets[4]. Dans cette mesure et en raison de ces prouesses, au cœur même d'un tel positionnement méthodologique (la *non-occultation*) « peut demeurer le

---

[1] Note du traducteur de *Essais et conférences*, A. Préau. Op. cit., p. 26.

[2] Ibid., p. 31

[3] Ibid., p. 34.

[4] Ou, plus précisément, ce qui est visible de lui-même, c'est-à-dire son enveloppe égotique. Dans un aparté saisissant, Heidegger enfonce le clou : « Ainsi, là où toute chose présente apparaît dans la lumière de la connexion cause-effet, Dieu lui-même peut perdre, dans la représentation (que nous nous faisons de lui), tout ce qu'il a de saint et de sublime, tout ce que son éloignement a de mystérieux. Dieu, vu à la lumière de la causalité, peut tomber au rang d'une cause (…). Alors, et même à l'intérieur de la théologie, il devient le Dieu des philosophes, à savoir de ceux qui déterminent le non-caché et le caché suivant la causalité du "faire", sans jamais considérer l'origine essentielle de cette causalité. » Ibid., p. 35.

danger que le vrai se dérobe au milieu de toute cette exactitude. Le destin du dévoilement n'est pas en lui-même un danger quelconque, il est *le* danger[1]. »

Ce dernier se manifeste sous deux aspects :

Si l'homme se résigne à ne considérer le monde ambiant qu'en tant que « fonds » exploitable – c'est-à-dire *exactement* ce à quoi l'on assiste aujourd'hui, où tout ce qui provient de l'environnement n'est envisagé qu'en ces termes –, il se dirige alors vers le point où lui-même se considère en tant que tel : l'exploitation de l'homme par l'homme. Chosification galopante de l'humain par l'humain jusqu'au plus intime de son être, comme on en voit la triste illustration/prolifération dans l'instrumentalisation des enfants mis au travail en bas âge, tout autant que dans la prostitution ou la pornographie, phénomènes aujourd'hui banalisés et, de ce fait, généralisés. De cette manière, l'ego transforme l'ensemble du réel comme conçu, unilatéralement, en vue de ses propres objectifs.

Par ailleurs, et ceci découlant de cela, « l'homme ne rencontre plus que lui-même[2]. » Il ne perçoit plus, dans ce qui l'environne et, foncièrement, le dépasse de tous côtés par ses infinies énigmes, que ce qui le concerne, lui, et occulte, ainsi, toute autre possibilité d'accès à cet *autre-du-moi* dont il était question plus haut. Cette impossibilité de se rencontrer soi-même, c'est-à-dire cette obnubilation accaparante transformant le monde en fonds, invalide la possibilité offerte à l'homme de se percevoir en tant qu'*être*.

Bien qu'occupé par l'intimation du dévoilement – il reste et restera nécessaire de connaître les objets du monde – l'homme a oublié que celle-ci s'adresse également, et sans doute prioritairement, à ce qu'intrinsèquement il *est*, en tant que lui-même :

> Là où domine l'Arraisonnement, direction et mise en sûreté du fonds marquent tout dévoilement de leur empreinte (…). Ainsi l'Arraisonnement pro-voquant ne se borne-t-il pas à occulter un mode précédent de dévoilement, le pro-duire, mais il occulte aussi le dévoilement comme tel et, avec lui, ce en quoi la non-occultation, c'est-à-dire la vérité, se produit. L'Arraisonnement nous masque l'éclat et la puissance de la vérité[3].

---

1 Ibid., p. 36. Souligné par l'auteur.

2 Ibid., p. 36

3 Ibid., p. 36.

La réflexion heideggérienne ne condamne donc pas la technique en tant que telle (« la technique n'est pas ce qui est dangereux. Il n'y a rien de démoniaque dans la technique[1] »), mais souligne combien ses procédures, dans l'acte du produire, *recouvrent* et *obstruent* ce par quoi elle était initiée : l'acte même de comprendre, de se dévoiler à soi-même la nature des choses pour en tirer subsistance et/ou sens. De ce fait, l'homme oublie ce qui le pousse à comprendre ce qu'il est (son être) en ne voyant et en ne considérant que ce qu'il veut (maîtriser le réel). Cet écueil est résumé par un extrait pouvant avoir valeur d'aphorisme :

> La menace véritable a déjà atteint l'homme dans son être. Le règne de l'Arraisonnement nous menace de l'éventualité qu'à l'homme puisse être refusé de revenir à un dévoilement plus originel et d'entendre ainsi l'appel d'une vérité plus initiale[2].

L'oubli de soi, en tant que secret ou énigme, reste donc et demeure l'écueil majeur et nodal autour duquel gravite l'inquiétante mélancolie en laquelle s'enfonce l'humanité contemporaine. Son « occulté » ne l'intéressant plus, elle se réduit, peu à peu, aux exigences et intimations de l'écume de son être, autrement dit, à sa surface. Or, ce qui se loge là, structurellement et en toute logique, correspond bien sûr à son moi, à ego, situé à l'interface des deux mondes au sein desquels il se doit de cheminer : le dedans et le dehors.

Mais ce qu'il omet généralement de prendre en compte, c'est que le dedans n'est pas uniquement conçu pour faire face au-dehors, le sujet n'étant pas condamné à se préoccuper uniquement des nécessités immédiates auxquelles il doit faire face. Pour prendre conscience d'une telle réalité, pour ne pas dire d'une telle vérité, il faut nécessairement qu'il se comprenne lui-même, autrement dit, continue de réfléchir sur ses obsessions les plus récurrentes, tout autant que sur ses plus géniales fulgurances.

Il y a là un travail gigantesque, prodigieux, digne des travaux d'Héraclès, et qui n'incombe ni aux politiciens ni aux prêtres, imams ou autres rabbins. Il s'agit d'une tâche dont chaque individu est maintenant responsable, car chacun est, peu ou prou, capable de concevoir ce qui est en train de se tramer collectivement, notamment du point de vue des effets de l'Arraisonnement dont l'ego est le principal vecteur. À ce propos, il est utile de rappeler que les moyens employés pour la diffusion

---

[1] Ibid., p. 37.
[2] Ibid., p. 38.

de ces informations ont été mis en œuvre *par le moi*. C'est bien lui qui, à son corps défendant, et finalement plus ou moins au courant des dérives qu'il a lui-même engendrées, a façonné les outils de sa propre autolimitation. Le travail des médias, la globalisation de l'accès à Internet, les innombrables publications tout autant que leur diffusion sont bien de son fait, et le voilà affolé face à l'entité tentaculaire dont il a accouché et à laquelle, paradoxalement, il s'accroche comme le naufragé à son radeau. L'individu actuel ne peut plus se cacher derrière un voile d'ignorance ou de dénégation :

> [Il] ne peut plus chercher d'échappatoires dans sa prétendue petitesse et sa prétendue insignifiance, car le dieu obscur a mis entre ses mains les produits de la guerre chimique et de la bombe atomique, lui conférant ainsi le pouvoir de déverser sur ses contemporains les coupes de la colère apocalyptique. Puisqu'il est ainsi devenu d'une puissance quasi divine, il ne peut plus persévérer, aveugle et inconscient[1].

L'avertissement de Jung date de 1952. Il est publié dans un ouvrage resté fameux, intitulé *Réponse à Job* (*Antword auf Hiob*) ; en son message, il n'a pas non plus pris une ride, au même titre que la thèse heideggérienne qui vient d'être brièvement évoquée. En effet, il devient aujourd'hui absurde, pour ne pas dire criminel, de nier les conséquences du comportement humain sur l'environnement – au sens large – ou de tomber dans le piège de mouvements négationnistes et complotistes qui continuent de chercher, en toutes circonstances, *un bouc émissaire qui ne soit pas soi*. Le bouc est en moi. Le bouc, c'est moi (ou *le* moi). Et personne d'autre.

[1] Jung, C.G., *Réponse à Job*, p. 222.

Le moi originel

Les milieux universitaires et plus généralement académiques, dans leur appétence pour une mainmise exhaustive, ou du moins la plus complète possible sur leur objet d'étude, la rigueur méthodologique et la fiabilité de leurs résultats, se montrent, à bon droit, extrêmement rétifs à l'utilisation de certains termes ou concepts. Des mots ou « réalités » tels que la vie, l'amour ou l'instinct, parmi d'autres, trouvent rarement leur place dans leurs publications et se voient relégués dans des ouvrages de vulgarisation ou, pire, dans l'immense et souvent pénible littérature du « développement personnel », englués au milieu d'un fatras d'opinions ou de croyances véhiculées par les réseaux sociaux où tout et n'importe quoi prétendent au statut de vérité, alors qu'il ne s'agit la plupart du temps que de slogans autoréférés, de rêveries doucereuses ou d'affirmations péremptoires. La révolution numérique y est pour beaucoup, c'est certain. Et si ce qu'on pourrait appeler l'antiscience ne date pas d'hier, il n'en reste pas moins qu'elle se généralise depuis vingt-cinq ans, comme le souligne F. Flückiger, ingénieur au CERN, le laboratoire à l'origine du Web, interrogé par B. Cot :

> Nous avons créé un monstre hors de tout contrôle (...). Contrairement à tout ce que nous avions prédit, il s'est révélé être un incroyable amplificateur et accélérateur de l'irrationalité : une idée folle se répand plus loin et se diffuse comme une traînée de poudre.

Avec, selon Flückiger, une multiplication d'effets pervers :

> Égocentrisme, fausses nouvelles, complotisme, addiction, réfutation des faits et, bien sûr, refus de la connaissance. Résultats ? Chacun ou n'importe qui peut parler, « éditorialiser », et la parole d'un prix Nobel ne vaut pas plus que celle d'un simple internaute[1].

[1] Cot. B., « Les nouveaux obscurantistes. » *L'Express* 3549, p. 24.

La rigueur scientifique a donc raison de s'atteler et de se restreindre à des méthodes et résultats à la fois démontrables *et* réfutables, c'est même là toute sa noblesse. Il serait oiseux de vouloir se passer, par exemple, de la méthode hypothético-déductive pour étudier une multitude de phénomènes qui, sans elle, ne nous seraient pas accessibles de façon pérenne ou utile. Toutefois, lorsqu'on pénètre dans les arcanes du monde psychique, dans cette jungle incroyablement touffue faite d'impressions, de sentiments ou d'intuitions, il devient très compliqué, pour ne pas dire chimérique, de se limiter à ce genre d'approche, étant donné que l'on se trouve face à une multitude de phénomènes à la fois invisibles, intangibles et qu'il est impossible de circonscrire de façon nette ou définitive.

En psychologie, et encore plus pour la réflexion psychanalytique, le théoricien n'est pas confronté à une matière de type X dont il faudrait, par exemple, définir la résistivité à la chaleur en telle ou telle circonstance. Non. Il s'agit, insistons-y, d'objets de pensée, de sentiments tout à fait particuliers qui ne supportent pas, et ne supporteront jamais d'être réduits à de simples algorithmes, à des équations complexes ou à une évaluation purement statistique (même si cette dernière fait intégralement partie des études universitaires en Psychologie, dans toutes les facultés du monde).

En un mot comme en cent, tout ce qui ressort essentiellement et véritablement de la vie psychique s'apparente et renvoie, incessamment, au domaine du mystère étant donné son impalpabilité, son évanescence et son incroyable complexité. Pour tout ce qui concerne psyché, nous nageons dans un océan de conjectures, d'incertitudes, d'incompréhensibilités et de faux-fuyants. Ce qui, reconnaissons-le, est tout sauf confortable.

Du point de vue épistémologique[1] néanmoins, il est nécessaire de garder ceci à l'esprit : pour tout ce qui concerne la vie intérieure, l'utilisation de termes polysémiques (à multiples significations), tels que « la vie, l'amour ou l'instinct » est, et restera, nécessaire. Mais il est sans doute indispensable, de la part de celui qui en use, d'en préciser le sens. Affirmer, dans une discussion entre amis, que « l'amour est plus fort que tout » ; lire, dans telle ou telle revue glanée chez le coiffeur que « la vie se chargera de tel ou tel problème » ou, encore, qu'untel est « totalement inconscient », est certes acceptable, mais ne fait que nuire à

[1] Rappelons que l'épistémologie est la science qui s'intéresse aux modalités d'accès à la connaissance. Le terme provient du grec *epistêmê* « connaissance vraie, science » et de *logos* « discours ».

l'appréhension de concepts qui restent pertinents, bien que diffus dans leurs manifestations, ce qui ne simplifie pas les choses.

De fait, lorsqu'on tente de réfléchir ou, pourquoi pas, de disserter ou d'écrire sur d'aussi vastes sujets (tout autant que flous), deux grandes options s'offrent à soi. La première relève de ce que l'on pourrait qualifier de lieux communs ou d'échanges à brûle-pourpoint, soit ce que la réflexion philosophique a identifié, depuis Socrate, en tant que *doxa*, ou *opinion*. Cette dernière, sans être absurde par définition, manipule ces concepts de manière généraliste avec comme *a priori* que chacun en connaît, ou du moins en présuppose la signification. On s'engage ainsi dans un univers conceptuel proche de la conversation de bistro, qui n'a rien de répréhensible, mais qui, de fait, a ses limites. Les généralités ne cernent rien. Ou pas grand-chose, même lorsqu'elles prétendent le faire. On se retrouve alors immergé dans le consensus, un certain confort mental, chacun étant supposé savoir de quoi il s'agit.

Une telle modalité discursive n'a pas à être discréditée : elle est utile en maintes circonstances, dans sa fonction de lien social sous-tendant tout débat démocratique, comme on en a vu fleurir maintes expressions en France ces dernières années. Sans un tel accès à la *conversation*, qui ne peut en aucun cas demeurer l'apanage de spécialistes, l'interlocution devient inexistante et la relation à autrui, stérile. Celle-ci est donc nécessaire, tant d'un point de vue affectif qu'informationnel, si ce n'est, même, du point de vue de la connaissance. Dans une telle perspective, la conversation a valeur épistémologique, cela semble évident, et les réseaux sociaux – encore eux – en sont des promoteurs tout à fait évocateurs ou, pourquoi pas, probants.

L'autre option est plus laborieuse et requiert d'emblée, on s'en serait douté, une autre approche. On pourrait la qualifier de phénoménologique, dans la mesure où les faits auxquels elle s'adresse impliquent que l'on s'attèle à en définir la nature du point de vue de « ce qui apparaît », d'une part, et de « ce dont on peut avoir une expérience », de l'autre. Rappelons que le terme grec *phainomena* signifie précisément « ce qui apparaît ». Ce faisant, et en adoptant cette autre orientation épistémologique, on s'extrait de la conversation pour pénétrer dans le domaine de la *démonstration*. Or, celle-ci ne tolère qu'une dose réduite d'approximation, même si elle reste obligatoirement présente, qu'on le veuille ou non. L'opinion et la charge affective qui l'accompagne ne sont jamais évincées par un accès inaltéré au savoir absolu, surtout lorsqu'on s'attaque aux concepts précités, que cela plaise ou non. La science à l'état pur, exempte de toute forme de subjectivité, reste une pétition de principe, comme l'ont compris maints épistémologues depuis fort longtemps. Même dans les résultats les plus affinés de la plus rigoureuse des expérimentations se cachent des présupposés idéologiques[1], historiquement connotés du point de vue de leurs orientations, cela reste évident.

Il n'en reste pas moins que l'intérêt de cette seconde approche – qui spécifie l'approche psychanalytique au sens large – réside dans cette double réalité : d'une part, en se penchant sur un phénomène quelconque, on constate bien que « quelque chose apparaît » et, de l'autre, on observe du même coup que, de ce quelque chose, on peut avoir une « expérience ». À partir de celle-ci, il est sans doute possible d'extraire de l'objet analysé certaines de ses caractéristiques essentielles, irréductibles à d'autres. Il n'y a donc pas cinquante mille portes menant à la compréhension de ce qui est décrit, et l'expérience – surtout dans le domaine de la psychologie – en reste l'un des principaux outils :

> D'expérience en expérience, de figure en figure, l'homme suit un chemin qui n'est ni tracé à l'avance ni dépourvu de cohérence. Le Savoir ne s'y impose pas du dehors, il se coule au contraire tout entier dans le mouvement interne et immanent du contenu qui laisse progressivement surgir son sens, sa forme raisonnable[2].

On en vient ainsi à *décrire* et non pas à *réduire* les faits, ce qui permet par la suite d'en circonscrire certains invariants et, de ce fait, d'utiliser le concept de façon relativement stable et fiable : le phénomène « fourchette », par exemple, possède certains attributs spécifiques (notamment des dents) qui le qualifient en tant que tel, dont je puis faire l'expérience tangible et répétée et qui le distinguent ontologiquement du phénomène « couteau ».

Les difficultés ne s'arrêtent toutefois pas là. On pourrait même dire que c'est là qu'elles commencent – au cœur de cette dimension double, d'apparence et d'expérience – notamment lorsqu'il est question de vie psychique, impondérable comme chacun sait.

Prenons un exemple. La notion d'inconscient, qui possède une longue histoire[3], est perçue de façon totalement différente selon les époques où on la considère. Pour Freud, qui s'attaque au problème de façon passionnante à propos du rêve, il est impératif de cesser de surestimer le

[1] Guibal, F., *Dieu selon Hegel - Essai sur la problématique de la Phénoménologie de l'Esprit*, p. 305.

[2] Ibid., p. 234.

[3] Voir, par exemple, ce qu'en disait E. Von Hartmann au siècle dernier dans : *Philosophie de l'inconscient. Métaphysique de l'inconscient* ou, plus récemment, H.F. Ellenberger dans : *Histoire de la découverte de l'inconscient.*

conscient, soit ce qui, de la vie mentale, est accessible et permet la réflexion, l'acte cognitif dirigé à partir duquel on peut œuvrer, qu'il est possible de modifier, et ainsi de suite. Voici ce qu'il énonce relativement à ces deux instances (conscient/inconscient), en un extrait qui résume synthétiquement sa façon de voir :

> L'inconscient est pareil à un grand cercle qui enfermerait le conscient comme un cercle plus petit. Il ne peut y avoir de fait conscient sans stade antérieur inconscient, tandis que l'inconscient peut se passer de stade conscient et avoir cependant une valeur psychique. L'inconscient est le psychique lui-même et son essentielle réalité.

Cette dernière remarque est capitale : en insistant sur la dimension originelle de l'inconscient, Freud résume l'essentiel de son approche de la vie psychique en insistant sur sa dimension évanescente et, en définitive, inconnaissable :

> Sa nature intime nous est aussi inconnue que la réalité du monde extérieur, et la conscience nous renseigne sur lui d'une manière aussi incomplète que nos organes des sens sur le monde extérieur.

Poursuivant sur sa lancée, Freud continue :

> Il est à peu près inutile d'étudier à part l'importance historique des rêves. Qu'un capitaine du passé ait été déterminé par un rêve à quelque expédition audacieuse dont le succès a changé le cours de l'histoire, il n'y a là de problème que pour ceux qui opposent le rêve, comme une puissance étrangère, à d'autres forces psychiques plus familières.

En d'autres termes, il est vain de tenter d'imputer la formation d'un rêve aux seuls faits identifiables préalablement. En effet :

> La difficulté disparaît dès qu'on voit dans le rêve une forme d'expressions d'impulsions sur lesquelles, pendant le jour, pèse une résistance, mais qui, la nuit, puisent des forces à des sources d'excitations profondes. Le respect des Anciens pour le rêve montre qu'ils pressentaient à bon droit l'importance de ce que l'âme humaine garde d'indompté et d'indestructible, le *pouvoir démoniaque* qui crée le désir du rêve et que nous retrouvons dans notre inconscient[1].

[1] Freud, S., *L'interprétation des rêves*, pp. 520-521 pour les citations susmentionnées. Souligné par moi.

L'essentiel est dit : pour le théoricien viennois, ce qu'il nomme *inconscient* relève d'une réalité fondamentale, englobante, faite de forces et de tensions, de pulsions, notamment sexuelles mais qui sont perçues par le conscient comme incompatibles avec la vie sociale, l'intégration dans la sphère interrelationnelle et ses règles comportementales, si ce n'est conceptuelles. Or, poursuit-il, les manifestations de l'inconscient relèvent précisément d'un substrat « démoniaque » dont on sait peu de choses, mais que l'on sait soumis à des effets de censure (la *résistance* dont il est question dans son exposé) qui en altère ou, du moins, en temporise les outrances ou la mise en acte. Ainsi, pour Freud, on se trouve face à une entité psychique titanesque, tant du point de vue topologique, associé aux différents « lieux » intrapsychiques, que dynamique, relié quant à lui aux divers enjeux énergétiques et aux innombrables conflits qui en émanent, notamment dans ses inévitables collisions avec les conventions et idéaux conscients, tout autant qu'avec la rationalité ou les valeurs promulguées par les humains dans leurs diverses interactions. Ainsi, il est possible de décrire l'inconscient comme inscrit dialectiquement, tout autant que de façon conflictuelle, relativement à son opposé, le conscient :

> L'inconscient, c'est le mode d'être de ce qui, ayant été refoulé, n'est pas supprimé ni anéanti. Être exclu de la conscience et devenir-conscient sont dès lors deux vicissitudes corrélatives et inverses, qui s'inscrivent déjà dans une perspective qu'on peut dire topique, puisqu'une barre décide de l'exclusion de… ou de l'accès à… la conscience. C'est la barre qui fait la topique[1].

Il en va tout autrement aujourd'hui. Pour les neurosciences ou les sciences cognitives, ce qu'on nomme les processus inconscients (plutôt que « l'inconscient » en tant que tel) relève de différentes aires corticales qui ne sont ni toutes anciennes, pulsionnelles au sens où en parle Freud, ni pérennes d'un point de vue temporel, contrairement à ce qui est postulé en termes de refoulement ou de résistance. Par ailleurs, les explorations neuronales exécutées à partir d'appareillages modernes (scanners, tomographie à positron, etc.) laissent entendre que moult fonctionnements conscients et inconscients partagent des aires identiques, ce qui revient à dire qu'il n'existe pas, d'un point de vue physiologique, de compartimentation étanche entre ces deux modalités fonctionnelles. La fameuse « barre » les séparant, à laquelle il est fait

[1] Ricœur, P., *De l'interprétation - Essai sur Freud*, p. 130.

référence dans l'ensemble des théorisations psychanalytiques, n'existerait pas et relèverait simplement d'une vue de l'esprit.

Qui plus est, et pour enfoncer le clou, les neurosciences constatent qu'il est erroné de considérer l'inconscient comme un processus *unifié*, au sens où pourraient, par exemple, se mettre en place diverses déformations oniriques sous l'effet de censure imaginée par le psychanalyste. Bien au contraire, ces mécanismes sont, à l'heure actuelle, considérés comme :

> Une collection de processus absolument distincts et indépendants les uns des autres. Leur seul point commun est d'échapper à la conscience, mais ils ne constituent pas un système psychologique unifié comme l'est par contre la conscience. Parler de la conscience au singulier est donc parfaitement légitime, mais étendre cet usage du singulier à l'inconscient, c'est déjà s'engager sur la pente de la projection d'attributs conscients à nos processus mentaux inconscients.

D'où les conséquences empiriques suivantes :

> Le singulier de la conscience, processus temporellement unifié de notre psychisme, s'oppose ainsi au pluriel de nos inconscients évanescents, multiples et foisonnants[1].

À la lecture de ces deux visions, rigoureusement inconciliables – les conclusions de Naccache sont, à cet égard, impitoyables – on constate qu'un même phénomène mental, apparemment « évident » en ses expressions ne peut être appréhendé de manière consensuelle, alors même que l'une et l'autre de ses approches se réclament d'une pure scientificité, objective et ancrée dans le champ de la vérifiabilité et de la véracité.

On pourra bien sûr rétorquer qu'à un siècle d'intervalle il serait surprenant que des résultats identiques viennent au jour, et l'on aura raison. Il n'en demeure pas moins que les conclusions actuelles, neurologiques, se veulent imparables et étayées par une méthodologie n'ayant pas grand-chose à voir avec les observations cliniques d'antan. Ce qui donne à penser lorsqu'on sait, par ailleurs, l'influence du freudisme dans l'enseignement de la Psychologie universitaire. Et pourtant on a bien affaire à un *phénomène* reconnu comme tel. Aussi bien la psychanalyse, telle qu'elle apparut à la fin du 19e siècle, que les neurosciences contemporaines reconnaissent qu'il existe des processus

---

[1] Naccache, L., *Le Nouvel Inconscient - Freud, le Christophe Colomb des neurosciences*, p. 364.

mentaux qui échappent à la conscience, tout comme il en existe d'autres, innombrables, mais non mentaux, qui s'en passent également, notamment d'un point de vue strictement physiologique (on n'est pas conscient, par exemple, des échanges hormonaux qui s'effectuent à bas bruit au cœur de notre réalité somatique, et ce de façon incessante).

Force est d'admettre néanmoins que certains contenus sont effectivement censurés, détournés par le moi lors de situations embarrassantes ou particulièrement cruciales. Ce qui revient à dire que l'une et l'autre de ces approches méritent que l'on s'y intéresse, et que ce n'est pas parce que la tomographie à positron ne détecte *pas* les mécanismes censurant que ceux-ci n'existent pas. Simplement, il n'est apparemment pas possible, aujourd'hui, d'en discerner les processus neuronaux. Ce qui n'implique aucunement que ceux-ci ne *soient pas* ni que leurs mécanismes relèvent, uniquement, de dispositifs conscients.

Ainsi, lorsqu'on s'attèle à décrire un phénomène psychique, de quelque ordre qu'il soit, on marche sur des œufs et, clairement, on continuera de le faire dans les siècles à venir. Une cartographie « parfaite » de notre activité psychique reste, elle aussi, une vue de l'esprit, même si, du point de vue scientifique, elle demeure forcément un but à atteindre, un Graal derrière lequel galopent nombre de chercheurs, un peu partout dans le monde.

Si l'on affirme quoi que ce soit concernant la psyché, mieux vaut l'énoncer sous forme d'hypothèses, voire de constats, sachant néanmoins qu'ils ne peuvent prétendre au statut de vérité irréfutable, comme malheureusement ce fut le cas de nombreux concepts psychanalytiques qui devinrent, au sein de la communauté psy, une véritable dogmatique[1]. Ce qui est dommage et, surtout, constitue un fourvoiement épistémologique.

---

[1] Au cours d'une de ses conversations avec Freud, Jung est frappé par une interpellation qui va dans ce sens : « J'ai encore un vif souvenir de Freud me disant : "Mon cher Jung, promettez-moi de ne jamais abandonner la théorie sexuelle. C'est le plus essentiel ! Voyez-vous, nous devons en faire un dogme, un bastion inébranlable." (...) Quelque peu étonné, je lui demandai : "Un bastion – contre quoi ?" Il me répondit : "Contre le flot de vase noire de..." Ici il hésita un moment pour ajouter : "... de l'occultisme !" Ce qui m'alarma d'abord, c'était le "bastion" et le "dogme" ; un dogme c'est-à-dire une profession de foi indiscutable, on ne l'impose que là où l'on veut une fois pour toutes écraser un doute. Cela n'a plus rien d'un jugement scientifique, mais relève uniquement d'une volonté personnelle de puissance. » Jung, C.G., *Ma vie, souvenirs, rêves et pensées*, p. 177.

Décrire et non réduire – le moi en tant que nécessité

J'ai eu la chance de travailler pendant plus de deux décennies dans une structure d'accueil parent/enfant de type Maison Verte. Nous y accueillions de jeunes enfants, de la naissance à l'âge de quatre ans, accompagnés de leurs parents, le plus souvent les mères, ou de leurs nounous. Ainsi, nous avons pu accompagner certains de ces enfants de la naissance jusqu'à l'âge où ils avaient parfaitement maîtrisé le langage, la motricité, maints enjeux affectifs et, d'une façon plus générale, leur potentiel cognitif au sens large. Car, en quatre ans, les acquisitions des tout-petits sont littéralement stupéfiantes et, surtout, polymorphes. C'est donc en grande partie grâce à ma collaboration dans cette institution et à la fréquentation de cette population qu'il m'est possible de partager certaines réflexions dites « cliniques » à propos de la thématique développée ici : la nature du moi, ses principales orientations et la façon dont il traite et synthétise le bombardement de stimuli, internes et externes, auquel il est incessamment confronté.

Pour ce faire, il nous faut tout d'abord partir de la base, biologique, de laquelle tout advient et à laquelle tout reviendra le jour du trépas. En effet, avant qu'il soit question de vie psychique, il est utile de se pencher sur le substrat organique duquel elle provient, qu'on l'admette ou pas. Soit dit en passant, mieux vaut l'admettre d'entrée de jeu, sans quoi, avec toute la bonne volonté du monde, on risque de passer à côté de la montre en or. En d'autres termes, il se peut que l'on évacue des paramètres essentiels à sa formation tout autant qu'à ses attributions les plus élémentaires, les plus vitales. Comme l'énonce Anzieu de manière impérative : « Toute activité psychique s'étaye sur une fonction biologique[1]. » C'est fort de ce constat qu'il nous est possible d'entamer l'analyse des divers composants de la vie organique, présents en chacun, de sa conception jusqu'à son extinction. Dans cette perspective, nous pouvons amorcer la réflexion sur un constat empirique et vérifiable par tous : les entités organiques, végétales ou animales, sont sous-tendues par un principe qui en assure, primo, *l'organisation*, secundo, *la cohésion* et l'*intercommunication* et tertio, *la pérennité.* Il en va logiquement de même chez l'être humain.

[1] Anzieu, D., *Le Moi-peau*, p. 39.

1) L'organisation

Voyons tout d'abord ce qu'il en est de l'organisation. Les cellules constitutives d'une plante, d'une fourmi ou d'un être humain sont animées, lors de leur genèse ou de leur embryogenèse, par une force, une *energeia* (une « force en action » pour les Grecs) qui sous-tend l'ensemble de leur développement. De cette force, on ne peut pas dire grand-chose si ce n'est qu'elle *est* et qu'elle recèle une redoutable efficacité. Elle incarne ainsi, indubitablement, une des composantes majeures du phénomène « vie », étant donné qu'il s'agit d'une impulsion, d'un mouvement animant la substance organique, la traversant ou, même, la constituant, selon le point de vue où l'on se place.

Or, afin de *persévérer dans l'être*, comme le disait Spinoza en parlant du *conatus*[1], il faut que le système soit organisé et non point chaotique. C'est même grâce au fait que les différentes formes de vie sont organisées qu'elles peuvent tenir le coup face à un environnement qui n'est pas, *a priori*, conçu pour leur survie ou leur accueil. Un principe organisationnel, structurant, constitue donc le prélude indispensable à toute forme vivante complexe et en est le socle, la condition. Sans lui, sans cette inconcevable « volonté » ou impulsion structurante, ces entités n'existeraient tout simplement pas et les parcelles de vie pourraient se réduire à des morceaux épars évoluant çà et là, dans un univers atomisé, lui aussi. On sait qu'il n'en est rien et que, au niveau cosmique même, règne une indiscutable forme d'organisation, fut-ce par l'action des principales forces physiques : gravitationnelle, électromagnétique et nucléaire (faible et forte).

Schopenhauer le dit à sa manière, lorsqu'il écrit poétiquement :

> Ce n'est pas seulement dans les phénomènes tous semblables au sien propre, chez les hommes et les animaux, que [l'être humain] retrouvera, comme essence intime, cette même volonté ; mais un peu plus de réflexion l'amènera à reconnaître que l'universalité des phénomènes, si divers pour la représentation, a une seule et même essence, la même qui lui est intimement, immédiatement et mieux que toute autre connue, celle-là enfin qui, dans sa manifestation la plus apparente, porte le nom de volonté.

---

[1] Dans son *Éthique*, Spinoza énonce : « L'effort par lequel chaque chose s'efforce de persévérer dans son être n'est rien en dehors de l'essence actuelle de cette chose. » Proposition VII, p. 164. Le *conatus* est un terme latin signifiant « l'effort ». De cette façon, en proposant ce concept, le philosophe spécifie la puissance propre et singulière de tout étant (de tout « être ») à persévérer dans cet effort afin de conserver, si ce n'est d'augmenter sa puissance d'être.

Cette « volonté » ou puissance agissante, Schopenhauer la déniche en chaque phénomène :

> Il la verra dans la force qui fait croître et végéter la plante et cristalliser le minéral ; qui dirige l'aiguille aimantée vers le nord ; dans la commotion qu'il éprouve au contact de deux métaux hétérogènes ; il la retrouvera dans les affinités électives des corps, se montrant sous forme d'attraction ou de répulsion, de combinaison ou de décomposition ; et jusque dans la gravité qui agit avec tant de puissance dans toute matière et attire la pierre vers la terre comme la terre vers le soleil.

Ainsi, conclut-il :

> C'est en réfléchissant à tous ces faits que, dépassant le phénomène, nous arrivons à la chose en soi[1].

Nous touchons là à l'un des mystères les plus insondables de *ce-qui-est.* Et, à ce titre, on est en droit de se poser, en débordant la fameuse interrogation de Leibniz : *Pourquoi y a-t-il quelque chose plutôt que rien ?* la question suivante : « Comment se fait-il, et d'où provient le fait que les choses existantes sont organisées et non pas disséminées en une gigantesque confusion ? » Revenons, à ce propos, sur quelques réalités qui méritent d'être rappelées : le corps humain est constitué d'environ cent mille milliards de cellules (100.000.000.000.000) génétiquement identiques. Nos tissus se renouvelant sans cesse, les cellules mourant et naissant en permanence, nécessitent plusieurs millions de divisions cellulaires par seconde à partir des cellules souches. Or, l'ADN des 46 chromosomes d'une seule de nos cellules mesure environ quatre mètres. Ce qui revient à dire que chacun d'entre nous produit quotidiennement une longueur d'ADN équivalente à trois mille fois la distance de la Terre à la Lune[2].

Tout cela demande, semble-t-il aux esprits avertis, un peu d'organisation. Pour ne pas dire, un invraisemblable appareil structurant, capable de faire en sorte que cet immense attirail biologique – d'une intelligence stupéfiante, cela va sans dire – puisse continuer à se développer à bas bruit, sans que le sujet n'ait le moins du monde à s'en

---

[1] Schopenhauer, A., *Le monde comme volonté et comme représentation*, p. 152, pour les citations susmentionnées.

[2] Alexandre, L. 2019. « Notre ADN se casse 2500 milliards de fois par seconde. » *L'Express* 3555, p. 12.

soucier, à aucun moment de la journée, si ce n'est en s'alimentant correctement, en évacuant ce qu'il faut éliminer et en se protégeant des agressions du milieu : chaleur et froid excessifs, inconforts passagers et ainsi de suite. *Le principe organisationnel est à la base de tout.* Il prélude à toute forme de développement organique, donc à l'existence de l'individu, quelle que soit son espèce. De ce point de vue, un lombric est tout autant habité par ce principe que l'est un citoyen de la banlieue parisienne. La différence qui les sépare, qui n'est pas des moindres, réside dans le nombre d'éléments à traiter, et, donc, à organiser. Sinon, la machinerie cellulaire s'y retrouve de manière identique, et ce, à travers le temps et l'espace.

2) L'interaction-communication

Un tel agencement implique, forcément, l'agglomération ou le rassemblement des éléments en présence. La matière se construit en fabricant de petites entités qui se combinent entre elles pour constituer peu à peu des unités plus vastes, produisant ainsi des organismes de plus en plus complexes, de plus en plus différenciés, qui nécessitent l'apport de ce second principe, de nature cohésionnante. La cohésion est ce qui permet à l'ensemble de ces micro-unités de s'agréger autour d'un « projet » commun dont chaque membre possède la prescience sans pour autant en connaître la réelle finalité. La métaphore de la termitière est, à cet égard, intéressante, dans la mesure où elle est applicable à toute forme de vie organisée et sous-tendue par un principe cohésionnant, justement.

Un jour que je déambulais dans la jungle péruvienne, je me suis retrouvé face à une de ces constructions. Il s'agit de grosses grappes noires, accrochées aux arbres et dont la surface est absolument dépourvue de toute apparence animée. On pourrait comparer ces termitières forestières (très différentes de celles qu'on rencontre en plaine, notamment, et qui semblent émerger du sol comme autant de monuments, généralement de couleur beige) à d'énormes sacs noirs, hermétiquement fermés, renfermant Dieu sait quoi. Lorsqu'on en gratte un peu la surface, ce que, poussé par la curiosité, je m'amusais à faire, on tombe avec effarement sur un grouillement insensé fait de millions d'individus entremêlés et circulant en permanence, les uns sur les autres, dans un mouvement perpétuel que rien au monde ne semble pouvoir interrompre.

Le plus sidérant cependant, c'est d'avoir le sentiment – peut-être à tort – que chacun des individus *sait* où il doit se rendre. C'est une impression physique, quasiment tangible, indiquant le fait que *chacun* de ces termites poursuit une destination, est animé d'un objectif que, sans hésitation, il connaît et sait devoir accomplir de telle façon et à tel instant.

On sait à l'heure actuelle que ces individus communiquent chimiquement par la production de phéromones qui les informent en cas de danger, tout autant que sur les diverses tâches qui leur incombent, etc. Parfait. Mais si la chimie peut très bien nous fournir des indications sur la communication – c'est-à-dire l'information – circulant entre différents sujets, elle ne nous explique pas grand-chose sur ce qui se passe au niveau métasubjectif, c'est-à-dire dans l'ensemble du système, compris comme un tout.

Il en va de même du corps humain : il y a peu de chance que les cellules composant le gros orteil droit soient informées, instantanément, de l'activité produite par celles du lobe de l'oreille gauche. Et pourtant, tout cela continue de fonctionner, de collaborer avec une incroyable efficacité et cohésion qui, elles, demeurent de l'ordre de la métaphysique, étant donné qu'elles restent globalement inexplicables. S'il est possible de cerner physiologiquement, chimiquement, la communication inter-individuelle, il est cependant hors de notre portée d'en expliciter, exhaustivement, la cohésion/communication à l'échelle globale, d'autant que les systèmes en question peuvent se révéler d'une complexité inouïe. Celui régissant le niveau cérébral, dont on commence graduellement à repérer la virtuosité et, surtout, la masse sidérante des éléments impliqués, en est un bon exemple.

3) La pérennisation

S'impose subséquemment un impératif majeur, celui de la *durée*. L'organisation, la cohésion et l'intercommunication des éléments ont pour conséquence un phénomène nodal, tout autant qu'indiscutable : son maintien dans le temps, sa pérennité. Un système organisé semble avoir comme but premier, si ce n'est ultime, sa *persévérance dans l'être*, pour reprendre l'énoncé spinoziste. En d'autres temps, on a appelé cela l'instinct de conservation, dont la puissance est bien résumée par Nietzsche dans l'extrait suivant :

> Que je considère les hommes avec bonté ou malveillance, je les trouve toujours, tous tant qu'ils sont et chacun en particulier, occupés d'une même tâche : se rendre utiles à la conservation de l'espèce. Et ce non point par amour de cette espèce, mais simplement parce qu'il n'est rien

> en eux de plus ancien, de plus puissant, de plus impitoyable et de plus invincible que cet instinct (…) parce que cet instinct est proprement l'essence de notre espèce, de notre troupeau[1].

Reprenons l'exemple de la termitière, évocateur à plus d'un titre de ce qui se passe en d'infinies occurrences. Je prends un bâtonnet et commence à triturer l'intérieur de cette construction, après avoir déchiré une infime partie de sa surface. Que se passe-t-il ? Instantanément, *l'ensemble* des insectes se met à réagir. Tous accélèrent leur déambulation et semblent animés d'un même projet, d'une même vocation : réparer l'habitacle pour le refaire à l'identique et le protéger selon un ordre préexistant que chacun – sans pour autant, bien sûr, le savoir cognitivement – *connaît.* Il en va de même pour notre corps lorsqu'on le blesse : les cellules de proximité s'activent pour fabriquer, élaborer, reconstruire la cohésion première, favorisant ainsi la cicatrisation de l'endroit lésé. Une telle mobilisation est formidablement efficace et permet à la totalité du système de retrouver, au bout d'un certain temps, sa forme initiale, son intégrité, sa cohérence, une fois encore. Bien que ces considérations empiètent sur des domaines qui ne concernent pas la psychologie, il n'en reste pas moins qu'il est possible, grâce aux différents éléments qui viennent d'être brièvement décrits, d'avancer une définition possible du processus vital, autrement dit, de la vie, notamment psychique, et de ce qui anime le moi dans nombre de situations.

Au sens premier du terme, le vivant serait donc un principe, une force organisationnelle, capable d'agréger d'innombrables individus ou entités (les cellules pour le corps, les fourmis et termites pour la fourmilière ou la termitière) en vue de les faire communiquer entre elles pour la cohésion d'une structure qui les englobe, les protège, avec pour objectif suprême sa propre survie : « Tout ce que nous avons découvert (…) montre que la biologie se construit autour d'une quête (…), celle de rester vivant[2]. » La vie, de ce point de vue, a pour ambition première son maintien propre, rendu possible par l'intercommunication des innombrables éléments qui la constituent au sein de systèmes organisés, tels que les végétaux, les animaux et de l'un d'entre eux, singulier, que l'on nomme l'être humain.

C'est là qu'apparaît ce qui est nommé ici le *moi originel*, ou primaire. Ce qui sous-tend l'apparition d'ego, de tous les ego imaginables, ressort de la combinaison de ces divers ingrédients, essentiels à sa formation et à sa

[1] Nietzsche, F., *Le gai savoir*, p. 35.
[2] Piazza, P. V., *Homo Biologicus*, p. 177.

pérennité temporelle. Il n'implique aucunement ni n'exige aucune forme de conscience, au sens où on l'entend généralement. C'est cela le plus surprenant. Un termite n'est pas « conscient » de ce qui l'anime et le fait réparer telle ou telle déchirure opérée par malice sur son nid par un touriste désœuvré, pas plus que le nouveau-né n'est « conscient » de ce qui le fait hurler lorsqu'il a froid ou faim. Il n'en reste pas moins que c'est bien cela qu'il fait, sans pour autant « savoir » qu'il le fait. Une puissance intrinsèque, une instance tapie en ses tréfonds, en son soubassement physiologique ou psychophysique l'amène à pousser ces cris et à communiquer – une fois encore – à un autre membre de sa collectivité qu'il se sait en péril et qu'il faut remédier à cet état de détresse, d'une manière ou d'une autre.

Ce qui dans tout cela reste parfaitement énigmatique, réside précisément dans l'origine et la nature de ce savoir. Car il s'agit bien d'un savoir, d'une certitude ontologique, dont nous ignorons tout, mais qui se révèle singulièrement efficace, à tous les niveaux imaginables de la formation des organismes complexes. Les processus mis en œuvre lors d'une blessure quelconque « savent », eux aussi, comment procéder à la réparation de l'entité qui les englobe. Mais nous ignorons comment ils le savent. Nous constatons qu'ils sont animés d'un mode opératoire qui fait qu'en tout état de cause la blessure va être cicatrisée, mais nous ne connaissons pas la nature de cette force, de cette *energeia*, tout comme nous ignorons celle qui prélude à la création d'un embryon lors de l'embryogenèse. Nous la constatons, voilà tout.

Il faut avoir observé, fut-ce une seule fois, la manière dont un embryon se forme pour s'en convaincre. À cet égard, il existe de nombreux documents filmés auxquels il est possible de se référer. La multiplication cellulaire est un phénomène hallucinant dont le miracle devrait nous stupéfier à chaque instant. Rapidement après la fécondation, où l'œuf naît de l'union de l'ovocyte (gamète femelle) et du spermatozoïde (gamète mâle), l'œuf fécondé va subir une série de divisions cellulaires au cours de sa migration dans la trompe utérine et l'utérus. On appelle ce processus la *segmentation* qui divise le zygote[1] par plusieurs mitoses[2] successives, d'abord en deux cellules filles, puis en quatre, puis en huit et en seize, pour aboutir rapidement à une masse cellulaire appelée la *morula*, dont l'aspect rappelle, comme son nom l'indique, celui d'une petite mûre. Le plus étonnant, c'est que cette

[1] L'œuf fécondé.

[2] Division d'une cellule-mère en deux cellules filles, strictement identiques génétiquement.

division ou segmentation va produire une série quasiment infinie de cellules nouvelles qui, chacune, « connaît » son destin biologique et « sait » ce qu'elle doit produire ou engendrer comme organe ou partie d'organe en développement.

Il y a donc là, sous-jacent à l'ensemble du procès, un principe, une impulsion, une force qui organise, informe la structure en devenir avec, pour objectif, son maintien vital, sa survie.

Ainsi, ce qu'on nomme la vie, semble s'apparenter, de près ou de loin, à la conjonction des différentes procédures qui viennent d'être décrites et qui forment le socle, la base pourrait-on dire, de ce que nous sommes, en tant qu'entités organisées ou que structures animées possédant une indiscutable cohésion.

Dans une telle perspective, il ne serait donc pas absurde d'identifier l'ensemble de ces phénomènes sous le terme d'inconscient, étant donné que, combinés, ils façonnent un certain savoir, ou tout au moins un *modus operandi*, que l'on retrouve sous forme d'activités possédant une finalité, aussi basique soit-elle, à savoir la survie effective de l'organisme en lequel ils interagissent. De tout cela, le sujet n'en est, de prime abord, pas alerté. Il en est le champ, le lieu, mais pas l'agent au sens où il serait capable d'en orienter les flux ou les finalités. Ce ne sera que bien plus tard que de tels changements d'affectations, d'orientations pourront entrer en lice et diriger ou infléchir les tenants et aboutissants de ces mouvements premiers, dits « instinctifs » ou « biologiques ».

Pour n'en citer que deux exemples, il est parfaitement possible à l'adulte de différer le moment où il va s'alimenter, car il sait que, ce faisant, il ne met pas son existence en danger. Ce n'est pas le cas du nourrisson qui, soumis aux mêmes conditions, n'est pas en mesure de différer sa prise d'aliment ni de la « penser ». Il peut alors entrer dans les affres de la pire des paniques si ce besoin ne se trouve pas, immédiatement, assouvi. Il ignore le moment où sa mère viendra le nourrir, mais il « sait » ou « ressent », en revanche, que si elle ne le fait pas, sa vie est en danger, ce qui peut engendrer, on le conçoit aisément, un sentiment d'angoisse indescriptible, théorisé par Winnicott en termes d'*agonies primitives*[1] ou, par Roussillon, de *terreurs agonistiques*[2].

L'autre exemple ressort des données éthologiques publiées dès 1950 par Lorenz ou Tinbergen et qui permettent au psychanalyste anglais Bowlby de construire sa théorie de l'attachement. Les éthologues en

---

[1] Winnicott, D., « La crainte de l'effondrement. » *Nouvelle revue de psychanalyse* 11 (Printemps 1975), p. 29.

[2] Roussillon, R., *Agonie, clivage et symbolisation,* en plusieurs occurrences.

effet, et Lorenz en particulier, avaient remarqué que les petits animaux sont génétiquement programmés pour maintenir une proximité avec un individu particulier, mais à l'identité stable, quelle qu'elle soit[1] : on connaît l'expérience que fit ce chercheur avec de jeunes oies qui le suivaient un peu partout comme s'il s'était agi de leur propre « mère ». Ces recherches ont également amené au constat suivant : lorsque la mère (ou son substitut) n'est pas là, le petit animal la cherche immédiatement et, si elle n'apparaît pas, l'appelle alors dans le plus grand désarroi :

> Ce désarroi du petit oiseau ou du petit mammifère est analogue à l'angoisse de la séparation de la mère chez le petit humain et il cesse dès le rétablissement du contact avec la mère. Bowlby est frappé par le *caractère primaire* de cette manifestation et par le fait qu'elle ne se rattache pas à la problématique orale entendue au sens étroit (nourrissage, sevrage, perte puis hallucination du sein) auquel les psychanalystes s'en tenaient généralement depuis Freud quant aux tout-petits[2].

Bowlby propose alors une nouvelle notion, basée sur les observations éthologiques, qu'il baptisera *pulsion d'attachement.* Celle-ci recouvre des comportements tels que l'agrippement au corps maternel et la recherche incessante de sa présence physique, comme on le remarque également, de manière flagrante, lorsqu'on travaille avec des couples mères- bébés. Pour le psychanalyste britannique, c'est en se cramponnant à sa mère que le nourrisson déclenche, en réponse, une série de conduites attribuées, jusque-là, à l'instinct maternel (qualifié, Dieu sait pourquoi, par Anzieu d'*utopique*) :

> La catastrophe qui hanterait le psychisme (…) du bébé humain serait celle du décramponnement : sa survenue – précise plus tard Bion dont je reprends l'expression – le plonge dans une « terreur sans nom »[3].

Ces deux occurrences, liées à l'éloignement maternel et à ses conséquences sur la psyché naissante, laissent entrevoir de manière certaine et totalement indéniable un évident *savoir individuel,* relatif aux conditions de sa survie. L'instinct de conservation, car c'est bien de lui

[1] En effet, les expérimentations ont montré que cet individu particulier peut être un ballon en mousse ou une boîte en carton. L'essentiel étant qu'il soit là, fiable en son identité et en sa présence.
[2] Anzieu, D., op. cit., p. 23. Souligné par moi.
[3] Ibid., p. 23.

qu'il s'agit, s'exprimant ici de manière évidente, dans la mesure où l'enfant se sait menacé si la prise de distance maternelle se révèle trop fréquente ou, pire, définitive. S'exprime là, indubitablement, un « savoir de l'espèce » au sens où en parlait Schopenhauer dans son principal ouvrage. C'est de ce phénomène-là qu'il est question lorsqu'on aborde la formation du moi, de l'ego.

Insistons-y : l'inconscient, champ de forces dont l'individu constitue le réceptacle, tout autant que l'expression, est bien constitué par des fonctionnements, des impulsions qui, à l'état naissant, ne sont ni ne peuvent être conscients ou dirigés. Par ailleurs, et paradoxalement, ce champ peut se comprendre en tant qu'un certain savoir du sujet ou de l'organisme en question, étant donné que les forces qui les sous-tendent, les informent concomitamment à propos de leur état et des nécessités qui en permettent la pérennité. Il y a donc bien là de l'instinctif, au sens le plus foncier du terme.

Le mot, en effet, provient du latin classique *instinctus* « instigation », « excitation, impulsion » ou, en latin chrétien « penchant, tendance naturelle ». Il dérive des verbes *instinguere* ou *instingere* « pousser, exciter », formés du préfixe négatif in- et de *stinguere* « éteindre ». Au sens propre, l'instinct est donc « ce qui ne s'éteint pas » ou est « in-éteignable ». Par ailleurs, de par les attributs dévoilés par la langue, il est l'« instigateur » des mouvements de l'être, un moteur interne capable de lui dicter quoi faire ou ne pas faire en telle ou telle circonstance. Dès le 16e siècle, avec Ronsard, le concept désigne « une tendance innée contre laquelle on ne peut lutter[1] », valeur qui est restée usuelle jusqu'à aujourd'hui :

> Le mot désigne plus largement (...) l'ensemble des pulsions naturelles qui régissent le comportement animal ou humain (...). Instinct se dit enfin d'une aptitude particulière faisant partie de l'ensemble des pulsions et, spécialement, en psychanalyse traduit l'allemand *Trieb* dans le sens que lui donne Freud[2].

Cette constellation de facultés, cette prolifération d'activités apparemment sensées, cette conjonction de faits qui, tous, semblent orientés par une évidente finalité, forment par assemblage l'indéniable substrat constructiviste appelé l'instinct. Ce dernier recèle, à n'en point douter, une poussée, une visée intime, inhérente au vivant (ou aux phénomènes, de manière plus générale) que l'on pourrait qualifier, pour

---

[1] Rey, A & coll., op. cit., T I, p. 1034.
[2] Ibid., p. 1034.

la matière organique, de *vouloir-vivre*. Raison pour laquelle l'appellation proposée par Schopenhauer – *la volonté* – reste percutante. Pris dans cette acception, l'inconscient se niche au cœur de la matière individuelle (celle constituée par un sujet advenant), dans sa plus irréfragable intimité, précède son devenir conscient en termes de finalité ou d'intentionnalité, et en sous-tend l'évolution ultérieure. C'est l'un des termes de l'équation que l'on tente de mettre à jour lorsqu'on s'attèle à la genèse de l'ego. En effet, ces premiers constats concernent, fondamentalement, le « dedans » du sujet ou, pourrait-on dire, ce qui lui est immanent, son ontologie.

Il n'en demeure pas moins qu'en arrivant au monde, le nouveau-né est immédiatement confronté à autrui, à son milieu, en d'autres termes, à l'extériorité, même si celle-ci, dans les premiers temps, n'est pas identifiable en tant que telle. D'innombrables travaux psychanalytiques se sont penchés sur cette question, épineuse à souhait, mais qu'il est utile de rappeler néanmoins.

Ainsi, le moi en train d'advenir se situe, généalogiquement, dans un entre-deux. Il est littéralement pris en sandwich entre, d'une part, les mouvements et intimations internes, dont on vient de décrire certains aspects et, de l'autre, les exigences, rythmicités et faits provenant de son environnement et qui ne sont pas forcément ajustés à ses besoins vitaux ou à l'économie interne inhérente à son devenir. C'est sans doute cette double appartenance, infiniment complexe[1], qui spécifie, fondamentalement, la singularité humaine. C'est par elle que peut – et va – s'engager toute la cohorte de malentendus, dysfonctionnements, avanies auxquels le sujet sera confronté du fait de l'inadéquation foncière entre, d'une part, ses nécessités internes et, d'autre part, les réponses qui leur sont offertes par le milieu. Car ce à quoi va être confrontée la « naturalité » dont on vient d'évoquer certains traits, c'est à un monde qui lui préexiste, à une masse inouïe d'habitudes comportementales, affectives ou noétiques régies par un ensemble de valeurs et/ou de croyances, de lois et d'intimations énoncées ou sous-entendues, suggérées par la culture en laquelle elle vient s'insérer.

---

[1] Bien plus, en tout cas, que ce à quoi les règnes animal et végétal sont confrontés. Et cela pour deux raisons, logiquement associées : 1) le nombre, phénoménal, d'éléments vitaux constituant l'être humain, notamment son organisation neuronale et synaptique, est sans commune mesure avec celui des autres structures vivantes. Pour ne citer qu'un seul exemple, on estime à 6,4 milliards le nombre de neurones (dans l'ensemble du système nerveux) chez le macaque, lorsque ce chiffre s'élève à 86 milliards chez l'homme. 2) Une telle prolifération cellulaire a nécessairement engendré un contexte social, symbolique et affectif qui, lui aussi, reste sans commune mesure avec celui des autres règnes, même les plus différenciés ou les mieux nantis du point de vue cortical.

De cette façon, un sujet *déjà organisé* par son soubassement biologique et instinctif, advient dans un contexte relationnel (« social », au sens large du terme) dont il ignore tout et auquel, bon an mal an, il devra s'adapter, dans lequel il devra se couler, afin, une fois encore, de se maintenir en vie. C'est même la condition *sine qua non* de tout développement ultérieur, sans quoi rien ne lui sera possible du point de vue de son intégration à ce qui lui préexiste et qui lui intime, par une masse incalculable d'injonctions ou de traditions, d'agir de telle ou telle manière, d'adopter telle ou telle attitude, quels que soient ses particularités propres ou les axes idiosyncrasiques qui l'animent. Se logent, là, les fondements de toutes formes dites pathologiques[1], comme l'ont clairement identifié, une fois encore, les divers mouvements psychanalytiques depuis plus d'un siècle. Nous y reviendrons.

Ce qui revient à dire que l'environnement humain n'est effectivement pas, ou plus, régi par l'instinct, du moins pas dans ses grandes lignes comportementales ou, surtout, son régime de valeurs – autrement dit, tout l'attirail normatif (au sens non péjoratif du terme[2]) structurant une collectivité, quelle qu'elle soit. Dans cette optique, ces primes dimensions, innées, pulsionnelles, instinctives viennent percuter un univers, une organisation familiale, clanique ou civilisationnelle qui, certes, est capable d'en reconnaître la légitimité (on offre au nourrisson, la plupart du temps, ce qui lui est nécessaire pour vivre, on s'adapte à lui, on en prend soin), mais certainement pas en adéquation « parfaite » avec ce qui le constitue, lui, quant à ses nécessités ou ses orientations.

Il y a, il y aura toujours des *ratés*, et une mère, un parent parfaitement accordé aux attentes du nouveau-né est une vue de l'esprit : cela n'existe tout simplement pas, et n'existera jamais. D'où l'expression éminemment

---

[1] Dans ce sens, celles-ci ne sont pas inhérentes au sujet – sauf malfaçons génétiques, comme on peut les rencontrer dans de graves atteintes neurologiques telles que l'autisme ou certaines formes de psychoses. Les pathologies relèvent ainsi, pour la plupart, de *dysfonctionnements adaptatifs*, ce qui souligne la dimension souvent hyper-coercitive des systèmes et codes comportementaux en lesquels les individus tentent de s'insérer. Avec, souvent, de formidables *dés-accordements* ou *malentendus* qui produisent des agissements perçus comme inadaptés et, de ce fait, taxés de pathologiques.

[2] Dans le sens où tout collectif engendre nécessairement des normes qui, bon an mal an, déterminent les bornes à l'intérieur desquelles les divers agissements sont admis et perçus comme supportables pour le maintien d'un certain « ordre ». Que ces bornes soient, ou non, perçues par les membres du groupe comme valables ou désirables n'y change rien : elles sont générées par eux et comprises comme indispensables. C'est ce qu'on appelle des *lois*, implicites ou explicites.

pertinente de Winnicott lorsqu'il propose le concept de mère « suffisamment bonne[1] » en tant que nécessité vitale.

Effectivement, il s'agit également, du côté parental, de se situer dans un entre-deux tenant compte, d'une part, des impératifs infantiles (les fameux *besoins*) et de l'autre, de la réalité interrelationnelle, sociale et légaliste en laquelle l'adulte est immergé et dont il ne peut prétendre s'exclure. Le réel est bien là, actif, impérieux, et ne peut tolérer que l'on s'en détourne, sauf à s'aventurer dans une appréhension du monde tronquée ou illusoire. C'est ce qu'on nomme, généralement, une pathologie.

Qui plus est, un parent conséquent sait que sa progéniture va devoir s'adapter, tôt ou tard, au monde tel qu'il est et qu'il serait insensé de vouloir lui éviter les frottements, difficultés et désagréments inhérents à cette situation. Le parent *suffisamment bon* est ainsi capable de se situer à l'endroit idoine, relativement à l'immensité des tâches incombant à l'enfant en termes d'apprentissages, d'élaborations affectives et d'insertion dans l'univers humain. En tant qu'adulte, il est demandé au parent ne n'être ni trop étranger au substrat naturel, aux nécessités vitales qui animent sa descendance, ni identifié à elles comme c'est le cas de certains êtres ne pouvant que fusionner avec le nourrisson, par accolement ou imbibition pourrait-on dire, en faisant abstraction de tout ce qui les constitue, eux, en tant qu'adultes, lestés de connaissances et d'un appareil cognitif leur permettant d'évaluer la pertinence de leurs agissements à l'égard de l'enfant.

Autrement dit : rien de simple.

La toute-puissance revisitée

Nombre d'écrits psychanalytiques relatifs au développement moïque s'intéressent à un épisode particulier au sujet duquel se dégage un apparent consensus : le vécu précoce, chez le nourrisson, d'un sentiment de toute-puissance. Celui-ci est généralement associé à la relation primaire mère-bébé, dans laquelle la première investit le second en tant que porteur de rêves non réalisés, sorte d'idéalité ou de perfection projetée sur l'enfant et dont celui-ci devient, par contrecoup, le support. Freud parlera alors de *His Majesty the Baby* en tant qu'objet idéalisé, « centre et cœur de la création[2]. » Winnicott reprendra cette idée en

[1] Winnicott, D. W., *La mère suffisamment bonne.*

[2] Freud, S., *La vie sexuelle,* p. 68.

postulant la genèse de la toute-puissance comme découlant de la manière dont la mère présente le monde au nouveau-né. Faisant en sorte qu'il n'y ait aucune discontinuité entre le désir-besoin de celui-ci et la réalité – en étant, par exemple, en permanence attentive aux moindres signes qui pourraient en émaner et en y répondant sans aucun intermède temporel – le psychiatre britannique imagine que la génitrice insère en l'enfant la croyance en le fait qu'il « crée » le monde. L'exemple le plus typique est son rapport au sein. Si celui-ci est présenté au nouveau-né au moment précis où il « l'hallucine vaguement[1] » parce qu'il en a besoin, la perception (le sein porté à la bouche) coïncide avec l'hallucination concomitante. De ce fait, le nourrisson se vit alors comme créateur du sein et, pourquoi pas, du monde, comme l'indiquera plus tard Racamier. En effet, dans cette dialectique très particulière unissant ces deux êtres, où toutes sortes de fascinations mutuelles entrent en jeu, l'enfant « s'est cru, s'est vécu créateur de lui-même, de ses parents et du monde. Tout-puissant, son empire s'est étendu jusqu'à dépasser tout l'horizon[2]. »

Toutefois, le nouveau-né est compris par la majorité des auteurs comme une entité non intégrée, possédant un vécu morcelé de son corps propre, et donc, de son être. Siège d'une quantité invraisemblable de ce que Freud appelle des *excitations*, celui-ci se vivrait comme autant de morceaux de corps, chacun étant livré à maintes pulsions ou tensions multiformes ne possédant aucun lien entre elles, ce qui l'angoisserait. Le ventre gargouille ou fait mal, la bouche vibre sous l'effet des sons, etc. De ce fait, les primes expériences somatiques, et, pourquoi pas, psychiques – ou tout au moins prépsychiques – ne seraient pas reliées entre elles, ni vécues comme unifiées. C'est là qu'intervient le rôle maternel en tant que nidation extracorporelle permettant, après la vie intra-utérine, une certaine préservation de l'angoisse subjective, arrimée à celle du fantasme de désintégration pouvant advenir lors des agonies primitives. De ce fait, par des soins adéquats, la mère « suffisamment bonne » procurera au bébé un environnement facilitant, pare-excitation, sorte de rempart contre les heurts générés par les excitations pulsionnelles décrites par Freud.

Si cet environnement premier est favorable, une forme d'unité peut se créer et l'enfant accèderait à ce qu'on a nommé le narcissisme primaire, concept dont l'acception varie spectaculairement d'un auteur à l'autre.

---

[1] Blanchard, A.M. & Decherf, G., « Le devenir de la toute-puissance dans les liens précoces. » *Le divan familial* 22 (1), p. 150.

[2] Racamier, P.C., *Le génie des origines*, cité par Blanchard et Decherf., p. 150.

> Chez Freud, le narcissisme primaire désigne d'une façon générale le premier narcissisme, celui de l'enfant qui se prend lui-même comme objet d'amour avant de choisir des objets extérieurs[1].

Un tel état correspondrait, comme l'affirme le psychanalyste viennois dans un autre ouvrage, à la croyance de l'enfant en la toute-puissance de ses idées (ou de ses pensées[2], selon les traductions). La notion, toutefois, évoluera avec le temps et peu à peu, Freud en vient à postuler ce qu'il nomme précisément le narcissisme primaire en tant qu'état premier de la vie, antérieur à la constitution d'un moi, dont la vie intra-utérine serait une sorte de modèle. On désignerait ainsi, ce qu'on a nommé un état « anobjectal » (sans référence à l'autre) ou, tout au moins, indifférencié. Laplanche et Pontalis concluent en énonçant :

> Rien ne semble s'opposer à ce qu'on désigne du terme de narcissisme primaire une phase précoce ou des moments fondateurs, qui se caractérisent par l'apparition simultanée d'une première ébauche du moi et son investissement par la libido, ce qui n'implique ni que ce premier narcissisme soit l'état premier de l'être humain, ni que, du point de vue économique, cette prédominance de l'amour de soi exclut tout investissement objectal[3].

Derrière nombre de ces postulats, ou de ces nombreuses hypothèses émaillées d'affirmations plus ou moins probantes, on sent poindre une forme d'embarras théorique tout à fait compréhensible.

En effet, comme le font remarquer d'autres théoriciens – et non des moindres – il est très délicat de se mettre à la place, tout autant que de « faire parler » une entité prélangagière, préconceptuelle, en la lestant d'intentions, de sentiments ou d'impressions diverses. Se révèle là, d'un point de vue épistémologique, une erreur d'appréciation – ou, pour le moins, une démesure conceptuelle – qui mérite d'être un peu décortiquée.

Le nouveau-né, advenant au monde à l'état fœtal – soit ce que l'on a heureusement appelé la néoténie, mot issu du grec et formé de la juxtaposition du préfixe *neo*, signifiant « nouveau » et du verbe *teinein*,

[1] Laplanche, J., & Pontalis, J.B., *Vocabulaire de la Psychanalyse*, p. 264.
[2] Freud, S., *Totem et tabou - interprétation par la psychanalyse de la vie sociale des peuples primitifs*, p. 101 et suivantes.
[3] Ibid., p. 265.

signifiant étendre[1] –, constitue ce que l'on pourrait appeler sans risquer de se tromper un sujet en devenir :

> Une des caractéristiques fondamentales qui distingue l'individu humain de ses plus proches cousins animaux consiste en le fait que le premier (...) va traverser une phase embryonnaire dont les caractéristiques sont, à la fois, extra- et intra-utérines. Les petits des mammifères les plus développés naissent dans un état de maturité relative. Immédiatement, ou peu après la naissance, ils se comportent déjà comme de « petits adultes » qui, non seulement ressemblent aux adultes, mais sont aussi capables de vivre sans leur aide.

C'est, bien sûr, ce qui les distingue du nouveau-né humain qui, après neuf mois passés dans le ventre maternel, requiert une année supplémentaire afin d'atteindre le degré de maturité qui caractérise la plupart des autres mammifères à leur naissance :

> Ainsi, la totalité de la première année de l'enfance peut être assimilée à une phase embryonnaire[2].

L'accession à l'état de sujet, au sens plein du terme, ne se révèle que tard, et pour cause. Elle implique l'élaboration d'un certain rapport au monde, d'un positionnement particulier, façonné par d'incessants allers-retours entre « moi » et « non-moi », aboutissant à la formation d'une entité ayant intégré l'univers des sentiments et surtout, une relative capacité à conceptualiser les choses. Le processus maturatif, extrêmement conséquent, auquel est soumis le jeune humain ne laisse émerger que tardivement une forme de cohésion et des prises de position caractérisant, *in fine*, une subjectivité. Ceci n'excluant pas que, dès les premiers jours, si ce n'est durant la grossesse[3], certaines dispositions ou traits soient déjà présents sous la forme de ce qu'on a appelé le *tempérament* propre à chaque être humain.

---

[1] La néoténie, terme apparaissant à la fin du 19e siècle sous la plume de J. Kollmann, correspond ainsi à l'extension, dans le temps, de ce qui est neuf. Le nouveau-né humain en rassemble les principales caractéristiques : incapable de répondre seul à ses besoins fonda- mentaux (se nourrir, se protéger du froid, être prémuni de situations dangereuses, etc.), il vient au monde dans un état d'absolue dépendance à l'égard d'autrui.

[2] Neumann, E., *The Child - Structure and Dynamics of the Nascent Personality*, pp. 7-8, pour les citations susmentionnées. Traduit par moi.

[3] J'ai questionné de nombreuses mères à ce propos, leur demandant si, durant leurs gestations, elles avaient perçu des différences notables entre leurs enfants. Les réponses sont unanimes : dès les premiers mois, elles ressentent des caractéristiques propres à l'embryon qui se révèlent, le plus souvent, effectives lors de la naissance.

Le fameux « sentiment de toute-puissance » n'est donc, pour ce qui est des premiers temps, qu'un postulat impliquant qu'il existerait un sujet capable d'éprouver une telle chose. Or, précocement, rien de tel n'existe. Il y a bien un être, porteur de toutes les potentialités imaginables et susceptible de les développer indéfiniment, mais, en tant que subjectivité, il n'est pas encore advenu. Il n'est donc pas *appareillé* pour éprouver un tel sentiment, étant donné qu'il n'existe pas encore d'ego pour l'assumer ni, même, pour en avoir l'intuition. Il faut à cet égard se souvenir des remarques piagétiennes relatives aux premiers mois pour s'en convaincre :

> Le nourrisson rapporte tout à son corps comme s'il était le centre du monde, mais un centre qui s'ignore. En d'autres termes, l'action primitive témoigne tout à la fois d'une indifférenciation complète entre le subjectif et l'objectif et d'une centration fondamentale, quoique radicalement inconsciente parce que liée à cette indifférenciation.

Constat qui amène Piaget à préciser son utilisation du terme *égocentrisme* :

> Le terme d'égocentrisme radical (...) a pu sembler (...) évoquer un moi conscient (et c'est encore davantage le cas du « narcissisme primaire » freudien, alors qu'il s'agit d'un narcissisme sans Narcisse). En fait, l'indifférenciation et la centration des actions primitives tiennent toutes deux à un troisième caractère qui leur est général : elles ne sont pas encore coordonnées entre elles, et constituent chacune un petit tout isolable reliant directement le corps propre à l'objet (sucer, regarder, saisir, etc.)[1].

Lorsque Piaget évoque un « narcissisme sans Narcisse », l'« indifférenciation sujet/objet » ou encore une « centration qui s'ignore », il spécifie bien sûr un certain niveau de développement mental de l'individu naissant, non conscient de lui-même, incoordonné du point de vue de ses actions, mais néanmoins sous-tendu par des orientations innées – qualifiées par lui de schèmes ou de structures héréditaires[2] – spécifiant un être non encore arrivé au statut de sujet, au sens intentionnel et décisionnel du terme. Cela va sans dire. Ceci découlant de cela, et même si le moi nouvellement-né reste bien la cible et le germe d'un formidable méli-mélo de motions pulsionnelles, de virtualités qui, certes, ne demandent qu'à se développer, il n'est toutefois pas encore

---

1 Piaget, J., *L'épistémologie génétique*, pp. 15-16.

2 Ibid., en de nombreuses occurrences.

capable d'assumer des sentiments différenciés ou chargés d'objectifs spécifiques, comme ce sera le cas quelque temps plus tard. Le *sentiment de toute-puissance* n'y a donc pas sa place, car un tel affect ne peut tout simplement pas s'y trouver.

Toutefois, car se niche souvent un toutefois quelque part, il semble évident que l'intuition psychanalytique reste tout sauf absurde. Car ce que l'on a nommé ici le germe, l'enfant nouvellement-né, est bien arrimé à des puissances immémoriales, préindividuelles, qui le traversent et le parcourent intégralement aussi bien d'un point de vue physique que psychique. Ou, plus exactement, d'un point de vue global, psychophysique.

Des forces originelles, telles que l'organisation ontologique, l'intercommunicabilité entre les différents composants présents, ainsi que l'autopérennisation du système[1], accouplées à la formidable puissance générative et développementale à l'œuvre en chaque individu – *constituent bien une toute-puissance.* Et pas uniquement dans une perspective conceptuelle ou symbolique. Le germe est ainsi *réellement* porteur de, et arrimé à l'ensemble des évolutions ultérieures. Plus encore, il en est également chargé bien au-delà de ce qui sera développé, étant donné que l'ensemble de son potentiel ou de ses facultés n'aboutiront pas ni n'aboutiront jamais à une totale floraison. Éclosion, oui, en maintes directions ; pleine floraison, non, vu les circonstances. Ces dernières ne peuvent en effet répondre et laisser émerger tout ce que l'on est. Si tel était le cas, cela se saurait et chaque être humain pourrait, en toute occasion, réagir adéquatement à ce qui lui est exigé du réel, de façon harmonieuse et performante à la fois. On sait qu'il n'en est rien et qu'au contraire, ces virtualités restent souvent dormantes, sous-évaluées ou, tout simplement, inhibées par des modalités éducatives, culturelles, inaptes à en déceler la vigueur ou la multiplicité.

Ainsi, les formatages provenant du monde extérieur, les ambiances affectives, noétiques ou sociétales vont forcément borner, réduire la prodigalité des aptitudes dont chacun est nanti en arrivant au monde. De cette manière, il n'est certainement pas erroné d'affirmer que l'évolution humaine consiste, paradoxalement et pour une bonne part, en *une réduction constante et continue des gigantesques puissances habitant l'individu* au moment de sa naissance. C'est bien là, au cœur de ces forces intrinsèques, de ce *feu* immanent, comme l'appelait Héraclite[2], qu'il faut

---

[1] Le fameux « instinct de conservation ».

[2] Héraclite, « *Témoignages - Fragments* » dans *Les écoles présocratiques*, fragment XXX, p. 73. D'après M. Conche, ce feu correspond à l'énergie pour la pensée grecque. Voir : *Fragments recomposés - Présentés dans un ordre rationnel par Marcel Conche*, p. 117.

aller chercher la toute-puissance dont on critique, ici, les conceptions antérieures. Elle est germinale, fichée au plus profond du substrat préhumain (ou tout au moins préhumanisant) duquel tout advient et qui, lui aussi, est source et vecteur des *energeia* primaires dont chaque organisme est à la fois réceptacle et manifestation.

Les mythes ne s'y sont pas trompés. Et il n'est pas pour nous surprendre que des supports symboliques tels que l'œuf originel[1], la source[2], le grain de blé[3] ou le nouveau-né en régime chrétien, restent de par le monde des représentants privilégiés, évocateurs de ces potentialités enfouies ou en train d'advenir.

Il y a donc bien de la toute-puissance quelque part. Simplement, la manière d'en cerner les contours, de la formaliser ou de l'évoquer théoriquement ne peut supporter une lecture purement « psychologique » ou « interrelationnelle » de la chose. Il y faut plus. C'est pourquoi, lorsque Lemoine, à la suite de Winnicott ou de Klein, affirme que « le premier amour de l'enfant est *sans pitié* » ou que « la première relation que l'enfant établit avec sa mère est *impitoyable et cruelle* » en insistant sur le fait que ces primes orientations se retrouveront « dans les pathologies psychotiques et perverses[4]», elle commet une double erreur, conceptuelle et langagière, en attribuant au nourrisson des expressions psychiques qui ne sont, ni ne peuvent être les siennes, car il n'y a tout simplement pas (encore) accès. En effet, d'après Le Littré, *impitoyable* signifie effectivement « sans pitié » et *cruel* veut dire : « qui aime à infliger des souffrances ». Dans les deux cas, il existe une intention sous-jacente à ce type de sentiment. Le nouveau-né n'en est pas là : il n'est pas en mesure d'éprouver ou de manifester des constructions mentales éthiquement intentionnelles.

Insistons-y : s'il semble fallacieux d'attribuer au nouveau-né des sentiments adultomorphes tels que ceux décrits et dont la « toute-puissance » fait partie, il n'en demeure pas moins que cette dernière sous-tend effectivement le parcours développemental du sujet et laisse, probablement, des traces durables en ses tréfonds ontologiques. Les rêves, tout autant que les mythes dont il vient d'être question, en sont de vibrantes illustrations.

---

1 Von Franz, M. L., *Patterns of Creativity Mirrorred in Creation Myths.*

2 Bonardel, F., *Philosophie de l'alchimie - Grand œuvre et modernité* ; Jung, C.G., *Psychologie et Alchimie.*

3 Burkert, W., *Les cultes à mystères dans l'antiquité* ; Foucart, P., *Les Mystères d'Éleusis* ; Rohde, E., *Psyché - Le culte de l'âme chez les Grecs et leur croyance à l'immortalité.*

4 Lemoine, H., « La honte - Les trois faces de la honte » dans *AIRE - Analyse Intégravie Rêve Eveillé*, p. 4.

Ce concept doit donc être compris en tant qu'interprétation de comportements ressemblant à ce qu'est capable de manifester un individu *mature*, mais en aucun cas, pour ce qui est du nourrisson, à des actes relevant de l'intentionnalité ou de la volition subjective. Dans cette perspective, il est utile de rappeler que les facultés (ou fonctions) primaires dont il a été question ne sont ni morales, ni délibérées, ni rationnellement dirigées. En d'autres termes, la psyché *in statu nascendi* n'est ni « bonne », ni « mauvaise » ou « malveillante ». Elle est. Et relève de fonctionnements universels pouvant être désignés comme « morceaux de nature ». De ce fait, elle reste ancrée dans un substrat présubjectif.

Une même remarque peut être faite à propos de l'égocentrisme piagétien qui doit être entendu au sens le plus fruste du terme : oui, le nourrisson en son moi naissant ramène tout à lui, par un mouvement centripète[1] littéralement omniprésent ; oui, en début de vie, il n'existe pas de différence identifiable entre le sujet et l'objet ; et encore oui, on se trouve alors face à un ego non construit, indifférencié, purement topologique (orienté vers le corps propre) dont les grandes orientations sont déterminées par le caractère inné des fonctions primaires et, toujours oui, un tel égocentrisme doit être compris en termes uniquement directionnels ou pulsionnels du *prendre* ou de *l'amener à soi*. Le nourrisson sait en effet, sans savoir qu'il le sait, ce qui lui est nécessaire pour continuer de vivre, bien qu'incapable de se le procurer par ses propres moyens, tout en étant mû par des puissances immémoriales, archétypales au sens de Jung, lui indiquant la marche à suivre en vue de son évolution : rapporter tout à lui, dans l'incessant mouvement du prendre et de l'ingurgitation du monde, des êtres et des choses qui s'y trouvent.

Ainsi, si l'on supporte ce genre de perspective, force est de constater que les différents règnes biologiques (animal, végétal et humain) sont habités par des motifs identiques en leur profondeur ontologique, dont les grandes lignes peuvent se synthétiser sous forme d'absorption/alimentation, agrégation cohésionnante, interactivité et pérennisation individuelle et/ou groupale par le développement d'aptitudes qui leur sont intrinsèques.

---

[1] Isaac Newton invente ce néologisme latin en 1687 : *centripeta*. Le mot provient de l'accolement de deux termes : le substantif *centrum* (centre) et le verbe *petere* (chercher à gagner). Ainsi, les mouvements du même nom « cherchent à gagner » – ou « s'orientent en direction » du « centre ».

Les cinq sens en tant que motions centripètes

À l'appui de ce qui vient d'être dit se tient également le fonctionnement des sens. En effet, de quelque côté qu'on se tourne, ceux-ci manifestent une orientation motrice de même nature ; tous informent l'appareil sensori-moteur selon une logique centripète, en permettant aux stimuli externes de s'y introduire en vue de son insertion dans le monde et de sa compréhension. L'ouïe reçoit les vibrations sonores provenant du dehors afin d'en identifier l'origine, les causes et la signification. La vision permet aux formes environnantes, aux « étants[1] », de pénétrer à l'intérieur du système cérébral afin que celui-ci puisse en saisir l'horreur ou la beauté, mais, par-dessus tout, l'identité. Les papilles gustatives parsèment l'orifice buccal afin que le sujet puisse se délecter des aliments susceptibles de le nourrir ou, au contraire, se détourner de ceux perçus comme nocifs. De la même façon, l'odorat l'informe sur les dimensions nauséabondes ou appétissantes des choses, en un incessant ballet lui donnant accès à l'étrange subtilité de l'invisible, les odeurs n'ayant ni matérialité ni tangibilité autre que celle offerte par leur structure moléculaire, non perceptible à l'œil nu. Enfin, la peau et le toucher proposent à l'intégralité du corps (et pas uniquement à la bouche, comme l'ont obsessionnellement martelé maints auteurs, Anzieu[2] mis à part) la possibilité d'appréhender l'environnement dans ses aspects soit rassurants – par la chaleur enveloppante d'une caresse, la rondeur d'un sein, la douceur d'un vêtement – soit menaçants, par la

---

[1] Pour la pensée philosophique, heideggérienne en particulier, un « étant » se rapporte à ce-qui-est. De ce point de vue, l'homme est un étant, tout autant que l'est un arbre ou, même, une pensée ou un concept particulier. Le philosophe nous permet de saisir les innombrables manifestations de l'être en utilisant ce substantif, simple tout autant qu'irréductible : *l'étant* est *ce-qui-est* sans pour autant constituer *l'être*, en tant que tel. Heidegger, M., *Introduction à la métaphysique* ; *Essais et conférences* ; *Chemins qui ne mènent nulle part.*

[2] « La peau (…) possède un primat structural sur tous les autres sens, pour trois raisons au moins. Elle est le seul sens à recouvrir tout le corps. Elle-même contient plusieurs sens distincts (chaleur, douleur, contact, pression…) dont la proximité physique entraîne la contiguïté psychique. » Anzieu poursuit, en insistant sur l'importance du phénomène : « Enfin (…) le toucher est le seul des cinq sens externes à posséder une structure réflexive : l'enfant qui touche du doigt les parties de son corps expérimente les deux sensations complémentaires d'être un morceau de peau qui touche, en même temps que d'être un morceau de peau qui est touché. C'est sur le modèle de la réflexivité tactile que se construisent les autres réflexivités sensorielles (s'entendre émettre des sons, humer sa propre odeur, se regarder dans le miroir) puis la réflexivité de la pensée. » Anzieu, D. op. cit., pp. 60-61.

froideur carnassière d'une nuit hivernale ou les heurts d'un contact maladroit ou agressif.

Tous possèdent, une fois encore, un mouvement identique en informant le sujet de ce qui se passe ou sévit en dehors de son corps, lui indiquant du même coup ce qu'il est pertinent, ou non, d'y laisser entrer ou, une fois encore, d'y prendre.

Ainsi, nos sens sont de merveilleux organes ego-centrés, ayant pour fonction première et constante la prise d'information de ce qu'est le milieu, à tel instant et de procurer au sujet les indications nécessaires en vue de son assimilation ou, au contraire, de son refus par protection et fermeture. Car les sens possèdent la capacité de se refermer et l'on sait combien il nous est possible, en cas d'excès de stimuli, de s'en protéger en gardant les yeux clos ou en se bouchant nez et oreilles.

Ce n'est qu'après un long cheminement sensuel, sensitif, qu'il est possible à l'individu de *partager* ses expériences sensorielles et les émotions qu'elles suscitent. Les sons entendus peuvent alors se transformer en mélodies, faisant ressentir à autrui combien ceux-ci affectent, de manière agréable ou bouleversante, l'âme individuelle. De la même façon, la beauté et l'horreur du monde pourront, par la description romanesque, la peinture et les arts plastiques, retranscrire les émois que font naître, en soi, l'infini des couleurs, des textures environnantes. Identiquement, l'affinement du goût pourra se sublimer dans les arts de la table, avec pour point d'orgue, la convivialité apaisée d'un repas pris en commun. Parfums et fragrances, dont on se pare pour séduire, amadouer ou recouvrir les miasmes corporels vont, eux aussi, se mettre au service d'un échange, permanent, entre soi et autrui, dans une ronde incessante de senteurs ayant pour but ultime la rencontre avec l'autre. Enfin, la sensualité inhérente au toucher va peu à peu se déployer dans l'éternelle joute amoureuse, pourra se magnifier dans les rapports sexuels et la rencontre des corps, révélant à ceux qui s'y adonnent l'un des plus ineffables mystères du vivant : la capacité pour deux êtres à se désirer mutuellement.

Toutefois, dans leur état premier, l'ensemble des aptitudes sensorielles se cantonne, en toutes occasions, à faire en sorte que l'extérieur puisse être peu à peu absorbé par les fonctions primaires qui vont en faire leur miel, l'assimiler afin que le sujet puisse petit à petit élaborer, du monde et des choses, une forme parcellaire tout autant que singulière, de *représentation*.

L'environnement humain devenant ainsi l'image que l'on s'en fait, que l'on s'en construit, au sens où en parlait fort justement Schopenhauer dans le titre de son principal ouvrage : *Le monde comme volonté et comme représentation*[1]. L'univers psychique, en chacune de ses particularités, relève bien d'un ensemble, plus ou moins cohérent, d'images sensorielles des êtres et des choses qui nous entourent, nous percutent, nous effraient ou nous fascinent en toutes circonstances, et que, peu à peu, on a pu élaborer.

Au travers des sens et des fonctions primaires, le moi se bâtit en édifiant progressivement une trame représentationnelle, une sorte de maillage – fort semblable à ce qui se crée au niveau neuronal, il faut le signaler – qui deviendra peu à peu une personnalité, une entité particulière et unique, capable de comprendre la réalité objective sur la base de ses expériences propres et du développement de ses facultés en telle ou telle direction. À cet égard, on sait depuis quelques décennies que du point de vue physiologique, si un même processus est à l'œuvre en chacun, il n'existe cependant pas et n'a jamais existé de cerveau identique à un autre, tout comme il n'existe d'ailleurs aucun être humain parfaitement semblable à son prochain, même dans le cas de jumeaux homozygotes. Les systèmes intégratifs, informés par l'expérience et la constante interaction sujet/objet, vont façonner des entités physiologiques, neuronales, parfaitement uniques et distinctes, en leur structure, de toutes leurs consœurs existantes. Ce qui revient à dire que, même si tous les moi du monde procèdent d'un même substrat fonctionnel ou sensitif, la façon dont seront traitées les milliards d'informations provenant du réel, le sera de manière singulière, générant ainsi une entité nouvelle, rigoureusement hétérogène à toutes les autres.

Les caractéristiques archétypiques inhérentes au moi

Ce qui vient d'être développé possède, dans son ensemble, des conséquences phénoménales, notamment du point de vue du sujet traité ici : la nature de l'ego et ses principaux mécanismes. En effet, ces observations font apparaître un moi sous-tendu par des soubassements archaïques, ancrés dans le biologique et les nécessités vitales qui, en tous lieux, en accompagnent l'évolution. Avec la formation du moi, et contrairement aux idées reçues, on se trouve clairement face à un ensemble de processus archétypiques, tels que Jung en a décrit nombre de particularités fonctionnelles.

---

[1] Schopenhauer, A., *Le monde comme volonté et comme représentation.*

Rappelons, pour ceux qui ne sont pas familiers avec cette notion, de quoi il s'agit, car elle est souvent mal comprise et ne recouvre, dans le langage commun, que fort imparfaitement ce que l'intuition jungienne a tenté d'éclaircir.

Au cours d'une conversation, il est courant d'entendre : « Tel ou tel personnage est vraiment l'archétype du parfait salaud. » Ou encore : « Telle actrice est l'archétype de la femme fatale », et ainsi de suite.

Avec de tels énoncés on passe, hélas, à côté du sujet. Et l'on confond ainsi, la plupart du temps, l'idée de *stéréotype* avec celle d'*archétype*. Le premier terme dérive du grec *stereos* qui signifie « solide » et de *typos* qui veut dire « image, statue, modèle » ; le second provient, quant à lui du terme *arkhé*, signifiant « ancien, originel » et de *typos* également.

La différence est subtile, mais néanmoins patente. Le stéréotype est un « modèle solide » relatif à un ensemble de phénomènes dont l'exemplaire en question représente une illustration probante, capable de synthétiser, en un seul terme, nombre de caractéristiques communes. Le *Tartuffe* de Molière devient ainsi, si l'on se fie à l'étymologie, le stéréotype de l'arriviste, de l'homme sans foi ni loi, n'ayant qu'un seul objectif : sa glorification et la satisfaction complète de ses objectifs personnels. Le *Hamlet* de Shakespeare, en revanche, constitue bien « l'image solide et/ou persuasive » de la personnalité pusillanime, hésitante, constamment en train d'osciller entre des points de vue contraires et incapable de prendre la moindre décision. Quand une attitude, une manière d'être se figent jusqu'à la rigidification, on se trouve effectivement face à un stéréotype et l'on sait que, dans le domaine de la psychopathologie, les stéréotypies caractérisent des comportements immuables et répétitifs, dont le patient ne peut plus se passer.

La plupart des œuvres d'art qui nous touchent profondément le font parce qu'elles mettent en scène, précisément, des « modèles probants » dont on reconnaît, intimement, certaines caractéristiques faisant écho à des composantes psychiques indéniablement présentes en chacun. Le fameux *Cri* de Munch, censé symboliser la crise existentielle de l'homme moderne, relève lui aussi d'une forme de modèle relatif au surgissement de l'angoisse en lequel chacun peut se reconnaître. Le tableau rassemble certains traits « solides », concernant la désorientation contemporaine, qui ont été captés et restitués par le peintre de façon éminemment percutante.

La notion jungienne d'archétype ne peut se cantonner à ce type de réalité, même si le stéréotype peut en constituer une concrétion pertinente, soit ce qu'on appelle généralement, une *image archétypale* :

> L'archétype est « un modèle hypothétique non manifeste[1] », une structure vide servant de matrice virtuelle génératrice de certains types d'images, d'idées, d'émotions ou de comportements. « L'essence proprement dite de l'archétype n'est pas susceptible de conscience (...) elle est transcendante[2] ». Les archétypes sont des invariants de l'âme, des organisateurs inconscients, qui ne s'appréhendent que par leurs manifestations.

Ailleurs, Jung évoquera des « formes instinctives de représentation mentale[3] » qui s'activent lorsque, pour des raisons internes ou externes, la conscience ne dispose d'aucun concept pour exprimer ce qui doit l'être.

> Les représentations archétypiques sont des formes symboliques universelles : le héros, l'enfant divin, dieu, l'ombre, l'éternel féminin, etc. On les retrouve partout et en tout temps dans les mythes, les contes, les productions imaginaires, les délires des psychotiques ou dans les rêves. Leur intensité énergétique est telle qu'elles peuvent entraîner des phénomènes de fascination et de possession. S'y trouver confronté est « une expérience intense et effrayante, qui peut marquer durablement la personnalité[4] »[5].

Les extraits qui viennent d'être cités insistent tous sur la nécessaire différence qu'il nous faut opérer entre l'archétype, d'une part, et la représentation archétypique, de l'autre. On pourrait dire, pour reprendre la distinction entre les deux termes proposés ci-dessus, qu'elle spécifie indéniablement le hiatus, crucial, existant entre le premier concept – l'archétype – et ce qui en émane au niveau de la représentation – l'image[6] dont le stéréotype pourrait s'avérer justement être un excellent représentant[7].

---

1 Jung, C.G., *Les racines de la conscience*, note p. 16.

2 Ibid., p. 538.

3 Jung, C. G., *C. G. Jung letters I*, p. 370. Traduit par moi.

4 Jung, C. G., *Sur l'interprétation des rêves*, p. 120.

5 Agnel, A. et coll., *Dictionnaire Jung*, pp. 27-28.

6 Cette distinction entre *archétype* et *image archétypale* est longuement développée dans mon ouvrage : *Délires et splendeurs du religieux - La transcendance au 21e siècle*, p. 137 et suivantes.

7 Ici ou là, Jung parlera, à propos des archétypes, *d'engrammes* ayant déterminé, depuis la nuit des temps « la structure psychique actuelle (...) Ces engrammes fonctionnels apparaissent sous forme de motifs ou d'images mythologiques qu'on peut retrouver sans difficulté, parfois identiques, parfois très analogues, chez tous les peuples et dans tous les matériaux inconscients de l'homme d'aujourd'hui. » Jung, C.G., *Types psychologiques*, p. 165.

Illustrons cette différence par un exemple. Il n'est pas rare, en situation clinique, de rencontrer des individus qui tombent éperdument amoureux de passants croisés dans la rue ou encore de mannequins, acteurs ou autres stars, régulièrement embauchés par les médias ou la publicité (soit dit en passant, c'est même là un de leurs plus précieux leviers en vue d'alpaguer le consommateur : en l'attirant par l'hameçon archétypique, on lui permet du même coup de s'identifier à ces supports imaginaires et de s'en rapprocher, fût-ce illusoirement).

Il va sans dire que ce genre de coup de foudre – car il s'agit bien de cela – exprime autre chose que la dimension véritablement affective, interactive, que l'on peut entretenir avec telle personne « réelle », que l'on connaît, fréquente et avec laquelle se tisse une relation.

Dans les cas susmentionnés, il n'en est rien. Les personnes croisées incidemment, les *peoples* médiatisés sont, et indubitablement resteront inconnus. Mais on y décèle, sans pour autant savoir qu'on le fait, une dimension, une aura, une intensité inouïe qui fait dire à Jung qu'effectivement, ce type de rencontre – impersonnelle, anonyme – peut revêtir un caractère fascinant ou terrifiant[1], capable de marquer durablement celui qui s'y confronte. En d'autres termes, ces individus sont les *représentants* idéaux de réalités psychiques sous-jacentes qui les traversent ou les animent, souvent d'ailleurs à leur corps défendant. On sait à quelles extrémités peut mener l'hypermédiatisation de certains êtres et les innombrables mésinterprétations que cela peut engendrer : John Lennon n'a pas été tué parce qu'il était musicien, mais bien du fait qu'il incarnait autre chose que le fait d'écrire ou de jouer ses partitions. C'est *l'icône* qui a été visée (l'image ou le support archétypique) et non le *sujet* en tant que tel[2].

Or, que perçoit celui qui soudain se retrouve bouleversé, retourné de fond en comble par ce type d'événement en lequel, indiscutablement, il ressent une forme de vérité, ou d'essentialité, capable d'éveiller des élans qui pourront être mobilisés dans des directions improbables dont il est, lui-même, surpris ou épouvanté ?

---

[1] Le *terrifiant* et le *fascinant* sont deux des principales caractéristiques, avec le *mystérieux*, de la rencontre avec ce que R. Otto a appelé le *numineux*. Voir, à cet égard, son principal ouvrage à ce sujet : *Le sacré - L'élément non-rationnel dans l'idée du divin et sa relation avec le rationnel*.

[2] L'Histoire est jalonnée par ce genre de phénomène où le représentant d'une entité particulière sera désigné en tant que bouc émissaire de peurs ou de frustrations contenues, ne pouvant s'exprimer que sous forme violente ou destructrice. Le meurtre de Jésus-Christ, le suicide forcé de Socrate en sont de probants exemples.

En un mot comme en cent, on peut dire qu'il rencontre, là, une forme indéniable de ce que les diverses traditions ont appelé le divin ou, pour le moins, l'une de ses représentations. Signalons au passage et pour corser l'affaire que ces projections ne sont pas fortuites et que ce qui dans l'autre est perçu, dans ce visage ou cette allure, n'est pas obligatoirement dénué de ce que l'on croyait y trouver :

> En effet l'expérience montre que le porteur de la projection n'est pas n'importe quel objet, mais au contraire et toujours un objet adéquat à la nature du contenu à projeter, c'est-à-dire qui offre un crochet adapté à la chose qu'on doit y suspendre[1].

C'est en cela que le coup de foudre, du point de vue empirique, reste passionnant. Car il met l'individu en présence, immédiate et absolue, d'un *au-delà*, peuplé d'intensités, de sens et gorgé de promesses. Il lui révèle son propre substrat immanent, le plus intime de son génie propre, sa raison de vivre ou, plus tragiquement encore, la raison et le sens de son existence, en même temps que certains composants inhérents à l'objet rencontré. Baudelaire l'exprime de manière fulgurante dans son poème *A une passante* :

La rue assourdissante autour de moi hurlait.
Longue, mince, en grand deuil, douleur majestueuse,
Une femme passa, d'une main fastueuse
Soulevant, balançant le feston et l'ourlet ;

Agile et noble, avec sa jambe de statue.
Moi, je buvais, crispé comme un extravagant,
Dans son œil, ciel livide où germe l'ouragan,
La douceur qui fascine et le plaisir qui tue.

Un éclair… puis la nuit ! – Fugitive beauté
Dont le regard m'a fait soudainement renaître,
Ne te verrai-je plus que dans l'éternité ?

Ailleurs, bien loin d'ici ! trop tard ! jamais peut-être !
Car j'ignore où tu fuis, tu ne sais où je vais,
Ô toi que j'eusse aimée, ô toi qui le savais ! [2]

---

[1] Jung, C.G., *Psychologie du transfert*, pp. 158-159. Souligné par moi.
[2] Baudelaire, Ch., *Les fleurs du mal et autres poèmes*, p. 114.

Tous les ingrédients divins *et* relationnels s'y retrouvent en effet : fascination, mort (« le plaisir qui tue »), éternité et, même, résurrection, accolés au fait que, dans la fugitivité de l'échange, la femme sut, elle aussi, qu'un événement ineffable se passait entre ces deux êtres. Raison pour laquelle Baudelaire termine son poème par une double affirmation : « Ô toi que j'eusse aimée, *ô toi qui le savais !*[1] »

L'ensemble de ces aperçus, leur polymorphisme, sont ici ramassés dans un instant fugace, cette rencontre éphémère et déterminante. La passion s'y déploie, dans l'éclair des regards et l'immensité des jouissances escomptées. On sait à quoi peuvent mener ce genre d'exaltation et les déceptions qui, souvent, en résultent. Car la déesse, le dieu, fréquentés en un quotidien routinier, se révèlent rapidement pour ce qu'ils sont : des citoyens lambda, ni plus ni moins, accaparés par leurs soucis ou leurs cramponnements les plus triviaux.

Là n'est toutefois pas la question. Car ce qui est captivant et totalement subversif, relativement aux injonctions normatives imposées par une société faite pour que ses membres s'y insèrent sans trop y *remuer*, c'est l'effraction révélatrice, précisément : « *La foudre gouverne toutes choses*[2] » disait Héraclite. Or cette effraction ne peut être lapidairement taxée d'illusoire ou de projective, même s'il est évident que, pour une bonne part, illusoire et projective elle l'est néanmoins. Mais la réduire à cela équivaudrait à jeter le bébé avec l'eau du bain.

Le coup de foudre restitue le sujet à ses fonctions primaires (ou tout au moins, le remet en contact avec elles), ainsi qu'à l'infini des potentiels dont elles sont porteuses. Du même coup, « tout » lui semble possible et se présente à lui en termes d'aventure, de promesse ou de jouissance. Cette expérience et la force archétypale (étymologiquement le « modèle ancestral ») qui l'anime renvoient précisément aux sphères présubjectives, prérationnelles, germinales dont il vient d'être question. Et, dans la fulgurance passionnelle, un objet externe, réel et, pourrait-on dire, incarné, vient *enfin* nous ramener à la capacité de mobiliser, sans le moindre effort, notre attention, nos désirs, nos aspirations en direction de cet autre qui incarne désormais le cœur de nos préoccupations et le tout de nos investissements.

Qui plus est, cette expérience signe, aussi, un double effet de *reconnaissance* et de *dévoilement* : celui, celle que l'on rencontre inopinément et qui, soudain, nous transporte bien au-delà de simples mouvements pulsionnels ou de causalités sociétales – le coup de foudre étant souvent

---

[1] Souligné par moi.

[2] Héraclite, op. cit., fragment LXIV, p. 80.

assimilé à une sorte de phénomène prédéterminé par des facteurs socio-économiques plus ou moins abscons –, nous amène à *voir au-delà* des surfaces, tout autant qu'à *retrouver* mystérieusement une âme qu'instantanément on sait reconnaître et qui nous est familière. Au hasard de ses déambulations, Ludvik, héros du roman de Kundera *La plaisanterie*, tombe soudain nez à nez avec une jeune inconnue, Lucie, dont il dit ceci :

> On parle volontiers de coups de foudre ; (…) mais cette fois il y eut vraiment une sorte de voyance : l'essence de Lucie ou – s'il me faut être tout à fait précis – l'essence de ce que Lucie devint ensuite pour moi, je l'avais comprise, ressentie, vue immédiatement et d'un seul coup : c'est elle-même que Lucie m'avait apportée, comme on apporte des vérités révélées.

L'auteur/Ludvik enfonce le clou en soulignant l'impression d'immédiate proximité éprouvée à l'égard de la jeune femme :

> … il me parut que nous étions d'ailleurs très proches ; il me parut qu'il suffirait de l'aborder, de lui parler, et qu'à l'instant où (enfin) elle me regarderait dans les yeux, elle sourirait comme si elle voyait subitement son frère qu'elle n'aurait pas vu de plusieurs années[1].

C'est donc par, et grâce à ce type d'éprouvé, que le moi est reconduit aux potentialités et aptitudes originelles ayant procédé à sa propre survenue. Ce qui revient à dire que grâce à l'effraction, l'ego se retrouve connecté à ses propres forces constitutives, indéniablement liées à la toute-puissance dont il est ici question. Car toute-puissance, nous l'avons déjà souligné, il y a. Et l'impression d'immortalité, d'infini, accompagnant le transport amoureux en est la marque la plus indéniable. L'amoureux n'éprouve ni fatigue, ni faim, ni ennui, ni quoi que ce soit de trivial en ce bas monde. Au contraire, il est littéralement porté par une puissance immanente le guidant en tous lieux et lui servant, désormais, de socle vital.

Le représentant archétypal – la femme, l'homme aimés – l'a effectivement reconduit aux instances « divines » sous-jacentes qui ne demandent qu'à s'exprimer (Kundera évoque d'ailleurs des « vérités révélées »), dans la mesure où ce que recherche essentiellement psyché se

---

[1] Kundera, M., *La plaisanterie*, p. 112, pour les citations susmentionnées. Souligné par l'auteur.

trouve toujours du côté de l'intensité ou d'un en-plus[1] expérientiel, que l'on retrouvera, entre autres, dans la rencontre charnelle.

Pour synthétiser ce qui vient d'être dit, et afin que le lecteur puisse saisir la différence fondamentale entre l'archétype et l'image qui le représente, on peut affirmer que, dans la passion amoureuse, l'aimé incarne bien le support idéal (et idéalisé) de forces archaïques actives et réveillées chez celui qui aime. En tant que tel, il constitue bien une *image archétypale*, un révélateur. En revanche, les éprouvés qui s'emparent de, et saisissent l'amant, proviennent, quant à eux, de tréfonds immémoriaux qui organisent, mobilisent et informent l'individu relativement à leur réalité, à leurs projets et à leur vitalité endogène. C'est alors l'*archétype* qui se manifeste, sous la forme d'une énergie – le feu ou la foudre héraclitéens.

On peut à cet égard retenir les points suivants :

- Ces puissances ne sont ni visibles, ni représentables en tant que telles ; elles *sont* et s'expriment par coercitions et intimations internes, autrement dit par autant de *mouvements exerçant leur action* dans l'espace psychique ; on peut les considérer en tant que manifestations de la puissance de l'archétype.
- Le support objectif qui en permet la révélation, par « projection », est quant à lui visible et représentable. C'est ce qu'on nomme *l'image archétypale*.

L'un et l'autre sont inséparables : il n'y a pas, pour l'être humain, d'archétype sans représentant archétypique, tout comme il n'y a pas d'image archétypique sans qu'il y ait, en sous-main, d'activité du même nom. L'un et l'autre fonctionnent ainsi selon une dialectique qui leur est propre, véritable danse entre apparaître et se cacher, entre manifestation et ressentis profonds, structurants ou bouleversants.

Les composants « divins » du moi

Ce qui vient d'être développé nous amène en direction d'une intéressante constellation dont le mythe de Narcisse reprend les principales caractéristiques : fascination, puissance, exclusivité, captation… On verra comment celles-ci vont, progressivement, façonner un moi aux attributs et aux fonctions impératives, si ce n'est totalitaires. Il est utile, à cet égard, de reprendre le parcours du héros mythique qui

[1] Lacan, J., *Le Séminaire - Livre XX - Encore*. En plusieurs occurrences.

nous éclaire sur nombre de dynamiques toujours présentes (et peut-être plus que jamais) actuellement.

La mère de Narcisse, Liriopé, est violée par le fleuve Céphise. De ce viol naît un superbe garçon qu'elle nomme Narcisse. Inquiète de l'avenir de son rejeton, elle interroge le devin Tirésias sur la longévité de celui-ci. Tirésias lui répond positivement : certes, l'enfant pourra jouir d'une longue existence, « *s'il ne se connaît pas*[1]. »

Cette prime information, révélée par le devin, est centrale relativement à la problématique narcissique. Apparemment pourtant, elle semble contredire celle proférée par l'oracle de Delphes qui intimait au sujet de se connaître, précisément. Ici, au contraire, la pérennité dont s'inquiète la mère du héros a pour condition l'exact opposé : la condition pour que Narcisse puisse vivre longtemps, c'est qu'il ne se connaisse pas.

La contradiction n'est qu'apparente, étant donné que la connaissance dont il est question dans les deux situations n'est pas du même ordre, comme on s'en serait douté. Celle prônée par l'oracle delphien doit s'envisager dans le contexte du platonisme, le précepte étant alors conçu dans une perspective d'ouverture en direction d'un plus vaste pouvant amener à la *sagesse*[2]. Se connaître, soi, menant directement ici, comme l'indique la suite de la citation (à l'origine incertaine), à la connaissance *de l'univers et des dieux*. Ainsi, le processus réflexif suggéré par l'oracle peut s'entendre en tant que porte, ouverture en direction de l'autre monde, incarné par les universaux ou les Idées. Dans cette vision, amplement reprise et développée par la philosophie ou la psychanalyse, la réflexivité renvoie à la voie étroite et surprenante d'un savoir sur l'être ne concernant pas l'individu en tant qu'entité séparée, discrète. Au contraire, celle préconisée par l'oracle conduit à l'universalité et à la prise en compte de ce qui, du sujet, peut et va y mener : la considération attentive[3] et rigoureuse à l'égard de soi va logiquement permettre au sujet

---

[1] Ovide, *Les Métamorphoses*, p. 118.

[2] Platon, *Charmide - Lysis*, p. 95. Le philosophe écrit : « "Connais-toi toi-même' et 'sois sage', c'est du pareil au même, comme les inscriptions et moi le prétendons. » Ibid., p. 95. Pour la pensée alchimique également, la sagesse équivaut, en de nombreux textes, à la science de Dieu. Reprenant, dans son ouvrage intitulé *Psychologie du transfert*, un extrait du livre alchimique appelé *Le Rosaire des philosophes* (*Rosarium philosophorum*), Jung cite : « Elle – la Sagesse ou Science de Dieu – est un arbre de vie pour tous ceux qui la saisissent et une lumière inextinguible. Bienheureux ceux qui l'auront obtenue, car la science de dieu ne périra jamais, ainsi qu'Alphidius l'atteste lorsqu'il dit : « Celui qui aura trouvé cette science, elle sera pour lui un aliment légitime et perpétuel. » Jung, C.G., *Psychologie du transfert*, p. 142.

[3] Soulignons que le mot latin *religere* signifie précisément cela : une prise en considération soigneuse, une observation en conscience des mouvements animiques

de se « dépasser » en direction de *ce-qui-est*. Se tient là une orientation foncièrement heuristique invitant chacun à explorer ses tréfonds afin d'y entrevoir l'accès vers un *tout-autre*, bruissant d'énigmes et de contradictions, mais néanmoins ouvert en direction de ce qui transcende, radicalement, les préoccupations et obsessions moïques, précisément.

La perspective développée par le mythe de Narcisse est autre. Il y est raconté que, dès l'âge de quinze ans, le jeune homme était d'une beauté telle, qu'elle « cachait un orgueil si dur que ni jeunes gens ni jeunes filles ne purent le toucher[1]. » La structure décrite est éclairante : on ne peut toucher, c'est-à-dire atteindre, s'approcher, caresser celui qui s'est durci, au même titre qu'il n'est pas loisible de rencontrer celui qui s'est identifié à un support archétypal. L'image portée devient, en effet, une prison, un rempart imprenable au-delà duquel le vide sourd. Narcisse s'arc-boute derrière cette armature, peu à peu comprise comme résumant l'ultime de ce qu'il est et, de ce fait, l'oblige à se raidir incessamment afin de préserver l'apparence hypnotique ou splendide, désirée par tous en tant que promesse libératrice – on aime la beauté, ou toute autre forme de pouvoir, on la veut, sans réellement savoir pourquoi, tout en sachant qu'elle recèle un charisme dont il est impossible de se détourner – derrière laquelle se tient une intériorité désertée, comme le développe le très étrange et unique roman d'Oscar Wilde : *Le portrait de Dorian Gray*[2].

Ce que vise le mythe, sans bien sûr l'énoncer de manière conceptuelle, est exactement le mouvement inverse de celui précédemment évoqué. La fixation moïque, ou sur le moi, obstrue, en effet, toute perspective autre que celle à laquelle on a affaire – l'image de soi et ses effets sur autrui –, générant du même coup le *vide* mentionné. Or, celui-ci doit être entendu en son acception logique, et non morale. Il ne s'agit en effet pas d'un *mauvais* vide, au sens où le sujet aurait conduit de façon abjecte sa manière d'être en vue d'exploiter ou de détruire son prochain[3]. Le

associés à ce qu'Otto a appelé le *numen*. Voir, à cet égard, l'introduction de M. Cazenave à l'ouvrage : *Le Divin dans l'homme - Lettres sur les religions choisies et présentées par Michel Cazenave, p. 12 et suivantes.*

[1] Ibid., p. 117.

[2] Wilde, O., *Le Portrait de Dorian Gray*.

[3] Dans un tel contexte – narcissique – un cran supplémentaire sera franchi lorsqu'on butera sur la logique perverse. Autrement dit, sur l'outrance mortifère en laquelle peut dégénérer un narcissisme « sain » ou « habituel ». Racamier évoque, à cet égard, la pensée perverse comme incapable de rencontrer autre chose que du vide, précisément : « Elle ne joue ni avec les fantasmes, ni avec les rêves, ni avec des images ; elle ne joue pas à penser. Hors de la perversité, le moi pervers ne connaît rien. Au point qu'on peut se demander si l'acharnement que des individus, des couples, des noyaux, des familles mettent à préserver tel secret pervers ou telle province de pensée perverse *n'est pas en fin*

mécanisme est plus structurel que cela : l'énergie psychique s'étant investie de façon unilatérale sur « ce qui fait enveloppe », sur ce qui s'exhibe et cherche à jet continu gratification et influence, se détourne du même coup de l'en-soi ou de la possibilité d'accès aux universaux. Ce faisant, elle abandonne l'intériorité aux aléas des humeurs et d'autres fantômes enfouis, non identifiables par une conscience qui ne peut en cerner la nature ou les motifs, étant donné qu'elle ne s'en est tout simplement pas préoccupée. Les destins tragiques de certaines stars internationales renvoient à ce type de configuration psychique pour laquelle le *masque*[1] – et non le *visage*, au sens lévinassien[2] – aspire toute l'énergie à disposition, au détriment de ce qui pourrait faire socle : la connexion avec la vie psychique, ses splendeurs, ses paradoxes et ses tourments. La captation narcissique est un piège, au double sens du terme : pour soi et pour autrui. La suite du mythe le montre clairement.

On y voit apparaître, au fond des bois, la nymphe Écho, *celle qui répète les sons*. Tombant éperdument amoureuse du héros, elle se met à le suivre en tous lieux, « brûlée de désir[3] ». Mais Écho est atteinte d'une curieuse affection : à la suite d'une malédiction prononcée par Junon (Héra chez les Grecs), elle est désormais incapable de parler la première au cours des interactions et ne peut que reproduire les derniers mots qui lui ont été dits. Consumée de passion, mais inapte à pouvoir en rien dire, elle court après Narcisse qui la fuit dédaigneusement. Une série de quiproquos s'ensuit, gravitant tous autour de cet étrange symptôme. Ainsi Narcisse, la fuyant, lui lance : « Retire ces mains qui m'enlacent ; plutôt mourir que de m'abandonner à toi ! » ce à quoi la pauvre nymphe ne peut que répliquer : « m'abandonner à toi ! » Le jeune éphèbe s'éloigne et elle, exsangue, se retire définitivement du monde :

> Les soucis qui la tiennent éveillée épuisent son corps misérable, la maigreur dessèche sa peau, toute la sève de ses membres s'évapore. Il ne lui reste que la voix et les os ; sa voix est intacte, ses os ont pris, dit-on, la forme d'un rocher. Depuis, cachée dans les forêts, elle ne se montre plus sur les montagnes ; mais tout le monde l'entend ; un son, voilà tout ce qui survit en elle.

---

de compte destiné à éviter la confrontation catastrophique avec ce vide. » Racamier, P.C., *Les perversions narcissiques*, p. 49. Souligné par moi.

[1] La *Persona*, en terminologie jungienne. Voir le glossaire dans : Jung, C.G., *Ma vie, souvenirs, rêves et pensées*, p. 460.

[2] Lévinas, E., *Totalité et infini - Essai sur l'extériorité*.

[3] Ovide, op. cit. p. 118.

Écho n'est pas la seule éplorée ; d'autres, autour de Narcisse, ont subi le même sort :

> Comme cette nymphe, d'autres, nées dans les eaux et sur les montagnes, et auparavant une foule de jeunes hommes s'étaient vus dédaignés par Narcisse. Aussi quelqu'un qu'il avait méprisé, levant les mains vers le ciel, s'écria : « Puisse-t-il aimer, lui aussi, et ne jamais posséder l'objet de son amour ![1] »

Cette séquence est passionnante du point de vue psychologique. Elle résume, en effet, une des principales dynamiques relationnelles pouvant résulter du commerce avec Narcisse ou, en d'autres termes, avec un moi hégémonique, atteint d'*inflation*. Pour l'exprimer de façon ramassée, cette notion définit un ego qui se serait identifié à l'archétype[2]. Il s'agit ainsi d'une personnalité ayant usurpé – souvent de façon inconsciente – les forces qui la traversent pour les détourner, les pervertir en organes d'emprise. Dans l'inflation égotique, le sujet se pense et se croit un être dont volontés et désirs ont valeur de loi. Ni discutables ni amendables, ceux-ci ont, à ses yeux, valeur absolue et ne supportent aucune remise en question ni déviation d'aucune sorte. On retrouve là, comme de bien entendu et une fois encore, un attribut divin[3], résumé dans l'imposition, à autrui, de sa propre omnipotence et omniscience.

On parlera, dans ce cas, de « personnalités à narcissisme exacerbé », incapables de s'excuser ou de remercier. Incapacité à s'excuser, dans la mesure où excuses et remords « iraient à l'encontre d'une infaillibilité qui doit rester inattaquable. » Impossibilité à remercier, étant donné que la gratitude « témoignerait d'une dépendance qui leur est insupportable, et d'une insuffisance personnelle, qui serait comme une insulte à leur soi grandiose[4]. »

Il va sans dire que, dans un tel contexte, l'interaction, pour ne pas dire l'interlocution devient extrêmement délicate, pour ne pas dire impraticable. Face à un ego inflationné, il n'est désormais plus d'autre possibilité que de répéter ce que l'on en entend, c'est-à-dire *de s'en faire l'écho*, au même titre que le met en pratique la nymphe du même nom. En

---

[1] Ibid., p. 119.

[2] Voir la définition qu'en propose Jung dans *Ma vie, souvenirs, rêves et pensées*, p. 458.

[3] Il suffit de se plonger dans la plupart des écrits vétérotestamentaires pour s'en persuader : en effet, Yahvé est constamment en train de reprocher à son peuple ou à ses rois la désobéissance à ses préceptes et injonctions, forcément parfaits et ne tolérant nulle déviation ou insoumission. Les livres des Prophètes en sont d'excellents exemples.

[4] Ces trois citations sont tirées de l'ouvrage de Racamier : *Les perversions narcissiques*, p. 77.

contexte clinique, ce type de situation est fréquente et il ne se passe pas un jour sans qu'on entende : « Tel ou tel est incapable d'écouter ce que j'ai à lui dire, face à ça je ne puis qu'obtempérer ou me taire », c'est-à-dire ne pas interférer dans la progression d'une illusoire croyance en son impeccabilité.

Le problème, c'est qu'en face on en arrive effectivement à se dessécher. À s'épuiser jusqu'aux os étant donné que ce que l'on est, ce que l'on ressent, ce que l'on souhaite ne trouvent aucun droit de cité et se heurtent au refus de toute prise en compte. Il n'est d'ailleurs pas impossible que nombre d'atteintes anorexiques trouvent, dans le narcissisme exacerbé des proches, certaines de ses origines, faisant du sujet qui l'affronte un lointain cousin de la nymphe mythique.

L'inflation, comme le terme l'indique, c'est ce qui prend de la place. Beaucoup de place. Elle s'étale en toutes directions et semble n'avoir qu'un seul but : s'amplifier, encore et encore, jusqu'à pouvoir se prouver, à elle-même, qu'elle occupe l'ensemble du paysage : « Voyez-vous, l'inflation nous fait gonfler, on grossit comme un ballon, et on s'envole dans les cieux[1]. » Ainsi, dans telle ou telle configuration familiale (ou nationale…), il n'est pas rare de rencontrer un individu qui, précisément, s'empare de tout l'espace psychique disponible pour s'y vautrer et prôner, à tort et à travers, l'absolutisme de ses points de vue et exigences. Le phénomène créant ainsi, aux alentours, une sorte de calamité relationnelle en laquelle lui seul trouve son compte, en tant que centre de l'ensemble des investissements imaginables. On peut, sans exagérer, évoquer alors une forme de terrorisme psychique, l'autre n'ayant pas, ou plus, le moindre accès à la libre expression de ses besoins, sentiments ou, surtout, pensées. Il s'agit donc bien d'une des formes les plus ultimes de la violence interrelationnelle, dont la perversion narcissique constituera la manifestation ultime, pouvant mener – et menant souvent – à la mort, physique ou psychique, de ceux qui gravitent en sa périphérie. Le « soi grandiose » décrit par Kohut[2], frère jumeau de l'inflation moïque identifiée par Jung, est ravageur de par son incapacité à envisager l'autre en tant que distinct, singulier, et doté de projets hétérogènes aux siens.

Un système totalitaire, dans sa plus carnavalesque ou plus terrifiante expression, correspond au niveau sociétal à ce genre de manifestation. Incapable de tolérer la moindre contradiction, rétive à toute forme de remise en question, la chose n'a d'autre objectif que de se perpétuer elle-même et d'assurer son maintien en l'état, dans la ronde infernale des

---

[1] Jung, C. G., *L'analyse des visions - Le séminaire de 1930-1934*, p. 530.

[2] Kohut, H., *Le Soi - La psychanalyse des transferts narcissiques.*

exclusions, punitions ou excommunications, comme l'Histoire nous en montre d'innombrables illustrations.

Écho dépérit. Les amants de Narcisse, femmes et hommes, tapissent le sol de leurs dépouilles ou de leurs désillusions. Aucun n'est aimé, puisqu'aucun ne peut l'être. Car il n'existe, dans cette équation, ni empathie ni attention portée à autrui, sans même parler d'amour, ce qui serait une sorte de blasphème dans un tel environnement. Seul existe soi, soi et encore soi. Et, tout autour, un désert, une fois encore. Psychique, relationnel, voire conceptuel. L'autre, en tant que pensant, n'a pas à exister. Encore moins en tant qu'affectivité ou émotionnalité. Ces aptitudes ont été évincées, écartées aux confins d'un horizon de plus en plus colonisé par les fonctions primaires, hégémoniques et totalisantes, comme on peut le constater dans de nombreuses configurations groupales[1] – idéologiques en particulier – où seul à droit de parole, d'intérêt ou de conceptualisation, celui qui s'installe au centre de l'institution (le « leader[2]») et de ses préoccupations. Ainsi, le phénomène de l'écho peut rapidement se transformer en celui de l'écholalie[3], trouble psychiatrique où le sujet ne peut effectivement que réitérer, en guise de réponse verbale, des bouts de phrases provenant de l'interlocuteur.

Non loin de là où chassait Narcisse, car, dans le mythe, le héros est en train de chasser, se trouvait une source limpide aux eaux formant un bassin dont nul n'avait troublé la pureté ; ni hommes, ni animaux, ni végétaux. Fatigué par sa course, le jeune homme s'allonge et se met à boire, à longues goulées, ce merveilleux breuvage. C'est alors qu'il se voit ou, en termes plus précis, qu'il commence à se connaître, sans pour autant savoir qu'il le fait :

---

[1] Dans le présent ouvrage, le terme « groupal » s'appliquera à tout ce qui relève de ce qu'on nomme généralement *le collectif*, opposé à l'univers personnel, individuel et, plus fondamentalement encore, à l'individuation au sens où en parle la psychologie analytique. Ainsi, la famille constitue-t-elle ce genre d'entité, véritable microsociété ou micro-collectivité, dont les fonctionnements et tendances sont comparables à ceux rencontrés dans de plus larges communautés, telles que les institutions religieuses, politiques, nationales ou autres.

[2] « Tel que nous l'envisageons ici, le noyau est avant tout un *mode de fonctionnement entre des personnes au sein d'une famille ou d'un groupe* (un système, diraient certains). Pour qu'il y ait noyau, il faudra : deux à trois *personnes* pour le constituer, qui seront liées ensemble par le secret d'une relation de nature perverse-incestueuse, et un milieu pour le porter, le supporter, et le sustenter. » Racamier, P.C., op. cit., p. 89. Souligné par l'auteur.

[3] Le terme provient du grec *êkhô* (« écho »), lui-même issu de *êkhê* (« son ») et de *lalia* (« lalie, babil, bavardage »). On en trouve maintes expressions dans des atteintes psychiatriques et neurologiques, telles que l'autisme, la schizophrénie, certaines formes d'hystérie ou encore dans la maladie de Gilles de La Tourette.

> Il s'extasie devant lui-même ; il demeure immobile, le visage impassible, semblable à une statue taillée dans le marbre de Paros. Étendu sur le sol, il contemple ses yeux, deux astres, sa chevelure digne de Bacchus et non moins digne d'Apollon, ses joues lisses, son cou d'ivoire, sa bouche gracieuse, son teint qui, à un éclat vermeil, unit une blancheur de neige.

Ovide dévoile alors le piège dans lequel s'est incarcéré l'éphèbe :

> Sans s'en douter, il se désire lui-même ; il est l'amant et l'objet aimé, le but auquel s'adressent ses vœux (...) Que de fois il donne de vains baisers à cette source fallacieuse ! Que de fois, pour saisir son cou, qu'il voyait au milieu des eaux, il y plongea ses bras, sans pouvoir s'atteindre ! Que voit-il ? Il l'ignore : mais ce qu'il voit le consume ; la même erreur qui trompe ses yeux les excite[1].

La trappe se referme et constitue, d'ailleurs, une sanction. En effet, la déesse de Rhamnonte exaucera la prière de l'amant délaissé qui avait souhaité voir Narcisse confronté à une passion non réciproque. Or il s'agit de Némésis, personnification de la vengeance divine, qui châtie toute forme de démesure chez les mortels. Son nom, provenant du verbe *némeïn*, signifie en effet « répartir équitablement, distribuer ce qui est dû. » Hésiode, dans sa Théogonie[2], l'appelle le « fléau des hommes mortels », elle qui incarne, en tous lieux, la sanction face à l'*hybris*, l'outrance ou l'outrecuidance manifestée par le genre humain.

La punition de Narcisse – s'enferrer éternellement dans un regard uniquement sur soi porté – relève bel et bien de la transgression d'un ordre. Un ordonnancement divin qui, probablement, incite, si ce n'est intime le genre humain à se comprendre et à se considérer comme enchâssé dans un aménagement interdépendant, autrement dit relationnel, aussi bien avec autrui qu'avec le milieu ambiant. Raison pour laquelle l'écologie revêt, à l'heure actuelle, maints oripeaux « mystiques » et se voit affublée, dans nombre de commentaires, du titre de nouvelle religiosité.

Selon de tels préceptes, compris comme transcendantaux, l'autre-du-moi devient ainsi le passage obligé par lequel l'existence peut se révéler sensée et, de ce fait, évolutive. Il existe donc, dans la punition divine édictée par Némésis, une indication tout à fait sérieuse, conséquente,

---

[1] Ovide, op. cit., p. 120.

[2] Fille de la Nuit (*Nyx*), Némésis est aussi appelée *Réprobation*. Hésiode, *Théogonie - la naissance des dieux*, p. 75, paragraphe 223. On la célébrait à Rhamnonte, site archéologique proche de la ville de Marathon, en Grèce, où un temple lui était dédié.

relative aux outrances égotiques et à leur danger inflationniste : se perdre, définitivement, dans la plus tenace des obsessions, le traquenard ultime auquel chacun risque de se heurter : ne plus voir dans le monde ou dans autrui que ce que l'on veut y trouver, à savoir *soi-même*.

Le constat ne doit toutefois pas en rester là. Car dans de nombreux mythes, l'outrance humaine est souvent perçue comme expression d'une rivalité entre humains et divinités. Une telle chose nous interroge. On la retrouve exposée dans l'histoire bien connue de Prométhée (plus tard reprise par le mythe de Faust, de Frankenstein et, une fois encore, dans le roman d'Oscar Wilde), tout autant que dans les ambitions transhumanistes développées, notamment, par les scientifiques de la *Silicon Valley*.

À la suite de nombreuses tribulations entre Zeus et les hommes, notamment le fait que Prométhée se gausse du premier en lui faisant choisir, par ruse, la moins bonne part d'un taureau sacrifié, Zeus confisque le feu (la connaissance, la lumière de la conscience) aux créatures. Prométhée, protégé d'Athéna qui lui avait enseigné l'architecture, l'astronomie, les mathématiques, la navigation, la médecine, la métallurgie et d'autres arts qu'il communiquait aux hommes, demande alors à la déesse de le faire pénétrer, en catimini, dans l'Olympe. Elle accepte. Une fois arrivé à destination, le héros allume une torche au char de feu d'Hélios, le Soleil, la glisse dans la tige creuse d'un fenouil géant et s'en retourne auprès des humains auxquels il restitue le précieux élément. Zeus, courroucé, fait enchaîner Prométhée, nu, à une colonne dans le Caucase où un rapace vient lui dévorer le foie jour après jour, toute l'année durant. Il n'y a aucun répit à son supplice, car toutes les nuits son foie se reconstitue[1].

Un thème identique se retrouve dans la Genèse où Adam et Eve sont chassés du jardin d'Eden pour avoir transgressé le seul interdit qui avait été prescrit à Adam, avant même l'advenue de sa compagne : « Tu pourras manger de tout arbre du jardin, mais tu ne mangeras pas de l'arbre de la connaissance de ce qui est bon ou mauvais, car, du jour où tu en mangeras, tu devras mourir[2]. » Une fois Ève née, elle rencontre le

---

[1] On trouve diverses versions du mythe dans Hésiode (op. cit.), dans le : *Protagoras - Euthydème - Gorgias - Ménexème - Ménon - Cratyle*, de Platon et chez Eschyle. Elles sont reprises à notre époque par R. Graves dans : *Les mythes grecs*, et par J.P. Vernant dans *L'univers, les dieux, les hommes - Récits grecs des origines*. Jung développe le mythe en étudiant les variantes proposées par Goethe et Spitteler dans : *Types psychologiques*, p. 162 et suivantes.

[2] Gen. 2, 16.

Tentateur, sous la forme d'un serpent, qui la rassure sur le fait qu'en aucun cas ils ne trépasseront s'ils goûtent du fruit défendu :

> « Non, vous ne mourrez pas, mais Dieu sait que le jour où vous en mangerez, vos yeux s'ouvriront et vous serez comme des dieux possédant la connaissance de ce qui est bon ou mauvais. » La femme vit que l'arbre était bon à manger, séduisant à regarder, précieux pour agir avec clairvoyance. Elle en prit un fruit dont elle mangea, elle en donna aussi à son mari qui était avec elle, et il en mangea. *Leurs yeux à tous deux s'ouvrirent et ils surent qu'ils étaient nus*[1].

Il apparaît évident que l'on tombe, ici, sur un motif parent, pour ne pas dire identique : celui du vol, commis par l'être humain, d'un objet qui, ontologiquement, appartient aux figures divines. Dans tous les cas, comme d'ailleurs dans les variantes modernes du mythe, la sanction est sans appel : perte du statut ancien, torture permanente, mise à l'écart des protections et enveloppes antérieures, et ainsi de suite. Comment interpréter ce thème, récurrent dans toutes les parties du monde ?

Apparaît au premier regard ce paradoxe, qui s'apparente plutôt à une véritable contradiction : comment se fait-il que les forces primaires, généralement appelées « dieux », aient conçu une entité vivante en laquelle le miracle de la conscience s'est invité et développé, pour, en même temps, lui en dénier la jouissance ? Car c'est bien de cela qu'il s'agit : la divinité façonne une créature en laquelle elle instille, volontairement, la possibilité d'accès à ce qu'on nomme généralement la *connaissance*, symbolisée par le feu, le fruit défendu, l'intelligence, la rouerie et ainsi de suite. Concomitamment, il lui est stipulé que la fine pointe de ces aptitudes ne pourra être mise à profit, sous peine d'y succomber ou d'en pâtir jusqu'à la fin des temps. Pour n'en citer qu'un seul exemple, dans la plupart des récits populaires polonais et allemands, l'âme de Faust est irrévocablement *damnée* après sa mort, contrairement à celle du héros goethéen[2]. De la même façon, on le verra bientôt, Narcisse sera lui aussi condamné pour « s'être connu et aimé », c'est-à-dire pour avoir développé une passion narcissique aux effets délétères.

Toutefois, aux origines, existait bien une volonté divine à l'égard de la créature, en vue de son évolution cognitive et des savoir-faire qui pourraient en découler. Pourquoi une telle contradiction, et que peut-on en comprendre ?

---

[1] Gen. 3, 4-7. Souligné par moi.

[2] Goethe, J.W., *Faust et le second Faust.*

S'il est un phénomène psychique avéré et indiscutablement actif, c'est que les innombrables facultés moïques ont pour propension leur perpétuel développement, en vue d'un éternel « en-plus ». Celui-ci s'exprime notamment dans nos luttes incessantes contre la maladie, le vieillissement, l'ennui ou la dégradation sous toutes ses formes. L'être humain bataille contre son état de nature en construisant, de façon permanente, de nouveaux outils qui l'éloignent *réellement*, sans pour autant l'anéantir, de sa fatale destination. On pourrait même dire qu'il s'agit, là, du moteur le plus récurrent et le plus probant de toute tâche civilisationnelle, avec quelques somptueux ratés, notamment les nombreux génocides[1] qui ont émaillé l'Histoire, depuis l'aube des temps :

> Pour (...) ne pas mourir, nous sommes donc complètement dépendants de l'eau, de l'air et de la nourriture, puisque si nous essayons de nous priver de l'un de ces trois éléments, nous mourons rapidement. *Le combat de notre biologie contre cet esclavage est peut-être le pivot fondamental autour duquel se sont développés nos comportements et une grande partie de notre civilisation*[2].

Parfait. Ces aptitudes, remarquablement illustrées par les dons prométhéens, autorisent donc les humains à s'imaginer, comme l'affirmait Descartes, « maîtres et possesseurs de la nature[3]. » Le philosophe français insiste d'ailleurs sur le fait qu'il s'agit essentiellement de la conservation de la santé :

> (...) laquelle est sans doute le premier bien et le fondement de tous les autres biens de cette vie ; car même l'esprit dépend si fort du tempérament et de la disposition des organes du corps, que, s'il est possible de trouver quelque moyen qui rende communément les hommes plus sages et plus habiles qu'ils n'ont été jusques ici, je crois que c'est dans la médecine qu'on doit le chercher[4].

La chose est entendue : la créature humaine tend à, tout en étant conçue pour, se perpétuer dans l'être. C'est même ce qui la caractérise de manière irrévocable relativement aux autres espèces, dans la mesure où elle connaît sa destination finale, qui l'obsède et la torture en toutes circonstances. Raison pour laquelle, pour Descartes, elle est parfaitement

[1] Le génocide est l'acte par lequel on justifie le fait d'anéantir autrui afin de ne pas l'être par lui.
[2] Piazza, P. V., op. cit., p. 160, souligné par moi.
[3] Descartes, R., Discours de la méthode, p. 99.
[4] Ibid., p. 99.

en droit de s'ériger en tant que maître et possesseur de son environnement[1].

Pourquoi, alors, la punition ? Pourquoi s'insurger contre ce qui a été créé par le démiurge qui, en toute logique, *aurait dû savoir ce qu'il fabriquait* ? Pourquoi ces injonctions, ces rodomontades désignant l'humain comme unique fautif alors qu'il était évident que, fautif, il allait l'être, tôt ou tard, étant donné le bagage neuronal qu'on lui avait fourgué dans la boîte crânienne et qu'il allait forcément mettre à profit pour développer une ingéniosité de plus en plus aiguisée, de plus en plus acerbe ? Car telle est bien l'illogisme de la chose : doter la créature de potentiels qu'elle va, nécessairement, exploiter un jour ou l'autre, tout en lui reprochant, si ce n'est en sanctionnant une telle exploitation le jour où elle advient.

Il y a bien là, on l'a déjà mentionné, plus qu'un paradoxe : une contradiction. Or celle-ci n'est pas fortuite et doit être décortiquée plus avant. En effet, si absurde elle n'est pas, c'est qu'elle possède un sens qui doit être entendu au-delà, bien au-delà d'une simple et triviale *rivalité* avec les dieux.

Pour la saisir, il nous faut parcourir un chemin inverse à celui présenté comme une évidence. Et, ce faisant, repasser de la contradiction au paradoxe, en envisageant comment ce dernier, loin de n'être qu'une sorte de faux pas dans la logique immanente à notre être-là, constitue en fait une forme, indéniable, de logique vitale et, donc, métamorphique. Les bouddhistes l'ont bien compris avec leur concept d'impermanence. Ce dernier peut se résumer d'un trait : s'il existe sur terre et dans l'existence humaine un invariant, un seul, c'est bien celui-là : tout est variation. La seule véritable permanence, c'est son opposé. Voilà le paradoxe retrouvé, réinvesti.

Mais le moi, étant donné ses constituants primaires, ne peut tolérer qu'un seul mouvement, continu et obstiné, en direction d'un même objectif, salutaire, bien que limité en ses ambitions : sa sécurisation ; arrimer son être au socle impérissable des certitudes et des acquis. Un tel objectif n'est toutefois pas suffisant, ni ne correspond aux composantes profondes, enfouies, tapies au cœur de l'être et qui *veulent* – le mot n'est pas trop fort – de façon scandaleusement non égotique, l'éternelle mort et résurrection du moi. Ainsi, les savoirs et compétences par lui chèrement acquis doivent, temporairement, mais régulièrement, faire

[1] Il est à signaler que, profondément religieux, le philosophe ne fait ici que poursuivre rationnellement l'injonction vétérotestamentaire selon laquelle l'homme a été créé pour « soumettre » et « dominer » l'ensemble de ce-qui-est. Voir : Gen. 1, 27-28.

place à autre chose qu'à sa rage du connaître et du maîtriser. De ce point de vue, l'hégémonie moïque n'est ni viable ni désirable. Elle est, certes, légitime dans nombre d'occurrences, mais ne fait pas pour autant le tour de la question. Dans son unilatéralité, dans sa volonté inextinguible en vue du faire et du contrôler, se niche une erreur développementale. C'est comme si l'on voulait limiter le mouvement respiratoire à l'inspiration et se passer, résolument, de son envers.

L'épuisement du système guette à chaque pas et en signe les limites, les bornes ontologiques que, pourtant, il réfute avec obstination.

Les puissances inhérentes au tout-autre, à ce qu'en langage moderne on appelle l'inconscient, savent cela ; savent que l'individu n'est pas voué, en toutes circonstances, à l'« en-plus » dont il a été question ; savent qu'un arrêt, qu'un suspens l'attendent en vue de ce qu'il ne peut dominer ni, même, cerner. C'est ce que dénoncent, avec subtilité et rigueur, les thématiques mythiques abordées. Le coup d'arrêt intimé à Narcisse, les tourments infligés à Prométhée, la damnation éternelle incombant à Faust ou l'éjection de l'Eden signent, de façon évidente, cette logique sous-jacente, mais néanmoins implacable : *il nous faut mourir.* Il est indispensable d'accepter ce mouvement infernal, cette descente aux Enfers qui, régulièrement, permet un évident élargissement des points de vue, des choix et des implications existentielles. Le moi n'est ni conçu pour, ni habilité à le faire. C'est un autre ordre, une autre volonté qui président à ces processus, insupportables pour une ambition cramponnée à sa permanence, à sa survie, à tout ce qu'elle a concocté, inventé, élaboré en vue d'une pérennité qu'elle sait, malgré tout, illusoire. Voilà l'essentiel du message « divin » ou que les mythes ont placé dans la bouche des dieux : « Tu n'es pas immortel. Ton être n'a pas été pensé pour cela, même si tout en toi y aspire de plein droit. »

L'immortalité est une prérogative archétypale, divine. Elle remonte aux premiers jours de la création, au big-bang, et se perpétuera sans doute jusqu'à l'extinction finale de « l'univers et des dieux ». Si extinction finale il y a, ce que nous ignorons parfaitement et continuerons d'ignorer, quoiqu'en disent la science ou les prédictions fantasmatiques de recherches astronomiques de plus en plus élaborées.

De ce point de vue, il est exact de dire que *le moi hait l'inconscient.*

Il réfute ces soubassements archaïques, rémanents et sublimement indifférents au devenir de l'espèce, qui se gaussent des plans de carrière, des prouesses cognitives, esthétiques, technologiques par lui développées. Les tréfonds continuent leur bonhomme de chemin sans se détourner, sans se soucier le moins du monde des vicissitudes

« ordinaires » agitant les êtres en lesquels, paradoxalement encore une fois, ils évoluent et perdurent.

Dans sa quête effrénée du progrès, de la maîtrise escomptée relativement à ce qui la constitue en tant que vivant par la médecine, la biologie ou les neurosciences – tout autant qu'en ce qui concerne son environnement – par l'essor des technologies ou des sciences dites « dures » –, la conscience égotique se cabre et refuse le coup d'arrêt incarné par la mort. Elle n'en veut pas. S'en détourne. Le nie.

Et pourtant.

Vissé à son image, comme l'est n'importe quel citoyen d'aujourd'hui sur l'écran de son smartphone, Narcisse se meurt :

> Ni le souci de Cérès[1], ni le besoin de sommeil ne peuvent l'arracher de ce lieu. (...) Il meurt, victime de ses propres yeux. (...) Au milieu de ces plaintes, il arracha son vêtement depuis le haut et, de ses mains blanches comme le marbre, il frappa sa poitrine nue, qui, sous les coups, se colora d'une teinte de rose (...) À peine eut-il vu ces meurtrissures dans l'onde redevenue limpide qu'il n'en put supporter davantage (...) ainsi il dépérit, consumé par l'amour, et il succombe au feu secret qui le dévore lentement.

Au comble du désespoir, Narcisse lance un dernier cri, le plus pathétique qui soit :

> Les dernières paroles qu'il prononça, en jetant, selon sa coutume, un regard dans l'onde, furent : « Hélas ! Enfant que j'ai vainement chéri ! » Les lieux d'alentour retentirent des mêmes mots en nombre égal ; il avait dit : « Adieu ! » – « Adieu ! » répliqua Écho. Il laissa tomber sa tête lasse sur le vert gazon ; la mort ferma ses yeux, qui admiraient toujours la beauté de leur maître. Même après qu'il fut entré au séjour infernal, *il se regardait encore dans l'eau du Styx*[2].

Ces pages, admirables tant par leur style que par leur acuité psychologique, retentissent aujourd'hui encore dans moult théorisations s'intéressant au devenir humain. Et l'on sait combien le narcissisme a fait couler d'encre dans la littérature psychanalytique. Replonger dans ce récit, dont les origines remonteraient, selon certains hellénistes (les sources étant grecques, comme il se doit) au 3e siècle av. J.-C., amène à

[1] Assimilée à la déesse grecque Déméter, Cérès est associée à la nourriture.

[2] Ovide, op. cit., pp. 122-123. Souligné par moi.

se confronter à l'indiscutable prescience ou intelligence mythique[1] qui constelle, à sa manière, un faisceau d'intuitions et de connaissances relatives à la nature humaine, à ses obnubilations et à son destin.

Or, cette dernière s'inscrit clairement dans une incessante dialectique entre divin et humain, invisible et visible ou, en termes plus actuels, entre activité mentale dirigée, consciente *et* prodigalité des formations inconscientes. Cette interaction, omniprésente tout autant que passionnante, se retrouvera dans la plupart, si ce n'est l'ensemble des mythologèmes[2] constitutifs des soubassements d'une civilisation. Adam et Ève sont confrontés à la fois par Yahvé et Satan ; Jacob le sera par l'ange contre lequel il lutte une nuit durant ; Job va se rebeller contre l'injustice divine qu'il ne peut accepter[3] ; Prométhée sera poursuivi et châtié par Zeus après l'avoir plusieurs fois dupé ; Némésis maudira Narcisse de s'être refusé à d'autres amours qu'à ceux qu'on lui porte. Dans tous les cas, et dans un nombre infini de variations, c'est bien un tel motif qui ressort à chaque fois : la confrontation, souvent tragique, entre divinités et humains, avec pour conclusion celle que l'on retrouve en maintes tragédies : la mort, la torture, la déréliction de la créature, préfigurant parfois, si ce n'est souvent, sa résurrection (le Christ) ou, tout au moins, sa réhabilitation (chez Job ou Jacob, par exemple). On peut y voir se développer la trame du drame humain tel que l'on tente d'en discerner certains linéaments ici même. En effet, les pages qui précèdent ont démontré combien la part relativement consciente de la psyché et, en tout cas, celle qui relève de la construction historique et biographique de l'individu, plonge ses racines dans un substrat immémorial fait de forces, de mouvements sourds et enfouis, de courants profonds comparables à ceux parcourant les fonds marins ou les plaques tectoniques, desquels émerge peu à peu, comme un germe s'extrayant de la glèbe, le sujet réflexif, l'individu identifiable, en un mot comme en cent : le moi.

Dans son parcours développemental, celui-ci est bien lesté et continue d'être traversé par les puissances primaires desquelles il advient. Dans une perspective métaphorique, accolée à nos origines mythiques, il est donc *pertinent* d'affirmer que la créature est issue d'un substrat divin ; l'être humain, d'un point de vue imaginal, provient bel et bien d'un fonds transcendantal, comme le reconnaît également la science lorsqu'elle

---

[1] « Le mythe n'est pas une fiction, car il est composé de données qui se répètent constamment et que l'on peut observer toujours à nouveau. Le mythe survient à l'homme et se produit en lui, et les hommes, à l'égal des héros grecs, ont des destins mythiques. » Jung, C.G., *Réponse à Job*, p. 112.

[2] Soit les différents *invariants* apparaissant dans les mythes.

[3] Jung, C.G., *Réponse à Job* ; Willequet, P., *Trahir, être trahi.*

constate que les formes biologiques premières[1] (organismes unicellulaires simples, procaryotes ou bactéries), « poussières d'étoiles[2] » selon la jolie formule d'Hubert Reeves, procèdent assurément de la soupe primordiale et d'infinis brassages, mélanges et macérations dont elles furent le siège, donnant ensuite naissance à des entités pluricellulaires de plus en plus complexes, aboutissant aux végétaux[3] et aux animaux pour, *in fine*, accoucher des mammifères et de l'*homo sapiens*, il y a 300.000 ans.

Ce qu'on appelle le moi, la conscience égotique, est bien engendré et sous-tendu par l'histoire du vivant et en constitue, qu'on le veuille ou non, la fine fleur, dans la mesure où son advenue apporte au phénomène « vie » un ingrédient indiscutablement miraculeux : l'acte réflexif et sa possibilité de symboliser le monde par le truchement du langage ou des images, des innombrables expressions artistiques, tout autant que de se pencher sur le sens de l'existence et d'en infléchir les tendances purement instinctuelles ou pulsionnelles.

Le schème mythique du combat de l'homme avec la divinité est issu de cette épiphanie. En effet, en s'accaparant la lumière de la conscience, le feu qui éclaire et dévoile ce dont est fait le réel ambiant, l'humain accède du même coup aux prérogatives divines et s'en enivre. Son moi se hausse – ou tend à se hausser – à hauteur du créateur, du démiurge, jusqu'à en dénier l'omnipotence, comme le prouvent les ambitions transhumanistes visant à éradiquer, définitivement, la maladie sous toutes ses formes ou, même, la mort. En s'extrayant, une fois encore, de l'ordre immanent aux choses et au devenir, ordre compris comme étant depuis toujours régi par une intentionnalité transcendante, l'homme, grâce à ses facultés conscientes, vise effectivement à s'affranchir, définitivement, de sa tutelle pour façonner son environnement selon ses objectifs, désirs et projections propres. Il y a là un thème récurrent, archétypique, qui n'a cessé et ne cessera de nous hanter tout au long de notre parcours terrestre ou… extraterrestre[4].

D'où la question posée, à nous citoyens d'un 21e siècle littéralement effarant : est-ce bien la rivalité avec le divin qui est stigmatisée par la pensée mythique, ou bien serait-ce autre chose ? Au premier regard, il semblerait bien que, du fond de notre intelligence organique ou

---

[1] On estime aujourd'hui que la vie naît approximativement il y a 3,5 milliards d'années, au Précambrien.

[2] Reeves, H., *Poussières d'étoiles*.

[3] Il a 500 millions d'années, au Cambrien.

[4] On sait que l'un des projets concoctés par les businessmen de la *Silicon Valley* consiste à coloniser Mars et la Lune pour y implanter des communautés humaines, d'ici à quelques décennies.

instinctive, quelque chose nous mette en garde contre l'inflation galopante consistant à se prendre pour les nouveaux dieux d'un univers enfin dépourvu de toute autre forme de transcendance. Mais, à y regarder de plus près et d'un point de vue psychologique, si ce n'est spirituel, il y va sans doute d'un autre avertissement.

Celui-ci aurait à voir avec le refus, délibéré, de toute forme de mort. Et pas uniquement de la mort physique en laquelle sombre Narcisse au soir de sa brève existence. Or celle-ci, tout autant que son contexte, figurés par Hadès ou les Enfers, ont à voir avec l'inconscient et la somme, inouïe, de mouvements contra-égotiques qu'il n'arrête pas de formuler à travers rêves, visions et autres intuitions qui, entre autres, nous assaillent par le truchement d'innombrables formes pathologiques, individuelles ou collectives, tout autant que par les « réactions » du climat à nos dérives consuméristes, à notre avidité et à notre difficulté à tolérer la moindre inflexion au sacro-saint *désir*[1], érigé il n'y a pas si longtemps comme indépassable horizon destinal.

C'est ce *refus* qu'il nous faut questionner. Car ses conséquences sont innombrables et se distillent en chaque interstice lui laissant l'occasion de s'y glisser. Insistons-y : la négation de la mort physique est la condition *sine qua non* de toute mise en mouvement psychique, que ce soit sous forme d'inventivité, de créativité, de consommation ou d'élargissement des connaissances. Il n'en demeure pas moins qu'une telle orientation a pour effet d'arc-bouter le moi sur ses conquêtes, de le raidir dans des positions de pseudo maîtrise qui ne peuvent, en définitive, que l'amener à l'endroit exact où il refuse d'aller : son obligatoire *retournement* en direction des Enfers, de l'inconnu et de l'inconnaissable, de l'incompréhensible et du mystère. En réalité : en direction de ce qui le rend humain et qui le spécifie en tant que mortel.

---

1 On connaît le célèbre aphorisme de Lacan, s'exprimant au sujet de l'éthique de la psychanalyse : « Ne pas céder sur son désir ». Prise au pied de la lettre, l'injonction est pour le moins délicate. Et le concept a subi maintes arguties et nombre de remaniements théoriques qui doivent être pris en compte lorsqu'on se confronte à un tel énoncé. Il n'en demeure pas moins que cela fut dit, assumé, et a engendré un véritable déferlement de mésinterprétations dont on voit, aujourd'hui, d'étranges *résultats.* Voir, à cet égard : Lacan, J., *Le Séminaire - Livre VII - L'éthique de la psychanalyse* ; Dhonte, I., « Le désir dans la subversion lacanienne du sujet : "Ne pas céder sur son désir". » *La revue lacanienne* 6 : 121-128 et aussi Millot, C., *La vie avec Lacan.*

Le refus de la mort

> L'insurrection humaine, dans ses formes élevées et tragiques, n'est et ne peut être qu'une longue protestation contre la mort, une accusation enragée de cette condition régie par la peine de mort généralisée[1].

Les pages qui précèdent ont montré un moi captif de sa dualité. D'un côté, il plonge ses racines et procède de forces ou volontés incommensurables, que l'on peut métaphoriquement taxer de divines ou de transcendantes (c'est d'ailleurs comme cela qu'historiquement elles ont été catégorisées, dans toutes les parties du monde) étant donné, *primo*, qu'elles sont universelles et, *secundo*, qu'elles dépassent largement les composantes biographiques du sujet auxquelles, pourtant, il se réfère en permanence[2], ignorant tout de ces puissances enfouies et dont, généralement, il ne veut rien savoir. Un tel ancrage – qui s'apparente plus à une forme d'accrochement – peut avoir pour effet, on l'a vu, l'*inflation* moïque dont on trouve maintes expressions dans la démesure consumériste et scientiste, mais également dans une surévaluation rémanente de son pouvoir, illustrée, on l'a vu, par le mythe du bien nommé Narcisse.

De l'autre côté, l'ego est constamment confronté à ses propres limites, biologiques, sexuelles, affectives ou cognitives qui lui rappellent combien,

---

[1] Camus, A., *L'homme révolté*, p. 132.

[2] On trouve là, d'ailleurs, une des principales limitations théoriques développées par de nombreuses orientations thérapeutiques, incapables d'envisager, pour ce qui est de la formation du symptôme, autre chose que des causalités démontrables et liées aux traumas effectivement vécus. De ce point de vue, Jung renverse la table en s'attelant à démontrer l'existence et l'efficacité d'un substrat collectif, inscrit dans une temporalité qui déborde de toutes parts l'existence actuelle du patient. Signalons que cette limitation (parfaitement compréhensible, étant donné que, pour le moi, tout doit pouvoir se justifier causalement) se trouve illustrée dans nombre de films ou de séries dans lesquels le crime ou les passages à l'acte *doivent* trouver une explication acceptable pour le spectateur. Le film *Joker* (2019) en constitue une intéressante illustration (la psychopathie s'explique par de mauvais traitements dans la petite enfance, etc.).

en définitive, il est « peu de chose », pouvant être balayé par l'apparition d'une pandémie, dévasté par un deuil ou un abandon pour, enfin, se retrouver éjecté du monde social – ou du monde tout court – par les phénomènes du vieillissement et du trépas, inéluctables et connus de tous.

Or, étant donné ce qu'il s'est à lui-même offert comme attribut suprême – la conscience réflexive et ses avatars, la symbolisation/représentation des choses sous forme de mots, de concepts ou d'images –, le moi humain est sans doute le seul organe « mental », parmi tous ceux qui existent, capable d'accéder au savoir de la mort. Un écureuil, une mouche « savent » instinctivement quand ils sont en situation de danger, mais il n'est pas certain qu'ils y réfléchissent ou puissent, en dehors d'elle, se la représenter sous forme conceptuelle comme nous le faisons, nous.

Ainsi, dans cet isolement cognitif, immergé au milieu de centaines de milliards d'entités vivantes, seul l'homme se sait et se représente périssable, et lui seul peut mesurer la dimension d'effroi ou de *damnation* dont cette connaissance est porteuse. C'est ce que nous rappelle la pensée mythique. Se connaître, au même titre que le fit Narcisse en se mirant dans la source immaculée, ou les premières créatures vétérotestamentaires en ingérant le fruit défendu, implique du même coup l'éviction d'un état initial, naïf, identifié au paradis, c'est-à-dire d'une situation où l'angoisse de mort n'a pas sa place parce que, tout simplement, la mort elle-même n'y est pas envisagée. De ce fait, il n'y a pas à la penser. Cette condition initiale dans laquelle baignent, apparemment, végétaux et animaux, tout autant que les humains nouvellement nés, s'apparente en effet à une situation présymbolique ou a-symbolique, excluant de ce fait toute *considération* relative à la finitude. Qui plus est, et pour ce type d'êtres, une telle élaboration n'est pas nécessaire hors de circonstances que l'instinct fait apparaître comme létales[1].

Toute l'ambition moïque, dans ses prouesses scientifiques ou techniques (cognitives au sens large) consistera précisément à éloigner cette réalité de l'environnement immédiat et, donc, du champ conscient. L'ego peut ainsi se qualifier en tant qu'*entité contra-morbide*, là où les « forces primaires », généralement associées à l'inconscient, pourront se définir en tant qu'*instances contra-égotiques*. On tombe ainsi, ou plutôt on

[1] Nombre de recherches ont été faites sur le nouveau-né qui tendent à démontrer que celui-ci, dès sa naissance, manifeste déjà de tels comportements en vue de sa survie. Par exemple, si on place un nourrisson sur une vitre sous laquelle se trouve un grand trou, il rétracte immédiatement ses petites jambes, comme pour se protéger d'une éventuelle chute. Un tel comportement manifeste clairement un « savoir sur la mort » de nature instinctive et inconsciente, mais néanmoins réel.

retombe sur la tension inhérente au moi, littéralement écartelé entre ses visées les plus fondamentales tout autant que légitimes – tout faire pour éloigner la mort de son horizon immédiat – et le sous-texte qui lui est immanent : sa finitude, constamment active dans les productions qu'elle inspire et qui se manifestent sous forme de phobies, de cauchemars ou de symptômes multiformes.

Entendons-nous bien : en tant que réalité contra-égotique, l'inconscient et les puissances qu'il recèle ne « souhaitent » pas la mort effective du sujet. Certes pas. Mais ce qu'ils semblent instaurer, et ceux qui se sont familiarisés avec le monde du rêve peuvent en témoigner, c'est la corrosion, ou tout au moins la remise en question systématique de ses prétentions hégémoniques, qui peuvent aisément être assimilées à une forme d'obsession, si ce n'est de délire récurrent. L'essentiel du malaise éprouvé par la société moderne relève, lui aussi, d'une telle dichotomie et se trouve illustré par nombre de problématiques environnementales, sanitaires ou économiques dans lesquelles l'individu se débat avec plus ou moins de succès. On y retrouve, invariablement, la bonne vieille angoisse de mort, tapie sous la sédimentation de faits ne pouvant que maladroitement voiler son emprise, à l'affût du moindre prétexte pour ressurgir dans toute son ampleur.

Sans même revenir sur l'incroyable phobie causée par l'irruption du covid19 entre 2019 et 2022, deux autres exemples, emblématiques de cette angoisse, peuvent être évoqués. Le premier concerne les peurs collectives relatives à l'environnement, l'autre, celles qui se greffent sur les phénomènes migratoires. De récents sondages sont à cet égard éloquents : ces questions sont perçues comme prépondérantes pour une majorité de citoyens dans les pays de l'OCDE.

Du côté environnemental, la crise désigne, de façon limpide, l'immense contradiction pouvant exister entre la volonté citoyenne de jouir de tous les biens imaginables, sans limites quantitatives, et le fait qu'il n'est désormais plus possible d'assouvir une telle exigence pour une population mondiale en croissance exponentielle. En d'autres termes, la faim égotique et ses compulsions ingurgitatives[1] sont mises à mal, pour ne pas dire anéanties, par l'épuisement généralisé des ressources. Or, ce dernier constat engendre obligatoirement un fantasme récurrent – pertinent ou non, là n'est pas la question –, celui de la *disparition* réelle d'un nombre croissant d'individus, d'espèces ou d'espaces jusqu'ici plus ou moins préservés. C'est donc bien la mort, la nôtre, qui s'invite là, sous

[1] C'est particulièrement vrai pour l'Afrique ou pour certains pays d'Asie.

le masque grimaçant d'un monde livré aux appétits d'une puissance insatiable : ego et ses « besoins » multiformes.

Dans ce premier exemple, la nature en son immense prodigalité, incarnée par les millions de tonnes de minéraux, végétaux et animaux consommés journellement, est âprement confrontée aux exigences de créatures incapables de tolérer la moindre frustration. Et pourtant, l'angoisse de mort se tient bien là, se révélant de plus en plus prégnante au sein de la collectivité ou des médias : en détruisant l'environnement, c'est notre vie que nous mettons en jeu. Rien de moins. À cet égard, je signale qu'en situation clinique il m'est de plus en plus souvent donné de rencontrer de jeunes personnes, en parfaite santé, qui refusent de faire des enfants. Estimant l'état du monde inapproprié à ce projet, elles ne veulent pas y ajouter de nouvelles bouches à nourrir qui n'apporteraient, à leurs yeux, qu'un surcroît de précarité et, donc, de souffrance.

La crise migratoire relève d'une logique identique. S'expriment, d'un côté, les positionnements égotiques clamant, en toute bonne foi, que l'on est ici « chez nous » et qu'il est hors de question que l'étranger puisse bénéficier de multiples avantages – sociaux, médicaux ou économiques –, au détriment des locaux « qui ont travaillé dur pour les obtenir. » Il faut rappeler à cet égard que, si l'on refuse d'admettre plus de migrants sur notre sol, ce n'est pas parce qu'y sévit un manque d'espace ou d'infrastructures, mais bien parce qu'ils risquent de nous ravir ce qui, pensons-nous, nous appartient de plein droit : un territoire ; des postes de travail ; des avantages sociaux ; une certaine conception du vivre-ensemble et ainsi de suite.

Face à ce type de positionnement se dressent d'autres arguments ayant avoir avec de très anciennes lois humanisantes[1], stipulant la chose suivante : concernant une même espèce, seule une infaillible solidarité en permet la pérennité. Cette loi s'étant muée en impératif éthique (« on n'abandonne pas son frère dans la misère ») taraude obligatoirement le citoyen des pays en direction desquels se rendent les migrants.

Le conflit analysé apparaît ainsi, une fois encore, à la lumière de ce second exemple : soit nous refusons à l'autre l'accès aux jouissances qui nous « appartiennent » et que nous concevons comme telles et, dans ce cas, nous le mettons en danger ; soit nous l'acceptons et l'accueillons, mais dans ce cas une part importante de la population (et de ce qui nous

---

[1] L'accueil de « l'émigré » est ainsi intimé, à maintes reprises, dans l'Ancien Testament. Voir, par exemple, ce qu'en dit le Lévitique en 19, 33 : « Quand un émigré viendra s'installer chez toi, dans votre pays, vous ne l'exploiterez pas ; cet émigré installé chez vous, vous le traiterez comme un indigène, comme l'un de vous ; tu l'aimeras comme toi-même ; car vous-mêmes avez été des émigrés dans le pays d'Égypte. »

constitue en tant que moi) pense se retrouver, elle, en danger. Logique binaire, totalement inextricable, mais néanmoins active.

Un tel débat atteint, inévitablement, les fondamentaux constituant le socle existentiel et matériel des humains : accéder aux ressources alimentaires ; habiter un espace clairement circonscrit ; se sentir en sécurité. C'est pourquoi la rhétorique populiste se révèle particulièrement anxiogène dans la mesure où, pour être efficace, il faut frapper les esprits et leurs soubassements archaïques, pour ne pas dire ontologiques, de la manière la plus percutante possible, en évoquant les risques mortels que feraient encourir aux populations indigènes les *vagues de migrants qui vont déferler sur notre sol.* Seront également évoqués des concepts tels que le *grand remplacement* de la civilisation judéo-chrétienne, ou encore, dans une tonalité plus belliqueuse, une « guerre d'extermination [menée contre] l'homme blanc, hétérosexuel[1] », etc.

C'est, une fois encore, le spectre de la Grande Faucheuse qui ressurgit, à chaque détour d'un discours tirant son impact des innombrables menaces accrochées à ses basques. En agitant ce spectre, il est clair que le moi s'impose comme seul et unique horizon d'une perspective obnubilée par sa propre finitude ou sa décrépitude, à l'encontre desquelles toute son énergie semble se déployer, en toutes circonstances et dans les ressorts les plus intimes de son ingéniosité : ego dans toute sa splendeur contra-morbide, identifié à son angoisse, paniqué à l'idée de disparaître un beau jour, *tout en sachant qu'il n'y échappera pas.*

C'est cela qui est dénoncé par la pensée mythique qui « sait » qu'il est voué à périodiquement mourir. En d'autres termes, amené à opérer sa *métanoïa*[2], du fait même que ce sur quoi il est assis, son substrat effectif, *est* une perpétuelle mutation. Dans une telle perspective, l'unilatéralité moïque, caractérisée par des orientations telles que le progrès constant ; l'accroissement récurrent des connaissances, aptitudes et compétences ; l'accrochement au « toujours plus », doit et va être amendée par la réalité qui la sous-tend, mais dont, étonnamment, elle ne souhaite rien savoir, pas plus qu'elle ne veut en tenir compte.

[1] L'expression est due au polémiste E. Zemmour lors de son discours du 28 septembre 2019 à la *Convention de la droite.* Voir, sur YouTube : « Eric Zemmour affiche sa peur face à "l'extermination de l'homme blanc hétérosexuel". »

[2] Le terme grec est composé de la préposition μετά (ce qui dépasse, englobe, met au-dessus) et du verbe νοέω (percevoir, penser). Il signifie « changement de vue », ou « renversement de la pensée. » René Guénon l'entend comme synonyme de « conversion ». Jung, quant à lui, utilise le terme pour désigner une transformation psychique initiée par les forces inconscientes dont il est ici question.

L'*hybris* – la démesure – humaine est ainsi, logiquement, prise à défaut au cœur même de ses ambitions omnipotentes et, une fois encore, hégémoniques. Surgit alors, dans l'intelligence mythique, un savoir qu'il est nécessaire d'entendre et auquel le moi est obligatoirement poussé à se confronter.

Que signifie un tel refus ?

On refuse la mort parce qu'elle terrorise l'ego et que celui-ci la prend généralement au pied de la lettre. Ce qui veut dire que son *esprit* n'est pas entendu à l'endroit où il parle. Or, esprit, la mort est bien un, au sens où en tant qu'inéluctable, il nous interpelle constamment en incarnant une réalité constituant sans doute l'une des (si ce n'est la *seule*) certitudes à laquelle on est convié. Il se tient là, face à soi, dans sa tangibilité absolue tout autant qu'évincée. En tant que tel, destinée à part entière, il participe à chaque instant de la globalité de l'être et, ce faisant, exige d'être pris en compte par le sujet, puisque notre parcours terrestre, l'individuation, consiste précisément à devenir « *tout ce qu'on est*[1] » et pas simplement « *tout ce qu'il nous plairait d'être.* »

De ce point de vue, la mort et ses représentations relèvent de la sphère archétypale dans la mesure où, *primo*, le phénomène est universel – tout système organique y étant voué, de la plus infime bactérie à la durée de vie minimale, jusqu'aux arbres multimillénaires que l'on peut contempler ici où là – et, *secundo*, s'inscrit dans l'infinité du temps. Aux premières lueurs de l'apparition du vivant, du plus élémentaire des organismes, il était présent et son action létale se trouvait déjà engagée. De la même manière, dans dix milliards d'années, la mort sera encore au rendez-vous, que cela plaise ou non à nos fantasmes d'infinie pérennité.

Du fait de son universalité et de sa double éternité – en tant que réalité située bien *avant*, tout autant que bien *après* l'avènement de la créature –, la mort rejoint le panthéon divin, du fait de ses attributs, indéniables tout autant qu'inextinguibles, caractérisant eux aussi, mais dans des domaines différents, les autres déités ayant été personnifiées dans les mythes. En tant que telle, à nos regards métaphorisants, elle constitue ainsi un véritable *esprit*, doté d'intentions et de forces dont le mystère reste, et restera insondable.

---

[1] Hillman, J., *Le Mythe de la psychanalyse*, p. 141. Souligné par moi.

Notre conscience est donc appelée à l'anticiper, à la côtoyer, étant donné qu'elle constitue, *nolens volens*, « la possibilité la plus propre, absolue, certaine et comme telle indéterminée, indépassable de l'être-là[1]. »

Ainsi, Jung et Heidegger se rejoignent en une même intuition ou, plutôt, en un même verdict[2] : le devenir humain et la compréhension qui l'accompagne ne peuvent être envisagés de façon conséquente que s'ils portent sur la globalité de ce-qui-est. « Processus d'individuation », chez Jung, ou « interprétation ontologique de l'être-là », chez Heidegger, ne seront pertinents que s'ils portent sur « le tout de cet étant[3]. » C'est donc en tant que totalité, incluant forcément la mort, que l'être peut et doit être considéré, pensé, éprouvé. Faute de quoi son appréhension reste mutilée dans l'une des plus essentielles, si ce n'est la plus fondamentale de ses composantes.

C'est à cette convocation « réflexive » que se refuse la conscience moïque, du fait de sa constitution même, rétive à envisager l'absurdité d'une existence vouée, quoi que l'on fasse ou que l'on soit, à sa propre néantisation, incarnée par sa fin. On peut la comprendre. Sa révolte contre un destin qu'elle ne peut admettre est effectivement compréhensible : la somme invraisemblable d'efforts, de créativité, de don de soi, de labeur jalonnant l'existence n'aura d'autre finalité que de s'allonger, en fin de parcours, dans une caisse en sapin. Cette perspective, finalement ignoble, est pourtant vraie. Nous la haïssons, tout comme nous haïssons ce qui, de nos tréfonds, nous en rappelle l'existence de mille manières plus ou moins torves, plus ou moins subtiles. L'absolutisme égotique, ses visées omnipotentes et omniscientes, ne peuvent être que laminées par cet autre pan du réel, l'autre côté du miroir sur lequel se pencha, jadis, le beau Narcisse. C'est cela qui est inacceptable. Tout autant qu'inassumable.

---

[1] *L'être-là*, qu'Heidegger intitule parfois « l'être-dans-le-monde », ne désigne pas simplement le fait de faire partie, en tant qu'élément, des choses existantes (des *étants*, dans sa terminologie), inclus de manière factuelle au milieu d'autres éléments qui lui sont hétérogènes. Du point de vue psychologique, *l'être-là* signifie prendre conscience, le plus conséquemment possible, du *phénomène* que nous sommes en tant qu'humain, projeté dans un monde – interne et externe – qui nous préexiste et nous déborde de toutes parts. Dans cette mesure, *être-là* signifie le fait de prendre en compte et tâcher de comprendre la totalité de ce que nous sommes, mort y compris : « Cela veut dire, en particulier, que seul l'être-là peut avoir quelque chose de tel qu'un monde. L'étant subsistant intramondain (pierre, animal) n'a, à proprement parler, pas de monde. Il est dans le monde sans monde. » Boutot, A., *Heidegger*, p. 26.

[2] Le mot est composé de *ver*, ancienne forme de *vrai* et de *dit*, participe passé de *dire*. Il signifie ainsi, étymologiquement, le dire-vrai à propos d'une chose. Rey, A & coll., op. cit., T. II, p. 2232.

[3] Un tel *étant* correspondant ici à ce qu'est l'être humain en tant que globalité. Boutot, A., op. cit. p. 32.

Ego se cabre devant la mort, car tout en lui tend immanquablement vers l'épanouissement de son potentiel vital et cognitif, et cela pour de très bonnes raisons. Les premières sont d'ordre ontologique ou phylogénétique, les autres le sont d'un point de vue épigénétique. Toutes s'enchevêtrent en un dédale souvent inextricable dans lequel le sujet peut parfaitement se perdre ou, au contraire, trouver une certaine plénitude. Ce qui mérite quelques explications :

- La phylogenèse – étymologiquement la genèse de l'espèce ou de la « tribu[1] » – s'exprime en la créature de façon évidente ou, pourrait-on dire, de manière « naturelle » : les forces primaires s'y déploient en direction de certaines orientations ou finalités inconscientes, que l'on ressent sans pour autant pouvoir les qualifier. Ces puissances, parentes en leurs poussées ou en leur *energeia* à celles animant les autres structures vivantes, parcourent le sujet en lui intimant le déploiement le plus complet possible de ce dont elles sont porteuses. De cette manière, on peut dire que l'ontogenèse (le développement individuel) est sous-tendue par la phylogenèse, c'est-à-dire par des forces inhérentes à l'espèce ou, plus généralement, aux organismes pluricellulaires, quels qu'ils soient. On retrouve cette idée dans les premières lignes de la biographie de Jung. À l'âge de 84 ans, en effet, le psychiatre zurichois entreprend l'écriture du récit de sa longue existence ; il l'initie en ces termes :

> Ma vie est l'histoire d'un inconscient qui a accompli sa réalisation. Tout ce qui gît dans l'inconscient veut devenir événement et la personnalité, elle aussi, veut se déployer à partir de ses conditions inconscientes et se sentir vivre en tant que totalité[2].

De cette manière, il est juste d'affirmer qu'idéalement l'individu, en tant que lieu de cette potentialisation de « poussées » sous-jacentes, est bel et bien virtuellement leur prétexte destinal et la possibilité de leur pleine éclosion. Dans le meilleur des cas, elles s'expriment dans toute l'intensité de leurs visées, et trouvent en la conscience agissante l'endroit idoine où se déplier. En une formule simple et ramassée, on pourrait dire que l'ontologie est le prétexte, individualisé, du déploiement des instances phylogénétiques, inhérentes à chacun et dont le sujet est, qu'il

---

[1] *Phylon* signifiant « tribu, espèce ou race ».

[2] Jung, C.G., *Ma vie, souvenirs, rêves et pensées*, p. 19. Souligné par moi.

le veuille ou non, comptable[1]. Les personnes tant soit peu au fait de ce qui les traverse, éprouvent avec une certitude indéfectible qu'elles sont sommées d'accomplir certains projets ou desseins qui leur sont inhérents, qu'elles n'ont aucunement décidés, mais qui s'imposent au cœur de leur être. Ce phénomène a été qualifié de diverses manières, selon les époques et les cultures. On parlera ici de mission, là, de vocation ou encore de destinée, ces ressentis (car il s'agit bien de cela) demeurant, aux yeux de ceux qui les recèlent, d'indiscutables expressions. Mozart devait devenir musicien, au même titre qu'il était impossible à Sainte-Thérèse d'Ávila d'échapper à son appel en direction de la mystique chrétienne.

En situation clinique, les exemples sont légion et nombre de patients perçoivent clairement qu'il existe, en leur for intérieur, une forme d'assignation, d'intimation, qui les agit – ou les agite – et ne les lâchera pas. Une bonne part du travail thérapeutique consistant alors à laisser émerger, tout autant qu'à légitimer de tels mouvements, souvent perçus comme inacceptables au regard d'une configuration familiale, sociale ou idéologique dans laquelle on s'inscrit, ou pire, on s'est enfermé, s'y étant identifié. Ces configurations « tribales » ne peuvent en effet tolérer les exigences individuantes d'un de leurs membres, celles-ci se révélant souvent contradictoires relativement aux injonctions du collectif qu'elles représentent tout en les synthétisant sous forme de valeurs : au sein d'un milieu très croyant, par exemple, il est difficile d'exister en tant que résolument athée. Et vice-versa. Dans cette optique, toute entité groupale instaure, sans pour autant le savoir ni le vouloir, une forme de coercition s'exerçant sur le *genius* individuel ou sur ce qu'on pourrait appeler son *daimôn*[2], supposément tapi en chacun. Héraclite affirmait, à ce propos : « La personnalité de l'homme est son *daimôn*[1] ».

---

[1] Cette idée sera développée dans l'Existentialisme pour lequel la notion de *responsabilité individuelle* est centrale : « La première démarche de l'existentialisme est de mettre tout homme en possession de ce qu'il est et *de faire reposer sur lui la responsabilité totale de son existence.* » Sartre, J.P., *L'existentialisme est un humanisme*, p. 31. Souligné par moi.

[2] Le système de croyance des anciens Grecs et Romains comprenait des *esprits intermédiaires*, situés entre les dieux et les humains et censés accompagner chacun tout au long de sa vie en tant que protecteur. L'ange gardien chrétien en est une résurgence. Le mot grec *daimôn* signifie « principe divin ou oracle interne » là où le mot latin *genius* vient du verbe *gignere*, qui signifie « engendrer ». Une partie du rôle de ces esprits consistait à protéger le caractère moral d'une personne, et à partir de cette idée, un sens élargi apparut au 16e siècle, signifiant : « un caractère d'identification ». Avec le temps, ce sens a été étendu à une capacité particulière d'accomplir quelque chose. En définitive, le mot latin *genius* a acquis un sens faisant référence à « une grande intelligence » ou à un « don particulier ». Mais, dans les deux cas – grec et latin – l'intuition est la même : nos aïeux

- Pour ce qui est de l'épigenèse, la situation est différente. En effet, tout au long de la formation du moi, les facteurs qui relèvent de l'environnement – au sens large du terme – vont revêtir une importance grandissante, en tant que pression exercée sur l'individu par tout ce qui l'embrasse, lui permet de croître, tout en formulant une somme inépuisable d'exigences et d'attentes. De ce point de vue, la construction égotique est éminemment conditionnelle : n'est autorisé que ce qui est toléré par la structure groupale en laquelle on s'insère. Et si celle-ci prescrit tel type de comportement, tout en prohibant tel autre, mieux vaut y souscrire parfaitement, au risque de s'en voir définitivement rejeté. Le terme ἐπὶ (épi) « au-dessus de, sur, vers », indique en français l'idée de *superposition* ou de *recouvrement*, qualifiant ainsi de façon exacte de quoi il est question, l'épigenèse se superposant aux élans phylogénétiques actifs en soi, ou les recouvrant, précisément. En arrivant au monde, le nouveau-né ignore en effet tout de ce qui l'entoure et va le percuter incessamment. Il sera donc contraint d'en assimiler les particularités et d'en comprendre le sens, grâce au bagage cognitif hérité et prêt à intégrer cette masse phénoménale d'informations, surgissant à flux tendu dans son champ perceptif. En d'autres termes, il va devoir s'y adapter. Et l'ensemble de son appareil phylogénétique, les forces primaires qui l'animent vont, eux aussi, devoir se modeler relativement à ce qui est attendu de lui en termes de projet parental et/ou sociétal. En effet, il n'existe aucun parent ou éducateur pouvant prétendre se situer hors histoire, hors culture ou hors orientation éthique ou morale, quelles qu'elles soient. En termes heideggériens, c'est l'univers du « On » qui vient s'imposer à la conscience naissante, et ce de façon éminemment efficace :

> L'être-là ne se détermine plus par lui-même, mais d'après ce que On dit. Il se réjouit comme On se réjouit, il juge comme On juge, il lit ce qu'On lit, etc. Le On n'est rien ni personne, et décharge l'être-là de son être. L'étant qui, dans l'existence quotidienne est au monde, n'est pas l'être-là existant authentiquement en vue de lui-même, mais l'être-là dispersé dans le On[2].

---

avaient perçu que sous la couche factuelle de l'existence psychique existe une *autre réalité*, éminemment douée (« géniale ») et capable d'informer l'individu relativement à ses décisions et à son cheminement personnel. Voir, pour une réactualisation du concept : Syeda, R.K., Zubia, S.A., "A Literature Review on the Definition and Measurement of the Concept of Genius." *International Journal of Research - Granthaalayah - A knowledge Repository* 3 (Novembre, 2015), pp. 21-31.

[1] Héraclite, op. cit., fragment CXIX, p. 93.

[2] Boutot, A., op. cit., p. 29.

Au lieu d'un *Soi-même*, le philosophe pointe un *On-même*, qui n'en est qu'une modalité inauthentique. Dans le champ psychanalytique, Lacan reformulera ce point de vue en énonçant : « Le moi, c'est le désir de l'autre. » Ne se référant pas spécifiquement au « On » heideggérien, bien qu'il fasse souvent allusion à cet auteur, le psychanalyste parisien avance le concept de l'Autre, ou du « grand Autre », autrement dit ce à partir de quoi s'élabore le moi subjectif et, du même coup, ce en quoi, ou en qui, il s'aliène, dans la nécessaire soumission à ce qu'il pressent, et ensuite sait, être attendu de lui[1]. D'où la proposition de divers aphorismes selon lesquels : « Le désir de l'homme est le désir de l'Autre » (ce que je crois être mon désir est en réalité déterminé par le vouloir de l'ordre qui s'exprime à travers autrui, et qui prend la forme de sa parole et de ses injonctions) ou encore : « Il n'y a pas d'Autre de l'Autre » (aucune garantie ne peut m'être offerte de la part des intimations collectives quant à la validité ou la véracité de leurs affirmations, étant donné qu'elles ne sont pas soumises au garde-fou d'un plus vaste, d'un plus englobant – leur Autre – qui, d'ailleurs, n'existe peut-être pas ou, pour le moins, ne m'est pas accessible[2]).

Qui plus est, comme il a précédemment été indiqué, l'humain naissant est sommé d'intégrer peu à peu une somme considérable d'informations tout autant que la nature des objets environnants. Il doit en saisir les fonctionnements, la signification et les objectifs, tout autant que la dangerosité ou l'agréabilité. Ce n'est qu'à ce prix qu'il peut commencer à circuler dans le monde sans risquer, à chaque instant, le faux pas fatal. L'assimilation de ces myriades de données impose un travail intégratif titanesque, généralement sous-estimé. En effet, aux commencements tout est apprentissage, y compris les paramètres affectifs auxquels on est soumis et en lesquels il faut bien s'insérer. Si le nouveau-né « comprend » qu'il est de peu d'importance, si ce n'est indifférent aux yeux de ses parents (le cas n'est nullement rare en situation clinique), il sera bien obligé d'en tenir compte et de développer certaines compétences et stratégies lui permettant de tenir le coup en des circonstances aussi peu favorables.

---

[1] L'*Autre*, avec une majuscule, étant donné qu'il s'agit d'un complexe fait de multiples ingrédients. Ainsi conçu, il embrasse aussi bien la logique parentale, familiale, que les valeurs et injonctions collectives qui s'y voient répercutées. On se trouve ainsi face à une indéniable forme d'idéologie, parfaitement efficace, et parcourant à bas bruit toutes les strates de la société. Un environnement sain étant celui qui a pu en identifier les excès et instaurer, à son égard, un minimum de distance critique.

[2] On trouve de tels aphorismes tout au long de son principal ouvrage : *Écrits*.

Ainsi, chacun de nous doit (et non pas uniquement « va ») se construire un univers interne rigoureusement spécifique et idiosyncrasique, mais possédant nécessairement une caractéristique commune avec celle de ses frères humains : il faut qu'il soit stable. Fiable. Ne fut-ce que du point de vue perceptif (la table que j'ai là, face à moi, en est bien une et ne va, en aucun cas, se transformer en ours ou en dromadaire).

Il faut y insister, car il s'agit là d'une donnée fondamentale tout autant que mal comprise : notre appréhension du monde et la trame conceptuelle qui en résulte sont le fruit de l'élaboration progressive de représentations qui en sont le reflet. En d'autres termes, ce n'est pas avec le monde objectal en tant que tel que nous interagissons, mais bien *avec les représentations que nous en avons construites, que l'on s'est à soi-même offertes*, et qui en constituent, néanmoins, le miroir (plus ou moins déformant, selon les conditions en lesquelles on se développe).

Or ces représentations, pour être utilisables, fonctionnelles, doivent accéder à une réelle, pour ne pas dire absolue, solidité. Ainsi, ce n'est pas la stabilité des choses comprises dans leur statut d'objets externes qui est en cause – la table de la salle à manger reste bien elle-même au fil du temps –, mais l'image que je m'en suis faite qui est prépondérante. Cette table, j'ai bien dû « l'apprendre et la comprendre » un beau jour. J'en ai saisi, peu à peu, la compacité, l'utilité, et le rôle fondateur du point de vue convivial lorsque la famille s'y réunit, le soir, après les tâches quotidiennes. Elle acquiert ainsi, en moi, un statut particulier, fait d'innombrables ingrédients capables de la faire passer d'un statut d'absolue étrangeté à un autre, familier si ce n'est réconfortant.

Ainsi, la fiabilité des représentations et de la lecture des choses constitue la condition *sine qua non* de l'insertion dans la sphère sociale ou, plus généralement, dans l'ensemble des objets environnants. Cette stabilité ne peut s'acquérir que par un processus rémanent d'infinies répétitions, jusqu'à ce que la conscience moïque ait pu façonner, au cœur de l'appareil psychique, l'objet auquel elle s'intéresse et qui, maintenant, possède enfin un statut identifiable parce que solide, aussi trivial ou splendide soit-il. En termes piagétiens, on parlera alors d'accès à la *permanence de l'objet*, ce qui signifie de toute évidence qu'initialement, les choses du monde sont autant d'inconnues pour le psychisme.

Il faudra donc les construire intrapsychiquement, se les représenter, de façon qu'elles puissent acquérir une véritable stabilité interne, au milieu d'autres entités ayant accédé, elles aussi, à un statut identique. C'est ce qui permet au sujet de ne pas se retrouver égaré à chaque instant dans un milieu illisible, environné de choses qui lui restent étrangères ou incompréhensibles. Soit dit en passant, le monde actuel étant de plus en plus atomisé en des orientations et informations multiformes, cette permanence est mise à mal chez nombre de patients qui souffrent, amèrement, de cette complexification galopante à laquelle ils sentent ne pas pouvoir ou ne pas vouloir adhérer, alors que, pour perdurer au sein de la collectivité, il leur faut néanmoins y souscrire, d'une manière ou d'une autre. Le bien nommé *fossé digital* qui sépare jeunes et anciennes générations relativement à l'utilisation des outils numériques en est un bon exemple.

Dans la perspective avancée ici, qui s'intéresse à la mort en tant que réelle, l'ensemble du processus décrit va buter sur un formidable obstacle, une redoutable contradiction interne. En effet, si l'on y réfléchit de manière conséquente, force est de constater que l'immense labeur impliqué par la formation/construction des représentations nécessite une capacité psychique centrale : l'aptitude à les *garder*, à les *conserver* et à les *préserver* de la corrosion du temps ou des événements. En effet, ces formations une fois acquises, vont être stockées intrapsychiquement du mieux qu'elles le peuvent – et souvent avec une efficacité déconcertante[1] – et maintenues le plus possible en l'état.

On tombe alors sur un des grands autres paradoxes du destin psychique de l'humain : conçu pour se donner accès à l'instauration d'une indispensable stabilité représentationnelle, permettant à l'individu de lire et de se repérer dans l'ici-bas, celui-ci est en même temps projeté dans une réalité où règne la plus totale, la plus évidente imprévisibilité, la plus flagrante incertitude (l'impermanence bouddhiste, une fois encore). Ce qui, pour le moi, revient à observer ceci : « Ce que je me suis bâti comme trame conceptuelle est voué à ne pas rester fiable, alors que mon objectif premier consistait, justement, à la rendre telle. »

Qui plus est, l'ego peut également se dire que tout ce qu'il a investi comme effort pour se rendre le monde accessible ne sert pas à grand-chose, étant donné que, le temps venant, il perçoit avec effroi que sa stabilité tant désirée, et par lui façonnée, ne tient pas lorsqu'il la considère attentivement. Un tel bilan rejoint notre préoccupation relative

---

[1] La mémoire humaine, d'une puissance phénoménale, semble capable de prouesses que l'on pourrait qualifier d'infinies, son « stock mnésique » dépassant l'entendement. Pour s'en faire une idée, il suffit par exemple de dérouler en soi les différents lieux connus et la masse de détails qui peut accompagner une telle déambulation mentale. Il en va de même pour les mélodies que l'on garde en soi et qui peuvent ressurgir inopinément, mais avec une fraîcheur impressionnante, lorsque quelqu'un les chante ou que la radio les rediffuse sur les ondes. Voir, à ce propos : Baddeley, A., *La mémoire humaine - Théorie et pratique*.

à la relation que l'on entretient avec la mort. En effet, pour la conscience égotique, la déception phénoménologique, la perte, les bifurcations affectives, conceptuelles ou idéologiques constituent indiscutablement un effondrement subjectif, une commotion inepte. Et tout l'attirail cognitif auquel elle s'était arrimée pour fabriquer des objets identifiables et à l'ontologie stable, s'écroule subitement sous les coups de boutoir du réel : « Le réel, c'est ce contre quoi on ne peut rien, ce à quoi on se heurte, c'est l'infranchissable, l'impossible à contourner, l'impossible à négocier[1]. » Ludvik, à la fin du roman *La plaisanterie*, constate avec amertume que tout ce à quoi il a cru, l'ensemble des idéaux appris et remâchés avec conviction, se retrouve anéanti. Il n'en reste rien. Et cette annihilation, à la fois psychique *et* spirituelle (il insistera, dans des pages sublimes, sur la parenté évidente entre socialisme et christianisme), le renvoie à lui-même, aux tréfonds de son être, ce à quoi il avait cru et s'était accroché avec passion n'étant plus, désormais, qu'un tas de ruines. L'amour de sa vie, Lucie, violée à maintes reprises et détruite elle aussi, lui revient alors en mémoire :

> Les histoires de nos deux vies étaient fraternelles et conjointes, étant toutes les deux histoires de dévastation ; ainsi qu'on avait en Lucie dévasté l'amour charnel et privé son existence d'une valeur élémentaire, ma vie aussi fut spoliée des valeurs sur lesquelles elle voulait s'appuyer et qui, par leur origine, étaient innocentes ; oui, innocentes (…). La faute était ailleurs et elle était si grande que son ombre couvrait bien loin à la ronde l'univers entier des choses (et des mots) innocentes et les dévastait[2].

Le cauchemar

Ce « réel », qui n'a pas grand-chose à voir avec la réalité ordinaire, factuelle, s'exprime par certains contenus problématiques, dont l'un des fleurons se rencontre dans le cauchemar. Celui-ci est et reste, de façon surprenante, un mystère pour nombre de théoriciens psys, étant donné son apparente inutilité. Son seul intérêt reviendrait ainsi, du point de vue théorique, à démentir les postulats jusque-là défendus, ce qui ne serait déjà pas mal. On sait en effet que, pour la psychanalyse traditionnelle et Freud en particulier, le rêve constitue, *dans tous les cas*,

---

[1] Millot, C., op. cit., p. 15.
[2] Kundera, M., *La plaisanterie*, pp. 470-471.

« l'accomplissement d'un désir[1]. » On est donc tout à fait en droit de se demander en quoi le cauchemar pourrait l'être. Afin de ne pas encombrer notre propos par un débat trop technique, auquel le lecteur est aimablement renvoyé[2], signalons que Freud explique l'apparition de rêves angoissants par une argumentation relativement probante. Il est nécessaire d'y revenir brièvement, tant ces postulats ont eu d'influence sur la manière dont, collectivement, on a pris l'habitude de concevoir la psyché et ses principales modalités fonctionnelles. Pour pouvoir les critiquer, il faut donc, tout d'abord, les exposer. L'un ne va pas sans l'autre.

Initialement, affirme Freud, et cela reste vrai pour nombre de formations psychiques, les symptômes, rêves, lapsus, actes manqués et autres mots d'esprit relèvent de mécanismes identiques. Ces formations surviennent chez le sujet lorsque se produit :

> … dans (sa) vie représentative un cas d'inconciliabilité, c'est-à-dire (…) au moment où un événement, une représentation, une sensation se présente à (son) Moi, éveillant un affect si pénible que la personne décide d'oublier la chose, ne sentant pas la force de résoudre par le travail de pensée la contradiction entre cette représentation inconciliable et son Moi[3].

Ce court extrait laisse entrevoir un aspect fondamental de la pensée freudienne, psychanalytique au sens large, sous les auspices de la notion de conflit et de la dynamique du même nom. En effet, si inconciliabilité il y a, elle ne peut être ressentie que par celui qui l'a perçue comme telle. Pour Freud, il s'agit bien du moi, héritier de toutes les valeurs identitaires autour desquelles s'agrègent la personnalité consciente, ses idéaux et tout ce à quoi il s'identifie dans la relative cohésion évoquée. Dès les premières théorisations, le moi va s'opposer aux représentations issues du passé et associées au traumatisme sexuel puis, dans un second temps de l'élaboration théorique, à ce qui est dorénavant défini comme étant la pulsion[4], expression d'un désir inavouable, généralement d'ordre incestueux (œdipien, au sens large du terme).

---

[1] Freud, S., *L'interprétation des rêves*, p. 123.

[2] Willequet, P., *La bizarrerie du rêve et ses représentations - Une revue critique et une étude empirique.*

[3] Freud, S., « Les psychonévroses de défense » dans *Névrose, psychose et perversion*, p. 3.

[4] Freud la conçoit comme « innée ». Il parlera, à ce propos, de « motions pulsionnelles innées ». Voir : *Au-delà du principe de plaisir*, p.43 et suivantes.

Simultanément à ce surgissement du passé traumatique ou des élans pulsionnels, se met en place une défense contre l'aspect pénible, mais surtout incompatible – aux yeux du moi – de la représentation. Apparaît ainsi, intrapsychiquement, le choc, le conflit entre deux instances opposées, le moi conscient et ce que Freud nommera, à partir des années 1920, le Ça[1].

De cette déflagration initiale, résumée en termes de conflit, survient le symptôme, quel qu'il soit, tout autant que la production onirique en tant que formations de compromis entre ces deux forces antagonistes (affects liés au souvenir pénible ou à la pulsion d'un côté, défenses du moi, de l'autre), mais néanmoins actives au sein de l'économie psychique. L'une et l'autre se « rencontrent » et « se réconcilient, pour ainsi dire, par le compromis que représente la formation de symptômes[2] », ou de rêves.

Dans ce dernier cas, Freud indique qu'il existe une puissance psychique capable de tenir compte de cette contradiction interne. Elle a pour effet de déformer, « au profit des exigences conventionnelles ou même des exigences morales suprêmes, les motions pulsionnelles du rêve[3]. » Cette instance, déjà évoquée plus haut, il la nomme *la censure* :

> Nous sommes ainsi conduits à admettre que deux grandes forces concourent à la formation du rêve : les tendances, le système. L'une construit le désir qui est exprimé par le rêve, l'autre le censure et par suite de cela déforme l'expression de ce désir[4].

Si l'on demeure conséquent et que l'hypothèse avancée est valable, le cauchemar ne devrait pas exister. Il en va d'ailleurs de même des rêves à forte tonalité sexuelle, de ceux qui mettent en scène des situations incestueuses, la violence meurtrière adressée à l'encontre d'autrui ou de soi-même, etc., puisque la censure est censée s'opposer à de telles représentations et déformer ou travestir ce qui, des couches profondes, tendrait à surgir en empêchant la poursuite du sommeil.

On sait qu'il n'en est rien et que de tels rêves sont légion.

---

1 Le terme désigne, à partir de 1923, *l'inconscient* en tant que tel, « considéré comme un réservoir pulsionnel inorganisé, assimilé à un véritable chaos, lieu de "passions indomptées" qui, sans l'intervention du moi, demeurerait le jouet de ses aspirations pulsionnelles et irait inéluctablement à sa perte. » Roudinesco, E., et Plon, M., *Dictionnaire de la psychanalyse*, p. 160.

2 Freud, S., *Introduction à la psychanalyse*, p. 337.

3 Freud, S., « Josef Popper-Lynkeus et la théorie du rêve » dans : *Résultats, idées, problèmes II 1921-1938*, p. 94.

4 Freud, S., *L'interprétation des rêves*, p. 131.

L'idée selon laquelle le rêve aurait pour but la préservation du sommeil est, elle aussi, soutenue dans de nombreux textes freudiens. On tombe là sur une double impasse conceptuelle dont les termes sont les suivants : *primo*, les cauchemars et autres rêves « scabreux » du point de vue moral ne sont pas rares, c'est même le contraire qui est vrai comme le démontre chaque jour la clinique. *Secundo*, le cauchemar a fréquemment pour effet un réveil subit du dormeur. Dans les deux cas, l'hypothèse « censure » est prise à défaut, si ce n'est simplement réduite en miettes.

Mieux vaut être précis : cette élaboration théorique ne résiste pas aux faits[1]. Et les cauchemars, rêves traumatiques ou post-traumatiques (extrêmement fréquents et à propos desquels il existe une importante littérature[2]), contenus incestueux, meurtriers, d'automutilation ou crûment sexuels la démentent tous et ruinent, par là même, le concept de censure onirique. Les choses sont bien plus cruelles et nos sommeils sont peuplés de monstres, d'horreurs innommables ou d'agissements infernaux dont nous restons nuit après nuit les témoins stupéfaits. Nous en avons longuement discuté ailleurs et le lecteur est, une fois encore, invité à se reporter à cette discussion[3] s'il veut approfondir sa réflexion à ce sujet.

La pensée mythique peut à nouveau nous venir en aide, en illustrant certains aspects des mouvements contra-égotiques dont il est ici question. Le cauchemar, en sa brutalité ravageuse, est l'irruption, tout autant que l'expression paradigmatique de telles orientations. Pareil à Hadès surgissant des enfers pour ravir la douce Perséphone cueillant des fleurs avec ses compagnes, il jaillit inopinément, sauvagement, dans l'âme alanguie du dormeur. Homère le savait-il ? Le fait est que l'épisode décrit ramène, une fois encore, en direction de Narcisse. Narcisse en tant que piège, appât, aux yeux candides d'un moi assoiffé de beauté et gouverné par la pureté de ses louables intentions. En effet, après s'être emparées,

---

[1] La théorie freudienne se voulant globalisante (« *chaque* rêve est un accomplissement de désir et (…) il n'est pas d'autres rêves que des rêves de désirs » « … *tout* est déterminé sans équivoque, *rien* n'est laissé à l'aventure » ibid., p. 101 et 206), on voit mal pourquoi plusieurs catégories de phénomènes devraient en être exclues. Soit la théorisation, dans son ambition à tout expliquer, embrasse la totalité des faits, soit elle doit être amendée pour y faire accéder ceux qui la contredisent.

[2] Il existe aux États-Unis un centre de recherche qui se consacre exclusivement aux problématiques liées au PTSD (*Post-Traumatic Stress Disorder*) : le *National Center for PTSD*, situé à Washington D.C.

[3] Willequet, P., *La bizarrerie du rêve et ses représentations - Une revue critique et une étude empirique*, p. 95 et suivantes.

par brassées, de roses, jacinthes et autres iris, les jeunes femmes aperçoivent une fleur particulièrement séduisante :

> Mais elles ne savaient pas que le narcisse de ces prés ombragés n'était qu'un leurre que la Terre, sur l'ordre de Zeus l'assembleur de nuées, avait fait surgir pour attirer l'enfant plus fraîche que les fraîches corolles et accomplir le désir de l'hôte de tous les mortels. Le narcisse brillait d'un éclat enchanteur ; il frappa d'étonnement tous ceux qui l'aperçurent, dieux ou mortels.

On observe ici une même fascination pour la beauté, identique à celle vécue par Narcisse contemplant son image. Dans les deux cas, le mythe insiste sur le piège qu'elle sous-tend :

> De la racine, une tige avait poussé, portant cent têtes blanches et parfumées, et cette senteur exquise faisait sourire tout le ciel et toute la terre, ainsi que la mer aux lourdes vagues. La toute belle posa les mains sur lui et, tout émerveillée, elle tendait les deux mains pour le cueillir, alors, à cet instant, la terre aux longs chemins (...) se fendit et, de ses profondeurs, surgit, avec ses chevaux immortels, le seigneur hôte de tous les mortels, le Cronide que par cent noms on invoque.

Le thème de la captation est ici, une fois encore, évoqué :

> Il se saisit de la belle enfant et, malgré son effroi et ses pleurs, il l'entraîna avec lui sur son char d'or. Elle lançait des cris aigus pour appeler à son aide Zeus le père suprême et tout-puissant. Mais nul, parmi les bienheureux Immortels, nul parmi les humains n'entendit ses appels de détresse, pas même les Nymphes des oliviers aux beaux fruits[1].

C'est en se penchant sur (le) narcisse que Perséphone déclenche l'effraction du dieu des Enfers et qu'elle est soustraite de la surface terrestre. Le cauchemar fait de même. Il nous enlève à nous-mêmes et à notre habitus conceptuel. La fascination exercée par la fleur tout autant que par l'inflation narcissique semble ainsi convoquer, en un brusque élan compensatoire et par le surgissement de mouvements contraires et contrariants, les puissances enfouies et les « divinités » qui s'y nichent.

Ces irruptions cauchemardesques, parentes des innombrables compulsions, fantasmes ou fantaisies monstrueuses qui pointent, çà et là, dans une sphère consciente qui n'en comprend ni l'origine ni les

[1] Homère, *Des héros et des dieux (hymnes)*, p. 57.

objectifs, renvoient à cette obscure intentionnalité enfouie ayant pour effet, et peut-être pour but, de déposséder le sujet de son socle identitaire tout autant que des représentations ripolinées qu'il a vertueusement élaboré au cours de son impeccable existence.

L'inconscient est violent. Et *violant.* Il nous triture. Nous tourmente. Il rappelle à l'ordre, et cet ordre n'est autre que celui qui tient compte, précisément, de la totalité de ce-qui-est et d'une dynamique psychique, spirituelle, somatique, en laquelle forcément les puissances morbides, les déviances et autres orientations pathologiques *doivent* trouver leur place. Non point pour se muer en agissements – nous serions alors dupés par l'attraction, toujours à l'affût, du passage à l'acte et deviendrions, du même coup, de sinistres psychopathes –, mais bien pour se frayer un espace dans le champ représentationnel d'un individu de moins en moins dupe de lui-même, des forces qui l'animent ou le terrassent et de sa prétendue pureté éthique, conceptuelle ou comportementale.

Dans la vie psychique, tous les dieux sont appelés. Et leur panthéon ne se limite pas aux cimes azuréennes d'un Apollon ou à la clarté décisionnelle d'un Zeus.

Procédant d'au moins deux puissances antagonistes et, d'une certaine manière, inconciliables, la psyché est le lieu de formidables conflagrations et tensions qui, incessamment, ont pour effet un indispensable élargissement de la conscience, crucifiée entre les forces primaires, d'une part, et les constructions cognitives, morales de l'autre, sous l'égide de ce qu'on appelle le moi, précisément. Un tel écartèlement exige logiquement un véritable travail mental ayant pour effet l'évasement en question : en s'inscrivant au cœur du conflit, la conscience égotique est forcée d'effectuer un labeur adaptatif pour accéder en maintes circonstances aux fameuses « formations de compromis » qui en sont les principaux rejetons. Néanmoins, il est important de le noter, la dimension contra-égotique des instances primaires reste active, comme on l'a vu avec le phénomène du cauchemar, et ce pour de très bonnes raisons, les mouvements sécuritaires et stabilisateurs propres au moi restant prépondérants au sein des objectifs fondateurs de cette structure. Il est donc « nécessaire », du point de vue de la globalité psychique, de continuer à les corroder afin que le système, dans son entier, puisse demeurer mutable. On l'aura compris, ces orientations contra-égotiques n'ont pas pour but la destruction du moi. Sans quoi, elles seraient dénuées de sens et n'aboutiraient qu'à la néantisation de l'individu, sans autre forme de procès[1].

Ce qui par contre est récurrent, et d'une certaine manière utilement stigmatisé par ces dernières, c'est le refus moïque de reconnaître et d'assumer son nécessaire approfondissement en direction d'un plus vaste, d'un moins compréhensible, d'un plus étrange que ce qu'il tente d'instaurer comme seule orientation à laquelle se soumettre : une stricte domestication, une emprise permanente sur les choses et les pensées, heureusement condamnées, et surtout démenties par les extravagances oniriques venant nous hanter au cœur de nos nuits.

Car ce qui se dévoile au cœur des désastres écologiques, des guerres intercommunautaires, du terrorisme quelle qu'en soit la nature ou des régimes antidémocratiques pointant leur nez ici ou là, c'est justement, au nom d'une rationalité de plus en plus bégayante, de *realpolitiks* parfaitement cyniques ou d'une maîtrise la plus complète possible du monde et des êtres, le *passage à l'acte* sous toutes ses formes. C'est bien lui qui s'affiche au détour de massacres et d'autres dévastations multiformes, en recouvrant ses agissements d'infinies justifications, juste bonnes à légitimer ce qui, de toute manière, ne peut l'être ni ne le sera jamais.

De ce point de vue, le cauchemar, plongeant ses racines dans le substrat mythique, avec ses chimères, ses outrances et ses démons, nous *sauve* de l'aveuglement égotique, en nous jetant au visage la face sombre, effarante de nos obnubilations ataviques, de notre insatiable appétit en direction du calfeutrage ontologique ou d'une mainmise illusoire sur l'infini, le bien nommé « tout-autre » et ses impérissables intuitions.

La tradition philosophique occidentale, tout comme à sa suite une bonne part de la psychanalyse orthodoxe, se sont détournées de ces archaïsmes et de leur charge instinctuelle, perçus comme dévastateurs *parce que* « régressifs ». Elles les ont remplacés par la pensée abstraite et son appétence pour la conceptualisation ou l'aseptisation de phénomènes qui leur échappe. Raison pour laquelle le cauchemar reste un mystère, une ignominie. Tout comme la mort, il est impensable et impensé, car il révulse le conscient par sa trivialité ou ses horreurs, en bouleversant tout ce à quoi le moi veut s'identifier en termes d'idéaux, mais aussi de sens à donner à l'existence et à ce qui la sous-tend : la vie psychique sous toutes ses formes. Or celle-ci, étant donné sa nature, ne peut tolérer un tel encagement. Elle se rebiffe et inflige au citoyen d'aujourd'hui mille maux

[1] Il est à signaler, tout de même, que de telles issues existent, notamment dans les conduites suicidaires, en cas de psychose grave ou de profonde dépression. Dans ces situations, effectivement, ces puissances archaïques, inintégrables, peuvent amener à l'éradication psychique ou sociale de l'individu, si ce n'est à sa mort réelle.

contre lesquels, bien sûr, il déploie toute son ingéniosité afin de s'en débarrasser une fois pour toutes. Sous ses formes les plus insidieuses, la psychopathologie vient s'implanter au cœur des structures familiales jusque-là les plus « protégées », économiquement, culturellement ou intellectuellement. Dépression et mélancolie, tout autant que désorientation existentielle, s'imposent un peu partout, couplées à mille violences plus ou moins patentes, verbales, physiques ou sexuelles. Ce n'est pas par hasard si les confinements de 2020-2021 ont vu exploser, dans nos cités, les violences intrafamiliales et des maltraitances protéiformes. Hadès, dieu des Enfers, ou Pan, le bouc lubrique, poilu et phallique, sont des représentants archétypiques de ces forces ensevelies. Mais il ne s'agit pas d'un au-delà policé et charmant, où nous attend la félicité d'une existence *post-mortem* exempte de tourments. Non. Pan, qui signifie « tout », du fait qu'à sa naissance il fut accepté par « tous » les dieux présents, est une personnification de l'instinct. Et tout comme la généalogie de Pan est obscure, l'origine de l'instinct l'est également.

« Nature aime se cacher[1] » affirmait Héraclite. Cela est toujours vrai. Les élans originels qui à la fois nous créent, nous habitent et nous hantent, restent inconnus, insaisissables. Aucun matérialisme, aucun spiritualisme d'aucune sorte ne pourra jamais nous en offrir un accès réel, durable et efficace, au grand dam des projets moïques n'attendant que cela et dont les desseins tendent, en permanence, à en atténuer les effets.

Hadès et Pan violent les nymphes. D'un point de vue imaginal, il s'agit là, pour Hillman, de la représentation d'une forme de nécessité psychique. Cet acte, métaphorique, cela va sans dire :

> … vise une forme de conscience vague encore située dans la nature, mais qui n'est pas personnellement incarnée. (…) La nymphe est chaste, nature encore vierge, pure jeune fille. Pan apporte du corps, un corps de bouc. Il impose la réalité sexuelle de la pénétration physique à une structure de conscience qui n'a pas de vie physique personnelle, dont la vie est tout entière « extérieure » dans la nature impersonnelle.

De cette manière, en effet :

> L'impersonnel, en pénétrant par le bas dans le corps le plus intime, devient une expérience personnelle[2].

---

[1] Héraclite, op. cit., fragment CXXIII, p. 93.

[2] Hillman, J., *Pan et le cauchemar*, pp. 83-84, pour les citations susmentionnées.

Il en va de même de Perséphone saisie par Hadès : la jeune femme subit une défloraison psychique, symbolique, dans laquelle il n'est évidemment pas question de la rupture de son hymen – ce qui équivaudrait, une fois encore, à un ridicule passage à l'acte –, mais bien d'une « conscience en fleur pénétrée et tuée[1]. » Ainsi, le fantasme de viol, omniprésent dans les mythologies, grecques en particulier, constitue une tentative « pour passer d'un niveau à un autre, portant la sexualité et la mort dans une région de l'âme qui refuse cette sorte de connaissance[2]. »

En situation analytique, il arrive que le patient rêve que son thérapeute le viole[3]. On pourrait, dans un raccourci commode, interpréter ce genre de vision comme étant la déformation d'un rêve de désir, et nombreux sont ceux qui ne dédaigneront pas un tel confort pour accéder au sens caché de cette construction : l'analysant(e) souhaite « inconsciemment » engager une relation intime avec son thérapeute ; celle-ci n'étant pas envisageable, sa psyché endormie transforme cette aspiration en acte répréhensible – donc moralement acceptable de *son* point de vue – provenant d'autrui : celui qu'*in petto* on désire sans pouvoir se l'avouer.

Une telle interprétation est tentante, mais peut se révéler fausse. Le cas m'a été récemment présenté en supervision[4] et impliquait certains éléments conscients qu'il est utile de relater. Tout d'abord, le désir sexuel de la patiente à l'égard de mon collègue était avéré et pleinement conscient. L'un et l'autre en avaient débattu à de nombreuses reprises et celui-ci avait été clairement reconnu comme faisant partie du fameux transfert dont il est souvent question dans la littérature analytique. Ce souhait était donc non seulement reconnu, mais également *admis* par la patiente : il était donc inutile de le travestir en tentative de viol exercée par le praticien, le désir n'ayant pas besoin d'être déformé pour arriver à la conscience endormie. Rappelons en effet que pour Freud, et dans tous les cas, « la déformation est voulue, elle est un procédé de dissimulation[5]. » La patiente n'ayant ici rien à dissimuler et donc rien à déformer, l'hypothèse devient caduque.

---

1 Ibid., p. 84.

2 Ibid., p. 86.

3 Il serait faux de dire que ce motif soit fréquent. Il advient néanmoins parfois.

4 Dans cette situation, un analyste ou thérapeute reçoit en consultation un collègue qui vient lui apporter un ou plusieurs cas dont il sera possible de discuter. Ainsi, le premier praticien « supervise » le travail de son collègue, généralement moins expérimenté que lui.

5 Freud, S., *L'interprétation des rêves*, p. 129.

On pourra nous rétorquer qu'en attribuant l'acte du viol au praticien, la patiente transpose son désir sur lui et, de ce fait, s'affranchit, par déplacement[1], de l'encombrant désir qui la taraude. Un tel argument est intéressant, mais se révèle, lui aussi, erroné. Tout d'abord, parce que la jeune femme n'a aucunement l'envie de se délester d'un tel désir, qu'elle nourrit séance après séance depuis des mois. Il n'y a donc aucune raison valable pour que celui-ci soit « censuré » d'aucune manière, si ce n'est, éventuellement, afin de se soulager de la charge morale qu'il véhicule. Toutefois, et selon les dires de mon collègue, de charge morale, il n'y en a pas. Cette femme assume pleinement cette envie, peut en parler sans gêne et l'éprouve même comme une opportunité pour sa propre évolution.

Une autre hypothèse, développée par Freud en maint endroit, stipule que lors de tels rêves, il faut inverser les termes de l'équation afin d'en comprendre le sens caché[2]. De la part de la patiente à l'égard du thérapeute, la situation consciente serait la suivante : « Je te désire, mais un tel désir n'est pas avouable, ni par moi ni par toi, et, de plus, la situation dans laquelle nous nous trouvons en rend l'accomplissement impossible. » Ce à quoi le rêve pourrait répondre par inversion, terme à terme, de la situation consciente : « Ce n'est pas moi qui te désire, c'est toi qui le fais. Mais, d'un point de vue moral et réel, ce penchant est inconciliable avec notre situation. C'est donc sous les traits d'un viol que je t'en affuble, ce qui me permet de me maintenir dans la position de l'oie blanche qu'aucune pensée de cet ordre ne pourrait atteindre à aucun moment. »

Dans ce cas, par inversion des motions désirantes, la patiente se retrouverait dans le « beau rôle » et surmonterait ainsi le poids de la frustration de son désir auquel, d'un point de vue déontologique, son analyste ne peut répondre, si tant est qu'il en ait envie. Tout cela tient, d'un point de vue logique, mais se révèle obsolète actuellement : nous sommes au 21e siècle et la pudibonderie, le poids des interdits, le non-accès à la moindre connaissance du sexuel ne sont plus que lointains souvenirs, ayant depuis longtemps sombré dans l'oubli. Certaines patientes me confient, avec un aplomb parfois stupéfiant, qu'elles s'autorisent moult fantasmes, copulations et autres jeux érotiques avec moi, et ce sans la moindre vergogne. La pruderie bourgeoise de la Vienne du 19e siècle n'a plus à s'inviter dans nos conceptualisations théoriques,

---

[1] Pour Freud, le *déplacement* est un des mécanismes les plus fréquents de la machinerie onirique. Ibid., p. 123 et suivantes.

[2] Ibid., p. 282 et suivantes.

si ce n'est pour se pencher sur les vestiges d'une lecture de la vie mentale qui, historiquement, a démontré tout son intérêt.

Toutefois, et une fois encore, nous recevons en cabinet des rêves incroyablement crus, d'une cruauté extrême dont les représentations n'ont rien à envier aux pires pages des *120 journées de Sodome*[1], rédigées par le divin marquis au 18e siècle.

C'est donc bien *ailleurs* qu'il faut tourner le regard, afin de saisir ce dont il est question. Le monde du dessous, soit ce que nous avons qualifié de fonctions ou de forces primaires – le bien nommé *inconscient* – est par nature, avons-nous dit, contra-égotique. Ce qui signifie que ce qu'il personnifie, est ou fait (car il « fait » bien des choses), constitue aux yeux du moi un réel danger. Tout d'abord, parce qu'il se manifeste sous forme de *mouvements constants* se jouant en permanence de la volition ou des intentions conscientes, premier scandale, et ensuite parce que ceux-ci *ne sont pas contrôlables par ego*, deuxième scandale. Enfin, cerise sur le gâteau, ces impulsions profondes sont imprévisibles et, pour la plupart, incompréhensibles. Ce faisant, elles déstructurent, parfois de façon radicale, la stabilité mentale patiemment élaborée par le sujet, en vue de son insertion dans le monde et de l'appréhension cognitive qu'il peut en avoir. Ultime vexation.

Le thérapeute, l'analyste sont les porte-paroles de ce désordre. Non seulement ils en reconnaissent l'existence en en validant les productions, mais aussi, dans de nombreux cas[2], ils en légitiment la pertinence dans ce que ses irruptions peuvent avoir de déroutant ou d'inacceptable aux yeux de l'instance dominante. De cette façon ils incarnent en effet, de façon métaphorique, Pan ou Hadès, dans l'infernal positionnement de celui qui déniche, en les accréditant ou en les soulignant, les orientations contradictoires, sauvages, survenant chez le patient.

Une telle attitude correspond effectivement, pour le moi « nymphesque », tout autant que pour l'obsession esthétisante de Narcisse, à une forme de viol : le thérapeute, par ses interventions, renvoie à la violence d'une effraction disruptive dans le paisible bonhomme de chemin en lequel s'est embourbé le patient et auquel il s'accroche incessamment, même si ce chemin se révèle obsolète ou

---

[1] Sade, D. A. F., *Les 120 journées de Sodome ou l'école du libertinage.*

[2] Certes, de moins en moins nombreux, vu les orientations psychothérapeutiques actuelles, souvent focalisées sur l'accroissement des performances moïques et leurs compétences existentielles, tant du point de vue professionnel que sexuel ou affectif.

inadapté relativement aux visées « destinales[1] » le concernant, soit ce qui a été identifié plus haut comme relevant de son *genius* ou de son *daimôn* :

> Le chemin vers soi-même est le plus long et le plus escarpé des chemins, et chacun est prêt à payer n'importe quel prix, jusqu'à toute sa fortune, pour l'éviter. La plupart des gens se haïssent, se méprisent et pour rien au monde ils ne reviendraient vers leur ville natale[2].

Jung avait coutume de dire que l'analyse constituait, en Occident du moins, l'une des dernières formes d'*initiations* en direction de laquelle il était possible de se tourner. Une telle affirmation est vraie, à condition que l'on entende le concept au sens ritualisé du terme. Car les situations de cette nature, involontaires, subies ou baignant dans une totale inconscience, existent à foison : nombre de maladies, d'accidents, d'échecs, de deuils ou de séparations en sont d'indiscutables, même si elles ne sont quasiment jamais intégrées en tant que telles. Elles nous « tombent dessus » et peuvent avoir un effet métamorphique tout à fait saisissant, si ce n'est déterminant.

J'ai suivi de nombreuses personnes pour lesquelles une affection grave, par exemple, avait clairement valeur initiatique, dans la mesure où, comme l'affirmait Hillman à propos du viol, celle-ci a fait basculer les fixations et autres identifications subjectives « d'un niveau à un autre », en les transmuant de manière radicale. Il s'agit toutefois d'occasions qui ne sont ni voulues, ni ritualisées, contrairement à ce qui se passe dans la démarche analytique ou thérapeutique au sens large. Cependant, dans ce dernier cas, et à la différence de ces effractions spontanées et apparemment destructrices, on a affaire à un processus qui est à la fois voulu et non voulu[3] rejoignant, par ailleurs, l'idée d'un *opus contra naturam.* Mais il s'effectue dans un cadre prédéfini et selon des modalités spécifiques ayant été énoncées et auxquelles les deux protagonistes souscrivent, quelles qu'en soient les issues.

Le thérapeute, toutefois, est sommé d'assumer le rôle de « celui-qui-y-est-passé ». Il est impératif qu'il ait traversé, d'une façon ou d'une autre, ses propres enfers lorsque le patient commence à côtoyer les siens

---

[1] « En règle générale, le développement logique de l'analyse pousse les gens à assumer leur destin et à le prendre en main, à accepter leur situation particulière avec tous les avantages et tous les inconvénients. Vous pourriez appeler ça l'individuation. » Jung, C. G., *L'analyse des visions - Le séminaire de 1930-1934*, p. 98.

[2] Ibid., p. 90.

[3] La démarche, en soi, est bel et bien *voulue* par le patient. Les matières qui s'y révèlent, quant à elles, ne le sont pas et écharpent, bien souvent, ses ancrages égotiques.

propres. Contrairement au saint qui s'adonne à une série de techniques ou d'entraînements préétablis et dotés d'une finalité particulière – atteindre un certain degré d'ataraxie relativement aux remugles internes qui ne manqueront pas d'apparaître –, l'analyste peut être comparé au *medicine-man* des sociétés traditionnelles. Dans ce cas, le positionnement du représentant des forces primaires n'est aucunement comparable au sublime détachement prôné par les confessions religieuses. Il est au contraire désigné collectivement comme celui-qui-connaît, pour les avoir fréquentées, les zones les plus sombres de l'être et, surtout, les plus morbides qui soient. C'est pourquoi :

> On l'empoisonne et on le torture[1], on le rend à moitié fou ou même complètement fou. Car ce n'est qu'après avoir pu percer un grand tunnel dans son inconscient qu'il peut devenir un *medicine-man* ; à partir de ce moment-là, il aura un canal d'accès partiel aux informations que dispense l'inconscient collectif. L'inconscient, qui a une perception extraordinaire et un savoir extraordinaire des situations, peut lui apprendre des choses que jamais son conscient ne pourrait élaborer, donc cette technique touche parfaitement la cible.

À juste titre, Jung insiste sur la différence fondamentale entre les deux statuts : celui du *medicine-man* et celui du saint :

> Mais cela n'a rien à voir avec une technique de perfectionnement volontaire ; au contraire, dans le *medicine-man* cela implique de détruire l'individu, la santé de sa conscience individuelle doit être démolie pour que l'inconscient collectif entre en scène. Et cela n'est pas du tout l'idéal du saint ; un saint est censé être un individu doué de la plus haute perfection, avec une santé d'exception et un esprit encore plus parfait.

Et de conclure ironiquement :

> L'éducation d'un saint, les techniques qui font le saint, s'écartent délibérément de l'inconscient collectif[2].

---

[1] Voir, à cet égard, le résultat des recherches de Ksenofontov auprès des chamans de Sibérie. Il est sidérant de constater à quel point ceux-ci étaient soumis à des épreuves psychiques, spirituelles et physiques d'une rudesse qui nous semble, aujourd'hui, inconcevable : *Les chamanes de Sibérie et leur tradition orale*.

[2] Jung, C. G., *L'analyse des visions - Le séminaire de 1930-1934*, p. 122, pour les citations susmentionnées.

Ainsi, on comprend mieux en quoi l'analyse – et, ce faisant, l'analyste – « viole » les territoires protégés, calfeutrés tout autant que routiniers (« névrotiques » au sens large) du patient. Car il incarne nécessairement celui qui, ayant traversé les affres du monde infernal, en est revenu *vivant, mais non indemne* et, de ce fait, initié, non pas au sens « noble » du terme, mais bien par le fait que son être, sa chair et son esprit, en sont ressortis après avoir été démembrés, digérés et régurgités en une forme et une manière d'être n'ayant plus grand-chose à voir avec le « On-même » heideggérien. Pour la psyché naïve au sens non péjoratif – du patient, l'analyste assume, souvent à son corps défendant, les rôles de Pan ou de Hadès. Il est là pour *contrarier* la torpeur conceptuelle, éthique de son interlocuteur. Il représente, effectivement et efficacement ce qui, des tréfonds, demande à s'intégrer à une construction égotique figée sur ses acquis. Bref : *il est le porte-parole de la mort psychique.* C'est-à-dire du pouvoir mutationnel d'un univers psychique toujours insolite et dont les objectifs, indéfinissables et enfouis, rejoignent des visées immanquablement transgressives relativement aux valeurs et idéaux sociétaux, concoctés, en toute bonne foi, par la collectivité. La plupart du temps, le patient ne veut pas en entendre parler. Il s'en méfie. S'en détourne. Une femme d'une cinquantaine d'années me raconte le rêve suivant :

> Je suis dans une salle de spectacle, c'est un théâtre ou un cinéma, je ne sais pas très bien. De grands rideaux rouges cachent la scène ou l'écran, comme c'est souvent le cas dans cette situation. Un jeune homme s'avance et veut mettre le feu aux rideaux, mais ça ne prend pas. Il a un briquet ou des allumettes et tente de les brûler. Je suis épouvantée et sors en criant : « Au feu ! » sans que ma voix ne sorte.

Dans ces quelques lignes, on sent toute l'ambivalence du sujet par rapport aux enjeux sollicités : cette femme s'est rendue dans la salle de spectacle et s'attend à voir ce qui se trame sur cette « autre scène » qui va lui être dévoilée et dont elle ignore tout[1]. Mais les rideaux sont soigneusement fermés. On ne voit donc rien. Un élément perturbateur entre alors en jeu : un jeune homme s'en approche et veut brûler ce qui cache, ce qui obstrue l'accès à cet autre monde, à ce spectacle ineffable proposé par les constructions imaginales et démoniaques qui jalonnent constamment nos nuits et notre vie fantasmatique. Mais le tissu ne brûle

[1] Cette figuration est récurrente dans la littérature psychanalytique. Cette *autre scène*, effectivement, est bien le lieu d'un drame, d'une comédie ou d'une tragédie dont le sujet est amené à dévoiler la trame et les diverses composantes. Voir, à ce propos : Quinet, A. « L'Inconscient structuré comme un théâtre. » *Savoirs et clinique* 12 (1), pp. 188-195.

pas. Il *résiste.* Ce qui signifie clairement que cette personne veut et ne veut pas, dans une logique d'opposition, que ce qui se trouve au-delà du rideau protecteur lui soit révélé. Le fait que la texture dont est faite l'étoffe résiste au feu[1] – celui des passions, de la lumière éclairante tout autant que destructrice, de l'incandescence des affects les plus affolants – indique combien *le sujet aspire à ce quoi il n'aspire pas.* En son fonds, il souhaite que lui soient montrés les contenus hautement inquiétants d'un univers interne qui le dépasse outrageusement et qui, en définitive, se moque de ses préoccupations usuelles et de ses tracas les plus banals. C'est cela qui fait naître la panique : ces puissances enfouies, cachées, vont obligatoirement mettre à mal l'*habitus* égotique qui sort de la salle en hurlant « Au feu ! ». De ce point de vue, le rêve met génialement en scène la double orientation inhérente aux instances psychiques convoquées : il y a, d'un côté, certaines orientations de la conscience moïque qui souhaitent accéder au connaître de ce qui lui reste voilé, caché. Il s'agit du personnage de la rêveuse qui se rend au théâtre et du jeune homme essayant de mettre le feu aux résistances conscientes[2]. De l'autre, il y a la « vierge effarouchée » qui sort de la salle en hurlant à la cantonade que la maison brûle, alors qu'en réalité le feu n'a même pas pris. Une telle voix ne porte logiquement pas, étant donné qu'elle crie inutilement et s'alarme à propos de faits inexistants ou, tout au moins, latents.

Le cauchemar convoque les forces de mort, la destruction, la douleur. Il renvoie l'individu vers ce qui, en lui, est irréductible et ne manquera pas d'advenir tôt ou tard : sa fin. En tant que réalité indépassable, celle-ci unifie ou réunifie le sujet, forcé de prendre en compte ce « tout » qui le constitue et qui inclut sa finitude. Métaphoriquement parlant, le cauchemar dépucèle le moi, *primo*, de son ignorance face à l'inéluctable et, *secundo*, de son refus d'entrevoir ce dernier. Les deux vont de pair. Et il ne ressort pas uniquement à la période infantile d'ignorer la réalité morbide. Nombre d'adultes vivent et évoluent dans une sorte de candeur

---

[1] « Le feu n'est pas seulement un enchantement de lumières et de couleurs, c'est également un processus de destruction et de désintégration. Les structures sont réduites en fumée et en cendres. (...) Il exprime aussi l'apparition du divin. C'est pourquoi le feu joue un rôle considérable dans tous les rituels religieux. C'est la plus grande découverte humaine, sacralisée depuis des temps immémoriaux. » Jung, C. G., *L'analyse des visions - Le séminaire de 1930-1934*, p. 72.

[2] L'un et l'autre sont certainement à comprendre comme des tendances égotiques concomitantes : la femme « se rend au théâtre » pour y voir quelque chose. L'intention est claire. Et le jeune homme a pour objectif le dévoilement, radical, de ce qui reste occulté. Ainsi, l'un et l'autre peuvent être entendus comme des parties de soi (ou du moi) interagissant en vue d'un surcroît de connaissance quant à ce qui reste à découvrir.

assumée relative à leur mort. Accumulant d'innombrables biens, fortunes et honneurs, ils avancent dans l'existence comme si celle-ci était infinie et ne consistait qu'en une course permanente en direction d'un surcroît de pouvoirs égotiques.

Dürckheim, le philosophe allemand[1], racontait souvent l'histoire suivante : un de ses amis, professeur d'Université, était atteint d'un cancer généralisé. Hospitalisé, proche du trépas, il reçoit un beau jour Dürckheim alors qu'il était alité. Au bout de quelques minutes, le malade s'agite, s'enflamme et commence à évoquer de futurs projets, une série de conférences qu'il va faire à l'étranger, d'autre chose encore. Dürckheim le laisse causer puis lui pose alors la question suivante : « Mais, mon cher ami… ne pensez-vous pas qu'il serait plus juste que nous parlions de la mort ? De la vôtre et de la mienne ? » Instantanément, nous dit le philosophe, le visage de son ami se détend, l'atmosphère s'apaise et une belle conversation s'installe.

Que fait Dürckheim en interpellant ainsi son compagnon ? Il convoque son être-là « hors de la perte dans le On et l'appelle à son pouvoir être le plus propre[2]. » Ce qui revient à dire qu'il le renvoie à ce qui est, irrévocablement et ontologiquement *vrai* (le malade va bientôt *réellement* mourir), ce réel dont il ne veut pas et dont il tente de s'extirper en criant « Au feu ! », comme le fait ma patiente dans le rêve susmentionné et en se projetant, illusoirement, dans les rêveries omnipotentes d'une existence in-finie.

Le temps et la mort

L'un des principaux objectifs de la volonté égotique consiste, avons-nous dit, à se maintenir dans le temps, à la pérennisation du moi. Une telle ambition n'a rien d'absurde ni de pathologique, au sens délétère du terme, bien au contraire. Pour mener à bien n'importe quel projet, n'importe quelle entreprise, il est nécessaire de l'envisager sous l'égide de la dimension temporelle. Pour les humains, par exemple, le fait d'élever des enfants s'inscrit dans une telle logique. Et contrairement à la plupart des autres espèces, la nôtre a pour destin de devoir s'occuper *durablement* de sa progéniture avant que celle-ci ne soit autonome et puisse se débrouiller par ses propres moyens. Toute forme de projet conscient

[1] J'ai eu la chance de collaborer avec cet homme durant de longues années. L'histoire m'a été racontée personnellement.
[2] Boutot, A., op. cit., p. 33.

s'inscrit dans le temps et dans l'idée qu'il est possible de l'éprouver de manière fiable. Si, chaque matin, nous n'avions aucune certitude quant à la stabilité du tangible – autrement dit, si nous ne pouvions pas compter sur sa solidité temporelle –, rien ne serait possible d'un point de vue développemental ou constructiviste. Tout serait figé dans une sorte de qui-vive rémanent, dans l'attente anxieuse d'une éventuelle catastrophe, et n'importe quelle visée à court ou à long terme resterait vaine, étant donné l'état de suspens dans lequel nous serions constamment maintenus.

Le moi a besoin du temps. De la persistance du substrat temporel dans lequel il s'inscrit. Elle est indispensable et sous-tend la plupart, si ce n'est la totalité de nos actes et de nos pensées. Raison pour laquelle, une fois encore, envisager la mort est résolument contraire à ses orientations : cette perspective les dément avec une telle violence, une telle radicalité, qu'il est tout simplement impossible d'y souscrire de façon « naturelle », car « naturellement », tout en nous – du point de vue du *vouloir* – la réfute, tout en étant conçu afin de s'en détourner le plus résolument possible.

Très bien.

Il n'en demeure pas moins qu'une fois encore ce refus génère nombre d'impasses qu'il est nécessaire d'aborder, fut-ce partiellement. On a vu, plus haut, que l'une des assignations les plus fondamentales de l'humain consistait en sa capacité à construire des représentations stables relativement aux choses, soit ce qui a souvent été identifié comme étant son obligation à accéder à la *permanence de l'objet.* Pour ce faire, la psyché a inventé un outil préférentiel, généralement appelé *symbolisation.*

De quoi s'agit-il ? Essentiellement, et pour l'exprimer de façon ramassée, il y est question d'un acte mental consistant à *substituer aux phénomènes tangibles* (objets matériels, appartenant à la réalité externe, tout autant qu'objets internes, notamment les émotions) *des supports intangibles tels que des mots, des assemblages de mots ou des signes*[1]. *Le* symbolique (à ne pas confondre avec *la* symbolique, qui se rapporte à la lecture métaphorique du monde, comme le font par exemple l'astrologie, l'alchimie et nombre d'herméneutiques) se retrouve donc résumé dans des vecteurs tels que le langage, l'écriture, la sémantique et tout ce qui permet aux hommes de communiquer leur compréhension des choses par le biais de supports inventés, n'appartenant pas originellement à la nature environnante.

---

[1] Nombre d'éléments pourraient s'ajouter à cette liste, notamment les images, métaphores et autres figures de style. Néanmoins, du point de vue sémantique, c'est bien par le truchement du langage que s'exprime, essentiellement, *le* symbolique.

Une pomme existe naturellement. Le mot « pomme », quant à lui, a été construit et reste une abstraction arbitraire[1]. Si vous demandez, en français, à un Chinois non francophone qu'il vous en offre une, il va vous considérer, interloqué, et sera bien embêté de ne pouvoir répondre à votre souhait. En revanche, si vous lui en montrez une, il saisira immédiatement à quoi vous faites allusion et pourra y souscrire. Dans la communication courante, le mot remplace la chose et pour peu que l'on parle une même langue, une ébauche de compréhension circule entre les individus présents. La phrase « Pourrais-tu me donner cette pomme ? » implique une série de concepts symbolisés (*être capable de* ; *offrir* ainsi que le fruit qu'on appelle *pomme*) et permet l'interlocution qui nous semble si évidente tout au long de notre parcours terrestre.

Avec ce petit exemple, on saisit immédiatement l'importance capitale, fondatrice, du symbolique et de tout ce qu'il suppose. À tel point qu'on ne le remarque plus, tant il a envahi notre quotidien en chacune de ses manifestations. Or, la symbolisation, bien qu'indispensable et splendidement développée au sein de notre espèce inventive, pose de sérieux problèmes, notamment dans sa propension contradictoire à *se faire passer pour la chose*, notamment dans une de ses manifestations les plus emblématiques : l'écrit.

Notre véritable fascination pour celui-ci, et notamment pour ceux ayant été qualifiés de « grands », car provenant de systèmes institués tels que les religions ou les protoreligions (idéologies multiformes), provient de cette embûche.

Prenons un autre exemple. Dans nombre de livres de l'Ancien Testament, notamment *Le Lévitique*[2], sont stipulés une série de prescriptions relatives aux holocaustes, aux comportements sexuels, ainsi que de nombreux interdits concernant la divination, la compromission avec l'impur, diverses pratiques alimentaires ou sacrificielles et ainsi de suite. Or, tout au long de cet ouvrage, revient immanquablement l'énoncé suivant : « C'est une loi immuable pour vous d'âge en âge, où que vous habitiez[3] »

---

[1] Le mot possède bien sûr une histoire, dont on retrouve la trace dans son étymologie. De ce point de vue, il n'est pas « arbitraire », mais bien déterminé par les diverses sources qui en ont fécondé l'advenue. Toutefois, d'un point de vue ontologique, la suite de phonèmes constituant le mot « pomme », associée à l'objet qu'il désigne reste parfaitement arbitraire. Un autre contexte historique aurait tout aussi bien pu utiliser une autre suite de phonèmes pour désigner ce fruit par le mot « brim », par exemple.

[2] C'est le « livre des prêtres », le mot *Lévitique* étant formé à partir du nom de Lévi, troisième fils de Jacob et ancêtre de la tribu des prêtres. Il se présente comme l'ensemble des consignes données par Dieu à ceux- ci, afin qu'ils fassent bon usage de la relation privilégiée avec Yahvé qui a été accordée à leur peuple.

[3] Lv. 3, 17., 10, 9, etc.

ou encore : « C'est pour eux (les hommes), d'âge en âge, une loi immuable[1]. » On bute donc ici sur deux faits cruciaux relatifs au phénomène analysé : premièrement, la prescription est bien *écrite*, c'est-à-dire inscrite dans ce qui la stabilise, au sens où on en parle ici et, deuxièmement, elle est énoncée en tant qu'*éternelle*. Se manifeste là un évident redoublement de la puissance évocatrice des injonctions, sorte de paradigme de ce qui, du symbolique, va apparaître comme résolument coercitif.

Par ailleurs, pour corser l'affaire, on retrouve dans les deux cas certaines des plus ancestrales aspirations égotiques : d'une part, la possibilité de figer les choses (un comportement, une conception, une règle) dans un support inaltérable – le livre, qu'il est possible de rééditer à l'infini, contrairement à la peinture qui se détériore et disparaît peu à peu sous les assauts du temps – et, d'autre part, la possibilité d'en éterniser la valeur, en proclamant que ce qui était vrai il y a deux mille cinq cents ans l'est encore aujourd'hui, et ce jusqu'à la fin des temps. *Fixation* et *éternisation* se révélant ainsi comme principaux aspects de la problématique moïque et des outils qu'elle s'est offerte : *primo*, la pérennisation des choses par abstraction langagière lui donne accès à la bien nommée permanence de l'objet et, *secundo*, la volonté constante de lutter contre la mort se trouve ici pleinement illustrée par l'annonce de l'immuabilité (et donc, de l'éternité) de certaines règles ou lois.

La fascination par l'écrit ne se manifeste pas uniquement à l'égard des Écritures, qui n'en ont pas l'apanage, même si on assiste actuellement à nombre de ses résurgences dans tout débat sociétal relatif à la procréation ; au port du voile ; aux règles alimentaires et vestimentaires ; aux comportements entre les sexes ainsi qu'aux enjeux de pouvoir interreligieux au sein d'une même nation.

Dans un tout autre registre, idéologique cette fois (relevant ainsi d'une proto-religion), Kundera raconte comment l'envoi d'une simple carte postale a tragiquement fait basculer l'existence du héros de son roman. En effet, l'écrit étant tombé entre les mains du Parti communiste, son auteur fut catégorisé comme ennemi de classe et définitivement exclu de toute possibilité de réintégration en cette entité à laquelle, pourtant, il appartenait et qu'il soutenait. Les trois lignes rédigées *devenant ainsi*, par un acte de substitution d'une violence inouïe, l'homme Kundera (Ludvik, dans le roman[2]).

---

[1] Lv. 17, 7.

[2] L'épisode est largement autobiographique. On le retrouve dans d'autres œuvres de cet auteur.

On assiste ici à un phénomène pour le moins curieux, mais sur lequel il est utile d'insister. Alors que la symbolisation avait historiquement pour objectif l'interlocution entre les individus, substituant aux choses les mots inventés (symboles) pour les désigner, ce sont maintenant ces derniers qui, prenant la place de ce qu'ils nommaient, s'imposent comme ultime réalité. Si, dans un premier temps, le mot a servi de support immatériel afin d'exprimer le tangible, *il devient maintenant le réel*, l'indépassable horizon vers lequel se tourner, du fait de son emprise tyrannique sur nos esprits et notre lecture du monde : les phrases rédigées sur la malheureuse carte devenant et étant, désormais, Ludvik aux yeux de ses contempteurs :

> Tu l'as bien écrit, oui ou non ? Il se peut que j'aie écrit une chose pareille, à la rigolade, ça fait tout de même déjà deux mois, je ne m'en souviens plus. Nous pouvons te rafraîchir la mémoire, dirent-ils, et ils me donnèrent lecture de ma carte postale : *L'optimisme est l'opium du peuple ! L'esprit sain pue la connerie ! Vive Trotski ! Ludvik.*

Le narrateur comprend alors l'immense bévue commise en rédigeant ces quelques lignes :

> Dans le minuscule local du secrétariat politique, ces phrases prenaient une résonance si formidable qu'elles m'effrayèrent sur le moment, je sentis qu'elles recelaient une puissance dévastatrice à laquelle je ne résisterais pas.

Ses accusateurs persistent alors à l'accabler :

> Que tu l'aies écrit vite ou lentement, sur ton genou ou bien sur une table, tu n'as pu écrire que ce qu'il y avait en toi. Rien d'autre. Il se peut que si tu avais réfléchi davantage, tu n'aurais pas écrit cela. De cette façon, tu l'as écrit sans masque. Comme ça, au moins, nous savons qui tu es. Nous savons que tu as plusieurs visages, un pour le Parti et un second pour les autres.

En fin de discussion est alors brandi l'argument déterminant, celui capable de prouver l'objectivité de l'acte transgressif commis par Ludvik :

> Ils dirent que j'avais écrit sur une carte ouverte, que n'importe qui avait pu la lire, que ces mots avaient une portée *objective* et qu'ils n'étaient assortis d'aucune explication touchant mon état d'âme[1].

L'individu est ainsi effacé et réduit à ce qu'un beau jour il eut l'imprudence de consigner sur un bout de papier.

Il en va de même pour les sentences religieuses : les interdits et autres prescriptions rituelles, morales, essaimées à tout bout de champ dans les écrits bibliques, coraniques ou autres, deviennent, par le jeu des addictions moïques, La Réalité (en fait, la *Vérité*) et l'Ultime auquel la communauté est appelée à se référer, et se trouve même dans l'obligation de le faire.

À notre époque, il n'y a sous nos latitudes ni holocaustes ni lapidations. Et le Parti communiste est moribond. Même dans l'ex-Tchécoslovaquie. Ces choses sont mortes. Ce que n'avaient pu envisager ceux qui, du haut de leurs certitudes, avaient en leur temps prescrit comme étant, précisément, le Vrai, le Bon et le Beau.

De cette manière on constate avec effarement combien les tendances fixistes d'ego, dans leur refus de la prise en compte des effets du temps et, donc, de la mort en ses conséquences mutationnelles, deviennent, elles aussi, autant d'agents morbides, par l'inversion logique de leurs objectifs initiaux. La propension accaparante s'étant peu à peu transformée en rigidification conceptuelle, c'est *la vie* même sous ses innombrables formes, sa nécessaire inscription dans le fluide et le métamorphique, qui s'est pétrifiée en dogmes, doctrines, idéologies ou credo, dont il est maintenant impossible de se dégager afin d'assumer, par devers soi, une existence forcément hétérogène à ce qui fut prescrit par l'organe symbolique dominant.

Il en va de même des systèmes familiaux, eux aussi fréquemment colonisés par des impératifs non écrits, mais impeccablement gravés dans les esprits. En émerge un tombereau de loyautés inextricables, d'intimations sans fin, générant ainsi les mécanismes névrotiques – si ce n'est pire – représentant pour nombre de sujets un engluement auquel ils ne peuvent jamais réellement trouver d'issue. Les souffrances qui en résultent sont celles que l'on retrouve dans les cabinets analytiques ou dans nombre de démarches thérapeutiques, foisonnant çà et là.

Ce qui, dans un temps révolu, était vrai et probant est maintenant vécu comme devant le rester, quand bien même tout a *déjà* muté, tout s'est *déjà* transformé, au corps défendant de ceux qui ne peuvent en

[1] Op. cit., p. 62-64, pour les citations susmentionnées. Souligné par l'auteur.

supporter les formes nouvelles, souvent perçues comme effrayantes ou, tout au moins, illicites. À la fin du roman, Ludvik-Kundera est confronté à de jeunes gens qui n'ont pas connu l'après-guerre et l'instauration du communisme en Tchécoslovaquie. Il entend, stupéfait, combien cette génération se fiche éperdument des valeurs et aspirations auxquelles ses coreligionnaires ont consacré leur existence, souvent au péril de leur vie. Et le lecteur sent combien la montée en puissance d'une autre manière de voir, portée par le facteur temps, est tout simplement inéluctable et impossible à enrayer. La chose s'est faite sans que personne ne l'ait voulue ni décidée. La « transmutation de toutes les valeurs[1] » préconisée par Nietzsche a bien eu lieu, balayant tout sur son passage, y compris les systèmes totalitaires les plus coercitifs, les plus ancrés dans un substrat collectif que l'on pouvait imaginer inaltérable, au même titre que les nazis voulaient établir un *Reich de mille ans.*

Évoquant le phénomène, et cette jeunesse se détournant résolument de tout ce qui fut, Ludvik constate :

> Je les admire justement parce qu'ils sont différents de nous. Ils aiment leur corps. Nous l'avions négligé. Ils aiment les voyages. Nous nous encroûtions. Ils aiment les aventures. Nous avons perdu notre temps en réunions. Ils aiment le jazz. Nous avons sans succès copié le folklore. Ils s'occupent d'eux-mêmes. Nous voulions sauver le monde. Nous avons failli, avec notre messianisme, le détruire. Peut-être qu'avec leur égoïsme, eux le sauveront[2].

Le constat est amer. Et il n'est pas surprenant d'observer que ce texte ait été qualifié de *roman de la dévastation*[3]. Tout s'est effondré. Tout a été laminé par l'usure du temps et le travail de sape qu'il ne manque pas, et ne manquera jamais, d'accomplir avec une indifférence qu'il n'est pas abusif de qualifier de transcendante. Ludvik – comme nombre d'entre nous – a fait l'expérience de la perte, de l'effondrement généralisé de tout ce à quoi il crut, adhéra et qu'il voulut faire croître, dans un élan de généreuse naïveté et de candeur révolutionnaire dont il ne reste, maintenant, plus rien. La femme qu'il adora le fuit ; ses amis le trahissent ; les idéaux collectivistes se heurtent aux ambitions individuelles et lui-même se retrouve aigri, esseulé dans un monde d'une infinie tristesse en lequel il ne sait plus où aller.

---

[1] Nietzsche, F., *Le gai savoir*, en plusieurs occurrences.

[2] Ibid, p. 418.

[3] Ricard, F., « Le roman de la dévastation » pp. 479-510 dans *La plaisanterie*.

C'est alors que, à la toute fin du livre, il se joint par hasard à un petit orchestre dans l'arrière-cour d'un minable restaurant. Les musiciens se mettent à jouer, personne n'y accorde la moindre importance et, autour d'eux, ce ne sont que beuveries, sarcasmes et vulgarités. Mais Ludvik joue, et continue de jouer ces airs anciens, ce folklore dérisoire que nombre de ses contemporains ont, en vain, tenté de maintenir vivaces. Musique qui n'intéresse plus et dont on s'est maintenant détourné. Mais il joue. Et ressent subitement, dans cet acte apparemment inutile et à travers ces airs naïfs, surgissant du passé, une forme de vérité. Car dans ces mélodies anciennes « où la tristesse n'est pas légère, le rire n'est pas rictus, l'amour pas risible, la haine pas timide, où les gens aiment corps et âme (...) et où, donc, l'amour demeure amour, la douleur douleur, et où les valeurs ne sont pas encore dévastées[1] », le héros se retrouve subitement projeté en un espace qu'il nomme son chez-moi :

> ... je sentais que le sol de ce chez-moi se dérobait sous mes pieds et que je glissais, clarinette aux lèvres, dans la profondeur des années, des siècles, dans une profondeur sans fond (où amour est amour, douleur est douleur), et je me disais avec étonnement que mon seul chez-moi était justement cette descente, cette chute, chercheuse et avide, et je m'abandonnai à lui et à la volupté de mon vertige[2].

La description est on ne peut plus claire : l'auteur évoque, sans aucune équivoque, une expérience de *Nekyia*[3], c'est-à-dire un retour, une visitation au pays des morts, comme le fit Ulysse au chant XI de l'Odyssée[4]. En quelques mots, Kundera cerne de façon magnifique certains attributs de cette descente : un enfoncement dans le passé, au cœur des siècles desquels on advient et que, la plupart du temps, on ignore, mais qui, néanmoins, restent actif en nos nostalgies, en nos manques et en notre attente d'un substrat psychique qui, nécessairement, ramène en direction de l'âme. De *notre* âme, tout autant que de celle de nos contemporains, de la civilisation à laquelle on appartient et qui, effectivement, est d'une « profondeur sans fond », comme le sont tous les autres substrats civilisationnels, perdus et oubliés, mais néanmoins tapis dans les strates les plus enfouies de l'être. En un tel « lieu », que l'on peut une fois encore qualifier d'âme, les choses sont ce qu'elles sont. L'amour est amour et la douleur est douleur. L'authenticité de ce qui s'y

---

[1] Kundera, M., op. cit., p. 475.

[2] Ibid., pp. 475-476.

[3] Du grec *nékus/nékys* « le mort, le cadavre ».

[4] Homère, *Odyssée*, p. 205 et suivantes.

vit écarte, résolument, toute forme de mascarade ou de pantalonnade, tout grimage en vue d'un paraître ou d'un escompté n'ayant plus lieu d'être et qui s'avère, désormais, inutile, si ce n'est inexistant.

L'humain peut faire la part des choses, et il ressent, tout en étant capable de l'identifier, la *tonalité particulière* de ce qu'il est en train d'éprouver. Et lorsqu'il est projeté dans une situation le confrontant avec l'ultime de ce-qui-est, ou l'ultime de ce qu'il est, il le sait, le reconnaît en tant que tel. En ces instants – dont le moi ne peut être que témoin et en aucun cas générateur – il sait que se manifeste, là, quelque chose qui n'est plus tout à fait « de ce monde ». Il sait qu'en ces instants une forme de retournement, ou de bifurcation existentielle, est en train de se passer et qu'il vaut mieux y être attentif. Et présent.

Il s'agit, effectivement, de moments d'abandons. De pertes. De vertige. La descente en direction des tréfonds animiques, du monde des morts est, aussi, la possibilité d'une régénérescence, d'un oubli de soi (du moi) au profit de l'inconnaissable et des mouvements, des courants sous-jacents, surprenants, bouleversants qui, incessamment, se promènent au cœur des eaux du Styx, indifférents aux agitations des surfaces et des mille cogitations grignotant, en toutes circonstances, nos esprits affairés.

Le trauma et ses effets : le traumatisme

Qu'est-ce qu'un *trauma* et quel sont ses rapports avec l'économie globale du moi, telles sont les questions sur lesquelles se penche le présent chapitre. L'étymologie du terme renvoie à l'idée de *blessure*[1]. Compris dans ce sens, le trauma en est bien une, infligée à l'organisme au sens large (physique et/ou psychique, selon les cas) et impliquant les éventuelles lésions qui en résultent.

Le *traumatisme*, quant à lui, caractérise et concerne les conséquences du trauma, locales ou générales, subies par la structure en question.

Il existe ainsi deux niveaux de compréhension, qui en impliquent logiquement un troisième. Surgit, tout d'abord, le *trauma* en tant que tel – dont on définira plus tard la nature. Celui-ci peut ensuite générer certains effets sur l'individu, soit le ou les *traumatismes* en tant que « traces » ou « marques » laissées par le trauma. Enfin, il est important de s'intéresser en troisième lieu à la façon dont l'*économie subjective* (l'organisation psychophysique inhérente au sujet et conçue pour s'adapter aux aléas de l'existence) réagit au trauma afin de se préserver, le plus efficacement possible, des conséquences éventuellement délétères ou invalidantes engendrées par celui-ci.

Trois composants sont ainsi convoqués pour envisager le processus en question et en comprendre l'enchaînement chronologique :

1) La « blessure » ou « choc » initial (le trauma) ;

2) Les effets qu'il génère sur l'organisme qui en est la cible (le traumatisme) ;

3) La façon dont ce dernier y réagit et les procédures qu'il met en place afin de s'en accommoder (la réaction psychophysique mise en place par l'économie subjective).

Ce triptyque est important dans la mesure où il semble être universel et se retrouve à tous les niveaux de l'existence humaine, que celle-ci soit individuelle ou collective : le trauma qu'est un massacre, par exemple, va

---

[1] Le terme *trauma* (*trôm* en ionien) signifie effectivement « blessure » et, au figuré « dommage », « désastre, déroute », dérivé du verbe *titrôskein* « blesser » et « endommager ». Rey, A & coll., op. cit., T. II, p.2158.

bien sûr engendrer un traumatisme collectif et la communauté qui en a été victime va y réagir afin de surmonter, peu à peu, les conséquences néfastes de la destruction subie.

Au point de vue individuel, qui nous intéresse ici – et bien que nombre de conclusions auxquelles on peut aboutir concernent également la vie groupale – il est pertinent d'affirmer que le *trauma* doit être envisagé comme un « coup porté contre » le sujet et l'organisation qui le constitue. Il est ainsi compris comme provenant de l'extérieur du moi, ou, tout du moins, de ce qu'on éprouve comme tel, même s'il provient de la plus profonde intériorité : apprendre subitement qu'une maladie létale nous ronge est bel et bien perçu comme une attaque menée contre l'intégrité psychophysique par un agent externe, viral ou désorganisateur, qu'on se représente comme allogène à l'organisation préexistante. Ainsi, le trauma est généralement compris comme un agent hétérogène à la personne et qui, brutalement, l'agresse ou le détruit. Cette dimension subite, instantanée, justifie sans doute pertinemment l'analogie proposée avec l'idée du « coup porté contre. »

Le *traumatisme*, quant à lui, spécifie au contraire la façon dont l'organisme est modifié ou altéré par le trauma. Il se situe ainsi du côté du sujet et, historiquement, en fait partie ou va en faire partie, en tant que « trace laissée par » les chocs subis. Celle-ci va s'inscrire durablement – si ce n'est définitivement – dans la chair, qu'on entende cette dernière du point de vue psychique ou physique.

Enfin, l'*économie subjective* concerne l'ensemble des aptitudes individuelles sollicitées tout au long de l'existence et ayant pour fonction une adaptation permanente aux vicissitudes et situations rencontrées. Mixte subtil entre aptitudes conscientes et inconscientes, vie psychique et vie physique, système en permanente évolution et transformation, elle constitue ainsi un organisme complexe d'une inépuisable intelligence, capable de faire face aux aléas du quotidien, dans toutes les circonstances imaginables et sur le long terme, en tant qu'accompagnatrice discrète, elle sous-tend chaque existence, de la conception jusqu'au trépas. C'est elle qui va mettre au point divers mécanismes « réparateurs », notamment sous forme de symptômes en tant que *réponses au traumatisme*, ces dernières étant, on l'aura compris, des formes – certes frustes – de réaction au trauma initial. Un tel enchaînement entre ces termes (trauma, traumatisme et formation symptomatique) est essentiel pour saisir certaines manifestations inhibitrices de la psyché, tout autant que si l'on souhaite approcher d'un peu plus près l'un des phénomènes le plus épineux et porteur d'incidences déterminantes pour notre devenir : le surgissement de la souffrance psychique – pouvant mener jusqu'aux impressions de tortures internes – et ses multiples avatars, tout au long de notre parcours terrestre.

*

Pour ce qui est de la vie intérieure et, plus globalement, de l'existence humaine, on peut avancer, sans trop se tromper, que le trauma affecte l'être dans sa globalité. Il constitue ainsi l'irruption d'un évènement singulier, violent, qui se révèle, *sur le coup*, inassimilable par la structure en laquelle il fait effraction. C'est même cela qui pourrait le qualifier essentiellement : le trauma se caractérise par l'*excès* infligé à l'organisation en laquelle il s'introduit, sans crier gare ni, bien sûr, tenir compte de son état actuel ni, surtout, de sa capacité à métaboliser ce à quoi elle est brutalement confrontée.

C'est en cela que le trauma est perçu à la fois comme étrange et étranger. *Étrange*, parce qu'incompréhensible la plupart du temps ; *étranger* parce que provenant d'un ailleurs dont le sujet ne peut déceler ni le sens ni l'origine. Ainsi, il y a dans l'irruption traumatique une dimension arbitraire – et, de ce fait, affolante – qu'il faut souligner afin d'en laisser entrevoir l'impact désorganisateur, si ce n'est, plus radicalement, destructeur.

Un exemple trivial peut illustrer ce dont il est question : lorsqu'un boxeur reçoit, au cours d'un combat, un uppercut en pleine mâchoire, il y est préparé et va pouvoir l'encaisser. Tout son être, sa psyché, son corps connaissent et savent comment procéder face à cette agression et y réagissent sans en être exagérément déstabilisés ou perturbés. Si en revanche, un même uppercut, d'intensité semblable est lui aussi reçu en pleine mâchoire de la part d'un inconnu alors qu'on se promène dans la rue pour faire ses emplettes, rien de l'organisation mentale ou corporelle (soit ce qu'on a nommé plus haut l'économie subjective) n'y est disposé. De ce fait, le coup – objectivement identique à celui reçu par le boxeur dont il vient d'être question – revêt une signification et engendre un impact n'ayant strictement rien à voir avec la première occurrence, quand bien même, du point de vue de leur réalité effective[1], les deux situations se révèleraient identiques.

On comprend aisément en quoi, dans le premier cas, le coup reçu peut, certes, constituer un trauma, sans pour autant avoir la moindre

---

[1] *Effective*, au sens « mesurable » du terme ou, pourrait-on dire, objectif : les coups ont bien été semblables du point de vue de leur intensité, du lieu d'impact et ainsi de suite. Leurs *effets*, quant à eux, sont évidemment diamétralement opposés du point de vue subjectif.

incidence traumatique (la mâchoire saigne, mais le sportif peut poursuivre son combat, habitué qu'il est à ce genre d'incident), alors que, dans le second, il en va tout autrement : la personne, prise au dépourvu et décontenancée par l'attaque, peut parfaitement l'éprouver en tant que résurgence d'anciennes brimades, s'en trouver profondément perturbée ou encore voir son économie subjective gravement désorganisée.

Un de mes patients me racontait à ce propos la situation suivante. Lorsqu'il était enfant, son père le réveillait régulièrement au beau milieu de la nuit pour le passer à tabac. Coups de pied, de poings, pleuvaient sur le garçon qui, non seulement était tiré de son sommeil par cette monstruosité, mais surtout *en ignorait absolument les motifs* qui, d'ailleurs, ne lui étaient jamais explicités. Inutile de dire que, trente ans plus tard, la qualité de son sommeil reste médiocre et qu'il continue de regagner son lit, quotidiennement, dans un état de qui-vive rémanent.

Ainsi, l'une des caractéristiques des effets du trauma, le traumatisme, se réfère à l'état de plus ou moins grande préparation subjective relativement à la confrontation au réel (que celui-ci se manifeste de façon externe ou interne importe peu), l'ampleur traumatique se comprenant alors en fonction de la mise en jeu des aptitudes intégratives, plus ou moins développées, relatives à la situation. En d'autres termes, *c'est l'état général du sujet au(x) moment(s) traumatique(s) qui détermine l'importance ou la bénignité du/des chocs reçus.* Ce qui revient à dire que, dans tous les cas et pour qu'il y ait réellement effet traumatique (traumatisme, donc) il est nécessaire que la dimension d'excès soit impliquée : *le trauma excède l'état de préparation de l'organisme, relativement à son interaction présente avec l'environnement.* Sans cela, cet effet n'apparaît tout simplement pas – le boxeur n'est pas désorganisé par l'uppercut reçu, il s'y attend et y est préparé –, ou de manière si ténue qu'il reste quantité négligeable, n'altérant en rien l'intégrité subjective : si durant son combat, ce même boxeur reçoit, par surprise, un coup qu'il n'a pas vu venir et se retrouve les quatre fers en l'air, il n'en ressort toutefois pas forcément traumatisé.

Dans une telle perspective, une remarque subséquente s'impose. Elle concerne les croyances ou représentations courantes relatives aux effets de tels ou tels actes sur la psyché. Les divers abus, sexuels notamment, sont et restent traumatiques par définition ; il n'y a rien à redire à cela. Toutefois, et c'est là que la remarque s'impose, il serait erroné de penser que tous les individus réagissent de manière *identique* à une même effraction traumatique, ce qui reviendrait à dire qu'il existerait une seule et unique manière d'être, une organisation psychique semblable pour tous. Pure vue de l'esprit, aberration totale, comme on le constate au niveau physiologique où l'on observe des différences phénoménales au niveau de la structuration corticale, associée aux expériences de vie et à la plasticité neuronale[1]. Chaque sujet, du fait des innombrables ingrédients qui le constituent, tout autant que par son histoire personnelle et les vicissitudes traversées, sera plus ou moins affecté, si ce n'est détruit, par l'attaque traumatique, de quelque ordre qu'elle soit.

L'équation *trauma X = réaction traumatique Y*, dans laquelle, de manière absolument causale, *telle* agression aboutit nécessairement à *telle* conséquence est donc naïve et fausse. On doit vigoureusement s'en départir. En d'autres termes, et pour ce qui est de la vie psychique et de la formation/évolution du moi, *les mêmes causes ne produisent pas les mêmes effets*, étant donné que les premières s'invitent dans des structures plurielles, aux aptitudes défensives multiformes et prédéterminées par l'histoire de l'individu, tout autant que par ce qu'on nomme, de façon certes diffuse et mal définie, son « tempérament ».

Je reçois, depuis des décennies, des patient(e)s qui ont été sexuellement abusés, parfois sur de très longues périodes. La seule chose que je puisse en dire, c'est que les conséquences en sont toujours singulières et relèvent, dans tous les cas, d'une série impressionnante de composantes idiosyncrasiques n'ayant pas grand-chose à voir les unes avec les autres. Insistons-y : pour ce qui concerne la vie psychique, *les mêmes causes ne produisent pas les mêmes effets.*

Tenant compte de ce qui vient d'être dit, il est néanmoins possible d'avancer ceci : l'effraction traumatique affecte l'ensemble du système psychocorporel de l'individu, soit son être. Elle se manifeste, dans tous les cas et par définition, sous la forme d'un excès que l'on peut logiquement identifier sous l'égide d'un *trop*[2], inassimilable dans l'instant, et provoquant moult stratégies ou comportements réactionnels, plus ou moins adéquats, en vue de permettre à l'organisme de demeurer cohérent, donc viable. En l'absence de ces réactions, celui-ci peut parfaitement sombrer dans une forme de néantisation et, peu à peu, s'effondrer partiellement, si ce n'est complètement.

---

[1] « Les expériences modifient tellement la structure des neurones que les arborisations de nos cellules nerveuses témoignent directement du mode de vie. Il ne s'agit pas de modifications subtiles, mais substantielles. Par exemple, les arborisations des neurones de souris qui ont vécu dans un environnement riche en stimulations ressemblent à celles d'un chêne centenaire, tandis que celles d'une souris qui a grandi dans un environnement pauvre ont plutôt l'aspect d'un peuplier assez mal en point. Quant à celles de rongeurs soumis à un stress psychologique chronique, qui vivent par exemple dans des colonies à forte tension sociale, elles sont quasi inexistantes. » Piazza, P.V., op. cit., p. 78.

[2] Le mot « excès » provient du verbe latin *excedere* qui signifie « dépasser » ou « sortir de ».

Partiellement, quand des pans entiers de la personnalité cessent de fonctionner ou de pouvoir se retrouver à disposition du moi conscient – un cas fréquent se retrouve dans l'incapacité d'individus violés à envisager désormais la moindre vie sexuelle, ne fût-ce qu'allusivement –, ou complètement, lorsque le saccage traumatique amène *logiquement* le sujet au suicide ou à une mort lente, par désinvestissement progressif de toute initiative ou du moindre désir à perdurer dans un environnement l'ayant trop profondément meurtri.

De cette manière, on peut affirmer que, dans de nombreux cas, l'excès tue. Ce qui revient à dire que le trauma est potentiellement meurtrier. En effet, il est important d'y revenir, toute sa problématique provient du fait qu'il s'agit fréquemment de phénomènes *inassimilables*. Autrement dit, de réalités s'immisçant en soi comme autant de parasites que corps et psyché ne peuvent intégrer, c'est-à-dire « digérer », au sens propre du terme. Une métaphore assez évocatrice pourrait être celle-ci : le trauma serait comparable à une enclume que l'on aurait été obligé d'avaler et qui reste intacte dans l'estomac, rigoureusement incapable de la dissoudre par ses sucs gastriques. Le sujet se retrouve ainsi littéralement habité, colonisé par un *autre* qui poursuit son œuvre hors de toute possibilité évolutive ou transformative, tant il constitue une entité exorbitante, démesurée, relativement aux capacités assimilatrices de l'organisme qui l'a, à son corps défendant, ingérée.

La vie onirique traduit ce genre d'événements de façon récurrente. Un patient ayant traversé une période particulièrement conflictuelle lorsqu'il était adolescent me raconte que, trente ans plus tard, il rêve encore régulièrement de situations ou impasses inextricables associées à cette époque, dans une sorte de réitération vicieuse (*circulus vitiosus*) inapte à évoluer dans un sens ou dans l'autre. Une jeune femme, gravement maltraitée par un père sadique quand elle était enfant, se voit systématiquement attaquée en rêve par toutes sortes de personnages ou instances maléfiques mettant sa vie en péril. Au cours d'un de ces rêves, elle se retrouve dans une pièce où des gens flânent tranquillement, lorsque, tout à coup, s'engouffre par la porte un énorme véhicule blindé, puissamment armé, qui écrase tout sur son passage. Il ne lui reste plus qu'à s'enfuir, ce qu'elle fait dans un état de panique indescriptible. Ce genre de rêve la poursuit, nuit après nuit, ne lui laissant que peu de répit et un sommeil dont l'effet réparateur s'est définitivement volatilisé.

Le rêve retranscrit ainsi, avec sa pertinence habituelle, la dimension irruptive, l'intrusion traumatique au sein d'une structure impréparée à sa venue et, surtout, non destinée à la recevoir.

Il va sans dire que ce type de situation n'est pas ce qu'il y a de plus fréquent : chacun de nous a été, un beau jour, confronté à un événement que l'on pourrait qualifier d'excessif sans pour autant en être définitivement altéré. Pour n'évoquer que lui, le deuil inopiné d'un proche est, et reste, un événement de cet ordre et, dans la plupart des cas, nous sommes appareillés, et donc capables d'en assimiler le choc et de continuer notre chemin en l'incluant dans une existence qui en perçoit, malgré tout, le sens ou l'inéluctabilité[1].

Ce qui revient à dire que la marque, ou la trace du traumatisme effectif se retrouve bien dans les effets délétères du *trop* pour la psyché individuelle. À cet égard, Roussillon note ceci :

> Il y a traumatisme lorsqu'un sujet est confronté à un excès d'excitation qui déborde ses capacités à endurer et à lier[2] la situation qui se présente à lui, cette excitation produit une effraction psychique étendue qui est à l'origine d'une douleur psychique.

Précisant sa pensée, Roussillon écrit :

> Le débordement d'excitation produit un état dans lequel le sujet ne peut véritablement se saisir de ce à quoi il est confronté, qu'il ne peut véritablement pas le représenter symboliquement, le mettre en sens, ni même le lier d'une manière non symbolique, il n'a pas de recours au sein même de la situation pour faire face à la menace et à la blessure que celle-ci représente pour son intégrité psychique[3].

---

[1] Ce qui n'est pas le cas dans les situations dites de « deuil pathologique ». Ici, la psyché se retrouve incapable d'insérer l'événement dans la trame plus ou moins sensée de son cheminement et enkyste le deuil dans un espace où il se cristallise, se momifie, comme on le ferait d'un mausolée dédié à un héros national ou à un chef d'État plus ou moins adulé. Le destin des cadavres de Staline ou Lénine en est un bon exemple : l'un et l'autre ne purent *réellement* mourir, c'est-à-dire *disparaître* pour laisser la place à d'autres vivants.

[2] Entendons ce terme de la manière suivante : dans la littérature psychanalytique, le verbe *lier* se réfère souvent à la possibilité de « créer des liens » sensés avec d'autres aspects ou d'autres composants de la vie mentale. Un élément non-lié signifie donc qu'il erre dans la sphère psychique sans pouvoir se rattacher à d'autres contenus préalablement intégrés, ou à d'autres représentations lui préexistant. De cette manière, effectivement, il demeure hétérogène à la globalité psychique, incapable de lui attribuer la moindre signification et l'éprouvant comme inassumable.

[3] Roussillon, R., « Jalons et repères de la théorie psychanalytique du traumatisme psychique. » *Revue belge de psychanalyse,* 40, p. 25, pour les citations susmentionnées. Souligné par moi.

Effectivement : ce qui spécifie le trauma et en est la conséquence la plus durable, c'est son incompréhensibilité, directement issue de son caractère inassimilable, déjà mentionné. En termes académiques, on en évoquera donc la non-symbolisation, ce qui en constitue précisément la dimension délétère. Le traumatisme devient ainsi une sorte d'objet psychique – et physique, l'un n'allant jamais sans l'autre – parasitaire, qui s'est un jour installé dans l'être et ne peut plus le quitter, *tout en n'en faisant pas vraiment partie*, puisqu'il reste privé de sens (non-symbolisable, donc) et, de ce fait, essentiellement inaccessible (non lié). C'est là tout le drame de la chose.

Il faut pourtant bien continuer de vivre. D'éprouver et de penser, l'entité psychophysique que nous sommes semblant avoir été conçue pour cela. Or, la voici maintenant lestée d'un objet à la fois étrange et encombrant, dont elle ne sait que faire et dont elle doit, en même temps, tenir compte en chaque circonstance.

Ce qui implique plusieurs conséquences. On a énoncé plus haut que le trauma affecte l'être. Ce qui revient à dire que c'est l'ensemble des constituants subjectifs qui en est touché et pas uniquement les strates dites « psychiques ». La jeune femme au père sadique dont il a été question, souffre également de formes ininterrompues de contractions, douleurs scapulaires et dorsales dont elle connaît parfaitement l'origine, mais dont elle ne peut se débarrasser pour autant. Le patient battu nuitamment par son père est de son côté atteint d'insomnies chroniques, d'angoisses récurrentes et d'épuisement généralisé. Ainsi, c'est bien l'être, dans sa globalité, qui est lésé, blessé, tourmenté dans l'ensemble de ses composantes, ce qui est parfois oublié lorsqu'il est question du traumatisme. Or, il s'agit bien de cela : le corps a, lui aussi, reçu les « coups » initiaux – le trauma, quelle qu'en soit la forme – *et continue d'exister comme s'ils lui étaient encore administrés*, ce que la vie onirique répercute à l'envi dans le phénomène des rêves récurrents, dont les sujets se réveillent perclus de douleurs ou de tensions diverses. Et pour cause : « cela » continue d'agir, « cela » continue de se produire, car « cela » n'est pas (et souvent, hélas, ne pourra pas être) compris, c'est-à-dire symbolisé, intégré par, et à l'économie subjective, globale, du sujet.

Au sein des médecines traditionnelles dont l'Occident rationaliste, bien qu'il s'en défende[1], conserve de nombreux reliquats, ce « cela », véritable

---

[1] Il n'est ainsi pas rare, en situation thérapeutique, de recevoir des personnes qui consultent des médiums, chamans et autres guérisseurs, tous issus clairement d'un fonds traditionnel qui, comme dans toutes les autres parties du monde, a longtemps été actif sous nos latitudes et constitue un socle immémorial inhérent à notre civilisation.

autre en soi, est souvent identifié comme une *puissance démoniaque* possédant le sujet. Et les différents actes de guérisons auront tous un même but : extraire, exorciser, faire sortir l'intrus par toutes sortes de procédures qu'il serait absurde de mépriser. On comprend pourquoi : le démon, au sens archaïque du terme, constitue bien, analogiquement, la présence et les agissements d'une authentique altérité s'étant incrustée au cœur de l'être que, désormais, elle investit en le parasitant. Une telle entité est conçue comme dotée de force et d'intentions propres dont les tenants et aboutissants échappent radicalement à la conscience subjective qui ne peut en faire grand-chose, si ce n'est en constater les effets. On en trouve de nombreuses illustrations dans la tradition chrétienne, dont voici un exemple frappant :

> Quelqu'un dans la foule (dit à Jésus) : « Maître, je t'ai amené mon fils : il a un esprit muet. L'esprit s'empare de lui n'importe où, il le jette à terre, et l'enfant écume, grince des dents et devient raide. J'ai dit à tes disciples de le chasser, et ils n'en ont pas eu la force. » Jésus leur dit : « Génération incrédule, jusqu'à quand serai-je auprès de vous ? Jusqu'à quand aurai-je à vous supporter ? Amenez-le-moi. » Ils le lui amenèrent. Dès qu'il vit Jésus, l'esprit se mit à agiter l'enfant de convulsions : celui-ci, tombant par terre, se roulait en écumant. Jésus demanda au père : « Depuis combien de temps cela lui arrive-t-il ? » Il dit : « Depuis son enfance. Souvent l'esprit l'a jeté dans le feu ou dans l'eau pour le faire périr. Mais si tu peux quelque chose, viens à notre secours, par pitié pour nous. » (...) Jésus, voyant la foule s'attrouper, menaça l'esprit impur : « Esprit sourd et muet, je te l'ordonne, sors de cet enfant et n'y rentre plus ! » Avec des cris et de violentes convulsions, l'esprit sortit[1].

Cet épisode, jugé désuet par nos mentalités sagaces, reste pourtant tout à fait pertinent : un « corps étranger » s'est bien introduit en soi et ne semble pas vouloir en ressortir. Dans le cas cité, il s'agit d'un esprit muet, c'est-à-dire incapable de parler ou d'exprimer ce qu'il est ou la nature de ce qui le constitue intrinsèquement[2]. En tant que tel, il demeure inconnaissable par définition. C'est même en cela que réside son identité, son ontologie : il ne peut ni ne veut s'exprimer autrement qu'en amenant l'enfant à mettre son existence en péril, par le feu ou par l'eau.

Inutile de préciser qu'un tel « fonds » reste présent, même s'il fait appel à des méthodes et à une vision du monde apparemment obsolètes.

1 Mc. 9, 17-26.

2 À la lumière d'un tel exemple, on comprend pourquoi la psychanalyse, dans les premiers temps, s'est appelée *the Talking Cure*, le « soin par la parole », selon les termes de Joseph Breuer à propos de sa patiente, Bertha Pappenheim (1895).

Les incidences traumatiques, *mutiques* au sens fort du terme, sont du même coup perçues comme éminemment menaçantes, perpétuellement menaçantes, puisqu'elles se sont engouffrées en soi par violence, effraction ou agression, et qu'il n'y a aucune raison qu'elles ne soient plus porteuses, aujourd'hui, des motifs destructeurs qui furent les leurs lors de leur apparition.

Il s'agit donc bien d'un *autre*, animé d'*autres* visées, d'autres motivations que celles du moi conscient et, de ce point de vue, impossibles à évaluer ou à évacuer par la raison ou par des discours lénifiants assénant benoîtement que « tout cela, c'est du passé » ou « qu'il ne faut plus y penser. »

Ce n'est, hélas, pas du passé. C'est du passé actualisé. On a affaire à une réalité suractive, survenue, certes, au cours d'épisodes éloignés dans le temps, mais qui continue d'être chargée de ce qu'on ne comprend pas et qu'on continuera à ne pas comprendre, pour la bonne raison *qu'elle n'est pas (intégralement) compréhensible.* Le travail thérapeutique, sous toutes ses formes, bute incessamment sur ce genre de phénomène, et il serait temps d'admettre que là, nous sommes face à une des plus douloureuses, une des plus frustrantes limites de notre vocation et de notre efficacité de soignant.

J'ai indiqué que de telles entités ne sont pas *intégralement* compréhensibles pour la raison suivante : c'est que même si l'on arrive à faire « parler l'esprit muet » et à en évincer les plus tonitruantes manifestations, il y aura toujours un reste, un résidu tenace, qui semble vouloir s'accrocher à l'organisation profonde de l'individu et ne pas vouloir la lâcher. Résidu qui non seulement s'accroche, mais s'immisce entre les fibres de l'être par infiltration ou colonisation rampante, s'assimilant peu à peu à la structure même de la personnalité, ce qui le rend, de ce fait, inexpugnable.

Il faut avoir accompagné, des années durant, des personnes gravement endommagées pour comprendre à quel point patient et thérapeute restent *impuissants* face à de telles réalités. Ces parasitages, véritables instances allogènes insérées au cœur du sujet, ont constitué autour d'elles, paradoxalement, une sorte de membrane protectrice, imperméable, qui les scinde du reste de l'économie psychophysique. Ces séparations ont théoriquement donné lieu au concept de *clivage*, tout à fait pertinent du point de vue clinique et dont la valeur heuristique ne cesse de s'affirmer.

Ainsi, non contentes d'être inassimilables et incompréhensibles en leurs objectifs, ces puissances (qu'en terminologie jungienne on a souvent assimilées aux *complexes*[1]), sont également inatteignables par la raison, si ce n'est par la compassion : rétives à toute forme d'interaction, elles demeurent non-liées, au sens où en parle Roussillon, ce qui revient à dire qu'établir avec elles une relation relève de la plus tragique illusion. En effet, ancrées dans le substrat psychophysique comme autant de virus, elles y prennent place identiquement à la façon dont le ferait un intrus, venant s'alimenter de la pitance quotidienne que l'on s'offre en vue de sa propre subsistance. Éliminer de telles choses, les évacuer définitivement relève du miracle ou, plus prosaïquement, de la pétition de principe. Il n'est ainsi pas rare que le thérapeute, épuisé par une lutte sans merci contre ces forces aveugles, autonomes, en vienne à décréter, du haut de son savoir et de ses frustrations, que la problématique est maintenant « évacuée » ou « réglée ».

Il n'en est rien. La chose reste active, encore et toujours, au grand dam de ceux qui en sont témoins, jour après jour, et qui cherchent, avec toute la bonne volonté possible, à faire en sorte que celle-ci disparaisse, ce qu'elle ne fera pas, n'a jamais fait, et ne fera sans doute jamais.

La coupure, par elle instaurée, et qui est à l'origine de la « membrane » protectrice, devient peu à peu structurelle. Non pas intégrée – car, dans ce cas, il y aurait bien « évacuation » des effets traumatiques – mais faisant désormais partie de l'ensemble du système psychophysique engagé. L'étranger, le « démon » reste bien là, en soi, et fait maintenant corps avec l'individu tout en demeurant, étrangement, *autre*. Non impliqué dans les faits et gestes conscients ou dirigés, si ce n'est sous l'égide de troubles rémanents, tocs ou autres perturbations plus ou moins invalidantes, il peut surgir à tout moment, comme un diable sortant de sa boîte, sous un prétexte quelconque ou, le plus souvent, ayant maille à partir avec la prime effraction traumatique.

Se retrouve là toute la logique de ce qu'on a appelé la dynamique du transfert[2] où, effectivement, vont ou peuvent se rejouer, sous des formes

---

[1] Jung, C.G., *Ma vie, souvenirs, rêves et pensées*, p. 454. Voir aussi dans Agnel, A. et coll. *Dictionnaire Jung*. Paris : Ellipses., pp. 33-34. « Les complexes sont des fragments psychiques dont la dissociation est imputable à des influences traumatiques ou à certaines tendances incompatibles. (…) (Ils) interfèrent avec les intentions de la volonté et perturbent l'activité consciente ; (…) ils apparaissent et disparaissent selon leurs propres lois ; ils peuvent obséder temporairement la conscience ou influencer la parole ou l'action par une voie inconsciente. Bref, les complexes se comportent comme des êtres indépendants. (…) Dans les voix qu'entendent les aliénés, ils prennent même un caractère d'*ego* personnel comme celui des esprits qui se manifestent par l'écriture automatique ou autres techniques du même genre. » (Traduit de l'anglais : *The Structure and Dynamics of the Psyche*, Collected Works, vol. VIII, p. 121).

[2] Jung, C.G., *Psychologie du transfert*.

parfois dramatiques et par le truchement de la relation au praticien, d'anciennes blessures, d'antiques manques, attendant à bas bruit le moment propice pour s'imposer sur le devant de la scène et y jouer leur partition, éternellement semblable, incessamment réitérée.

Comment l'économie subjective réagit-elle face au trauma ?

Celle-ci y répond de façon évidente, logique, en fabriquant ce qu'on appelle communément un ou plusieurs symptômes[1]. De cette manière ce(s) dernier(s), au même titre que le symbole onirique, incarne(nt) une *tentative de compréhension*[2] de ce qui n'a pas vocation à l'être ou, de façon plus draconienne, ne peut tout simplement pas l'être. On va se raconter une histoire et la matérialiser tangiblement, au cœur du soma, afin de tenter de se la rendre assimilable. Pour en édulcorer la dimension effarante, on va enduire l'effet traumatique de mots, de concepts, de sens et d'orientations plus ou moins convaincants. Et ce corps étranger – qui, insistons-y, demeure un autre en soi –, on va, dans le pire des cas, tenter d'en nier l'existence en le maintenant fermement sous le seuil de la conscience (même si, malignement, il ressurgira en rêve ou dans les moments de crises sous divers oripeaux qu'il faudra bien s'expliquer, que l'on devra conceptualiser afin d'en évacuer la charge in-sensée), par des processus tels que la *dénégation* ou le *déni*[3], soit, de façon plus différenciée, en lui octroyant une place supportable pour l'existence quotidienne, c'est-à-dire pour la pérennité du fonctionnement égotique.

Car, une fois encore, il faut bien continuer de vivre.

Le symptôme se caractérise donc, en ses objectifs, par une réponse rationnelle ou, pour le moins, rationalisante, relativement à un fait ne pouvant être intégralement assimilé à l'économie globale du sujet.

---

1 Du verbe grec *sumpiptein* « tomber ensemble », « survenir en même temps », composé de *sun* « avec, ensemble » et de *piptein* « tomber », « survenir ». « Par figure, le mot désigne ce qui permet de prévoir ou ce qui manifeste un état, une évolution (av. 1672), sens demeuré vivant, et spécialement ce qui révèle une violente émotion (1764), sens archaïque.

2 Ou d'« intégration » au sens où la chose demande à être incluse dans l'économie psychique globale. Voir : Jung, C.G., *Types psychologiques*, p. 468 et suivantes.

3 Bergeret, J., *La personnalité normale et pathologique*, en plusieurs occurrences. Dans la littérature psychopathologique, la *dénégation* constitue une défense de nature névrotique, là où le *déni* relèverait de mécanismes de défense psychotiques.

Toutefois, l'autonomie inhérente aux effets traumatiques, leur trace, généralement perçue comme infernale, constitue du même coup aux yeux du moi une réalité harassante, un véritable fardeau en termes de gestion du quotidien ou d'énergie à disposition. La psyché va donc tenter d'en limiter les effets et de s'en protéger en élaborant le symptôme, persuadée, ce faisant, d'en amoindrir, si ce n'est d'en éradiquer les effets pénibles en les encapsulant dans des conduites particulières, dites symptomatiques. Celles-ci, loin de régler le problème – qui consisterait à intégrer ce corps étranger à la totalité de la personnalité, à le faire sien en en comprenant l'éventuelle utilité, le sens – va, certes, en atténuer la portée sans pour autant définitivement l'évacuer. La « liquidation » du symptôme est ainsi une vue de l'esprit. Un leurre théorique grâce auquel nombre de prétendus thérapeutes ont grugé leurs patients, avides de liberté et prêts à tout pour se débarrasser de cet encombrant pillard.

On ne se débarrasse pas du symptôme, pour la simple raison qu'il est un outil forgé *par* et *pour* les soubassements égotiques en vue de leur propre survie, et que cet outil *devra* être utilisé par eux afin de persister face à l'horreur du trauma et à ses conséquences mortifères. On peut, à la rigueur, en minimiser la propension envahissante – c'est là qu'intervient tout l'art thérapeutique dans le jeu subtil de la relation instaurée non seulement avec le patient, mais aussi, dans celle que ce dernier sera amené à développer avec ses propres « poches » ou « résidus » traumatiques –, mais il serait absurde, si ce n'est fallacieux, d'imaginer pouvoir totalement et intégralement l'évincer, étant donné que cet autre en soi (le traumatisme et son avatar, le symptôme) est *devenu* soi. Ou, tout au moins, une partie de soi. Certes, clivée la plupart du temps[1], mais néanmoins présente et encore toujours là, active, possédant une logique et une existence propres.

D'une manière ou d'une autre, chacun de nous est ainsi porteur d'une ou plusieurs de ces constructions symptomatiques, car aucune existence ne peut prétendre se déployer dans un environnement *parfait*, exempt de heurts ou de malheurs. Nos âmes, nos corps, et bien au-delà, nos civilisations sont ainsi porteurs des pérégrinations traumatiques individuelles ou de celles des collectivités concernées, tout autant que des infinies élaborations réparatrices, salvatrices ou erratiques ayant été échafaudées depuis la nuit des temps en vue de leur pérennité. Ces blessures internes, ces efforts titanesques en vue d'une rédemption, d'un

---

[1] « La plupart du temps », car il arrive, dans les cas les plus sévères, que le symptôme soit tellement spectaculaire qu'il s'impose sur le devant de la scène et capte l'essentiel de la vie psychique à tous moments.

mieux-être, ces innombrables cadavres gisant en nos entrailles sont le poids de l'histoire humaine, parfois mystérieusement[1] concentrée, ramassée chez certains dont le destin, épouvantable, semble devoir porter plus de charges qu'il n'en incombe à d'autres.

Le formidable travail psychique rendu nécessaire par l'effraction du trauma, tout autant que son rejeton, le symptôme, constitue bien, au sens piagétien du terme, un processus accommodateur. En d'autres termes, il s'agit de *tentatives assimilatrices* de ce qui ne peut ni ne possède de vocation à l'être. De ce point de vue, l'économie subjective, encore et toujours, fonctionne selon une perspective conservatrice en fabriquant, envers et contre tout, ce qui lui permet de continuer d'exister.

En voici un exemple.

Une patiente d'une quarantaine d'années a décidé, il y a fort longtemps, de ne plus jamais avoir la moindre relation avec aucun des membres de sa famille. Tous les liens avec les parents ou la fratrie ont été rompus après une enfance singulièrement éprouvante, pour ne pas dire aberrante. Indifférence, froideur, chantages affectifs, harcèlements, désaffection maternelle et lâchage paternel ont été le lot d'une entrée dans l'existence dont cette femme garde d'épouvantables souvenirs, faits d'évitements, d'attentes déçues et de dissimulations permanentes, tout autant qu'indispensables.

Elle ne reviendra pas sur sa décision. La rupture est consommée et, pour rien au monde, cette personne ne voudra renouer avec ces êtres dont elle se sent, dit-elle, parfaitement étrangère, aussi bien affectivement qu'éthiquement ou culturellement. Jamais elle n'a *compris* pourquoi on l'a aussi odieusement traitée, pourquoi sa prime jeunesse s'est traînée au sein d'un tel désert relationnel, et sans doute ne le comprendra-t-elle jamais. Quoiqu'il en soit, et depuis qu'elle a décidé de ne plus revoir ses proches, elle s'est soulagée d'une charge morale encombrante, faite d'intimations légalistes ou de loyautés plus ou moins conventionnelles dont, paradoxalement, elle n'a jamais pu bénéficier.

Du point de vue symptomatique, et au-delà de la radicalité d'une décision constituant, déjà, un trait de cet ordre, voici ce qui apparaît : chaque nouvelle rencontre, chaque inconnu auquel elle va se confronter devra être passé au crible de perceptions ou d'intuitions profondes, logiquement surdéveloppées chez elle. Ce qu'elle nomme son « scanner

---

[1] Il n'y a pas de réponse adéquate à la question suivante, souvent posée par des patients multi-traumatisés (abus sexuels, violences diverses, maladies graves etc.) : « Pourquoi dois-je endurer un tel destin ? Pourquoi moi ? » En tout état de cause, rien de sensé ne peut être rétorqué à ce genre d'interrogation.

intérieur » se met en branle et dissèque, avec une acuité chirurgicale, la texture psychique à laquelle elle fait face en rencontrant tel ou tel autre.

Par ailleurs, tout dans son apparence, son maintien, l'utilisation du langage, est rigoureusement maîtrisé, ajusté, afin qu'aucune faille, qu'aucun interstice ne puisse laisser passer ce qui, de la part d'autrui, pourrait une fois encore la lacérer ou mettre en péril un édifice moïque qui s'est construit le plus robuste, le plus impénétrable possible. C'est-à-dire, à ses yeux : parfait[1].

Effectivement, cette femme soigne « parfaitement » son allure, ses vêtements, son attitude tout autant que ses agissements et, particulièrement, ses idéaux et options éthiques, au point que, lors des premières séances, je m'interroge sincèrement sur le pourquoi de sa démarche thérapeutique. Ce n'est qu'après plusieurs mois qu'elle commence à me confier, par bribes, l'enfer que fut son enfance, entre une mère toute-puissante, haineuse et intrusive, un père fuyant et soumis et une fratrie totalement inféodée à la dérive parentale. Peu à peu, son discours se fait plus libre, son vocabulaire s'agrémente de grossièretés et d'injures. Bref, elle s'autorise progressivement l'expression d'un dégoût et d'une rage qui, jusque-là, avaient été soigneusement contenus. Pour tenir le coup, me dit-elle, rien ne devait, de sa vie émotionnelle ou de ses dires, laisser apparaître le moindre signe de faiblesse ou la plus infime vacillation, la perfidie maternelle restant constamment aux aguets, prête à s'y engouffrer avec toute la jouissance que l'on peut imaginer en de telles circonstances. Ce qui revient à dire que, depuis des décennies, cette femme a construit et s'est maintenue dans un qui-vive permanent – son symptôme – scrutant tout ce qui, de l'extérieur, pourrait constituer le moindre péril pour un équilibre interne constamment menacé. Toutefois, à force de volonté, d'inflexibilité, celui-ci s'est solidifié, si ce n'est rigidifié, face à un environnement perçu en toute occasion comme potentiellement létal. De cette façon, l'édifice symptomatique a tenu bon, et continue de le faire. La superstructure « parfaite » en laquelle elle gravite est maintenant devenue une seconde peau, cuirasse impeccable derrière laquelle continue de se terrer l'enfant délaissée qu'elle fut, et continue d'être malgré elle.

De tout cela, cette personne est consciente. Et arrive même à ne pas en souffrir, malgré l'extrême solitude dans laquelle la plonge cette étrange configuration. Tout ce qui provient d'autrui est pesé, évalué jusqu'aux moindres détails ; une nouvelle connaissance, un collègue récemment engagé, sont passés au tamis d'une acuité perceptive dont je perçois

---

[1] Du latin *perficere* qui signifie « faire complètement, parachever ».

souvent l'extrême pertinence. Car cet être est tout sauf délirant : la description qu'elle me fait de ses proches – collègues ou fréquentations sociales – se révèle d'une évidente finesse en laquelle tout se tient. À aucun moment je n'y décèle l'outrance histrionique de ceux qui se réjouissent de voir le mal partout, surtout chez autrui ou dans l'état du monde. Au contraire, le regard qu'elle porte sur les choses et les gens se révèle littéralement clinique et y relève, tout en les redoutant, les infinies ambiguïtés, faux-fuyants et autres stratagèmes.

De ce point de vue, sa perspicacité psychologique est presque démesurée, tant elle capte, jusqu'au moindre détail, ce qui déraille, sonne faux chez les uns ou les autres. Ce regard « scanner », cet isolement social, cette intimation à la perfection sont, bien sûr, autant d'instances symptomatiques dont elle a tissé son existence et qui, du même coup, lui permettent d'affronter la réalité, en parfaite cohérence avec son histoire de vie.

Face à l'incompréhensible dysfonctionnement parental – dont souffrent maints patients, force est de le reconnaître, au point où l'on en vient à se demander pourquoi certains s'ingénient à procréer –, cette femme a développé une modalité perceptive redoutablement efficace relativement à l'univers psychique d'*autrui*, impliquant du même coup une évidente tonalité paranoïde[1], l'autre restant pour elle, *a priori* et par définition, suspect, pour ne pas dire possiblement destructeur. Nous aurons à revenir sur cet aspect de la structuration du moi un peu plus loin, car il est essentiel.

Enfin, cette vignette nous démontre, de façon flagrante, comment se construit un faisceau symptomatique en réaction à un environnement traumatique évident et ayant des conséquences sur l'organisation à la fois comportementale, relationnelle et conceptuelle de la conscience subjective. On peut y déceler ce que devient un moi logiquement organisé et façonné, en partie, par des circonstances existentielles épouvantables et des faits aussi massifs que ceux décrits : glaciation affective de la part de la mère, débandade et évitement paternels, soumission de la fratrie aux diktats d'une génitrice ayant choisi, parmi ses rejetons, le bouc émissaire idoine en vue d'assouvir Dieu sait quels frustrations ou manques à être. Inutile d'insister sur le fait que le moi de cette personne ne va pas se muer, ni demain ni jamais, en un océan de confiance inconditionnelle, ni en une aptitude infinie à tolérer, si ce n'est à apprécier tout un chacun, comme s'il

[1] Une tonalité paranoïde, ou, selon la terminologie psychopathologique des « traits » de cet ordre, ne signent bien sûr pas une affection paranoïaque, et donc, structurellement, psychotique. Tant s'en faut. On observe ici néanmoins des traits compulsifs, qui font que cette personne *n'a pas vraiment le choix* de fonctionner autrement. C'est là que réside la dimension *contraignante* du symptôme, dont on tente de cerner ici certains aspects.

était exempt des rémanences d'un passé qui, cela va sans dire, reste et restera actif tout au long de son parcours terrestre.

L'impréparation égotique en situation traumatique

Il a été dit précédemment que le phénomène traumatique se définit notamment par l'état d'impréparation subjective à l'irruption d'un événement, excédant de manière outrancière les capacités assimilatrices du moi. Cet aspect de la question est essentiel et mérite que l'on s'y arrête, car s'y niche probablement une des clés fondamentales de la compréhension de la chose.

Prenons pour exemple l'abus sexuel exercé sur l'enfant, paradigme du trauma qu'il n'est, hélas, que trop fréquent de rencontrer dans nos cabinets où les cas sont légion. L'actualité médiatique de ces dernières années s'en est fait l'écho, suffisamment lugubre pour qu'on en vienne à se demander qui, sur cette planète, n'a en définitive *pas été* abusé. Mais cela est une autre histoire.

Ce qui a été appelé ici le système psychophysique humain trouve un synonyme adéquat dans une notion essentiellement philosophique, celle de *l'être*[1]. Celle-ci, en effet, se rapporte bel et bien à un organisme constitué d'innombrables ingrédients, interdépendants et en permanent dialogue les uns avec les autres. Les trois modalités de l'être, corps, âme et esprit, forment effectivement un triptyque au sein duquel elles interagissent sans cesse, en toute occasion : une mauvaise digestion met de méchante humeur, tout comme une bonne nouvelle insuffle un surcroît d'énergie physique. Tout cela est bien connu et ne nécessite pas de démonstration supplémentaire. L'être, tel qu'il est ici compris, peut se concevoir comme la somme de ces interdépendances et interactions à un instant donné, tout autant que leurs effets sur l'état actuel du sujet, à tous les niveaux imaginables.

On se trouve ainsi face à une entité incroyablement complexe, subtile, et dotée de processus autorégulateurs qui, constamment, en assurent le

---

[1] Il existe à ce propos une immense littérature, dont les racines plongent dans l'Antiquité grecque et romaine et qui trouve d'ultimes développements dans les mouvements existentialistes, ainsi que dans une part non négligeable des textes philosophiques des deux derniers siècles (Heidegger, Nietzsche, Kierkegaard, Camus, Sartre, et tant d'autres).

fonctionnement *correct*, c'est-à-dire en adéquation aux exigences du milieu et à ses multiples sollicitations qui l'obligent à se réajuster, à se rééquilibrer face à la somme inouïe de stimuli externes *et* internes auxquels elle est soumise à jet continu. L'être humain s'apparente bien, ainsi, à une formidable organisation (l'organisme en question) multivalente et polymorphe, infiniment différenciée, dont l'ensemble des constituants a pour assignation de fonctionner et d'interagir le plus harmonieusement possible, de manière qu'elle puisse accompagner et mener à bien les projets désirs et ambitions qui ne manquent jamais d'advenir, ici ou là.

Il s'agit donc d'une formation en perpétuel déséquilibre/recherche d'équilibre, en mouvement constant dont, en dernière analyse, on ignore la finalité si ce n'est sa propre perpétuation[1]. Il n'en reste pas moins qu'en tant qu'organisme, l'être évolue. Se transforme. Acquiert peu à peu certaines aptitudes qui, jusque-là, lui échappaient. Il passe par divers stades dont on peut parfaitement déceler la progression lorsqu'on observe un enfant grandir. Sauf exception, le langage parlé n'y précède par exemple *jamais* l'acquisition de la marche bipède, tout comme la maturité cognitive n'advient pas non plus *avant* la capacité à manipuler de menus objets, tels que la petite cuillère à l'heure du goûter. Tout cela est bien connu, mais souvent oublié.

Pour ce qui est de l'organisation somatique de l'enfant, notamment du point de vue hormonal ou gonadique, on sait qu'elle n'est pas encore appareillée ni développée pour expérimenter des relations sexuelles telles que les adultes peuvent les vivre après une longue et laborieuse maturation, psychique et physique, tout autant que physiologique. Ce qui revient à dire que, lorsqu'un enfant est abusé – comme c'est le cas de nombreux de mes patients – il subit, de plein fouet, un acte pour lequel *il n'est tout simplement pas prêt*. Ce qui ne veut pas dire que la sexualité infantile n'existe pas. Elle existe, bien sûr, mais s'exprime et s'éprouve selon des modalités qui lui sont propres et qui tiennent compte de l'état actuel de l'enfant : le fameux jeu du touche-pipi, dont se souviennent la plupart des adultes, ne constitue quasiment jamais un acte traumatique,

---

1 À cet égard, l'observation des ruminants (ou, plus généralement, du règne animal) révèle une constante énigme : leur vie entière semble vouée à la recherche de nourriture et à son ingestion ininterrompue. Quel autre « projet » les anime ? Apparemment aucun. Leur quête permanente de subsistance semble se suffire à elle-même et n'offre aucune échappatoire, aucun répit à la seule ambition semblant les habiter : vivre le plus longtemps possible. Il n'est ainsi pas exclu que, dans le substrat préhumain qui nous anime, gît quelque chose de cet ordre auquel, à notre insu, nous soyons tous plus ou moins arrimés. C'est une question qui reste ouverte, bien sûr, et à laquelle il n'existe sans doute pas de réponse définitive. Il n'en reste pas moins que s'exprime là un abîme destinal sur lequel il est sans doute utile de se pencher.

étant donné qu'il se passe le plus fréquemment entre sujets de même âge et nantis d'une identique inconnaissance relativement à la sexualité et à ses expressions. Il n'en est, bien sûr, pas de même en cas d'actes sexuels exercés par un adulte sur un enfant, car, dans ce cas, rien en celui-ci ne peut accueillir ou intégrer ce qui est en train de lui arriver, surtout lorsqu'il y a pénétration effective ce qui, hélas, est souvent le cas. Pour parler crûment, on introduit en lui, par effraction une fois encore, quelque chose (et pas seulement un pénis) qui, non seulement, excède son état de maturation somatique, rompt par trahison le contrat affectif, légaliste et éthico-comportemental le reliant au monde[1], mais surtout vient déchirer, si ce n'est briser le processus développemental en devenir que constitue son être à cet instant. Raison pour laquelle on a insisté sur le fait que le trauma, dans son essence, ressort bien du domaine de l'étrange, de l'inassimilable et de l'incompréhensible et ses conséquences restent implantées en soi sans pouvoir en être expurgées.

À cet égard, la vignette suivante se révèle particulièrement évocatrice : une de mes patientes a été quotidiennement violée et souvent torturée, entre sa troisième et sa quinzième année, par un beau-père pervers. Sa mère était au courant et complice de ces agissements. Maintenant âgée d'une cinquantaine d'années, cette personne continue à ne pas pouvoir réellement *exister*, au sens le plus concret du terme. Son être, littéralement dévasté par ces actes, a été laminé par leur réitération et depuis, somatisation après somatisation, elle perpétue encore et toujours – à son corps défendant, cela va sans dire – les effets ravageurs d'une enfance inimaginable. Son corps n'est plus qu'une plaie, incapable de se recohésionner ou de se protéger contre ce qui, de toute évidence, pourrait encore une fois la lacérer, la déstructurer, bref, la détruire plus encore.

En séance, les hoquets rageurs succèdent aux crises de sanglots, aux hurlements, une agitation permanente, une angoisse de chaque instant fusent de tous côtés, alors même que cette femme, d'une rare lucidité, tente de faire en sorte que son existence ne se résume pas aux souvenirs cauchemardesques de ses premières années. Obligée de consulter médecins, soignants ou guérisseurs, elle essaie, à toute force, de maintenir la tête hors de l'eau, dans une tension permanente l'empêchant de sombrer au fond de l'abîme dépressif qui, elle le sait, lui tend les bras au moindre infléchissement de son impressionnante détermination.

Face à cette femme, comme c'est le cas face à de nombreuses autres, on se trouve confronté à l'une des réalités les plus effroyables qui soient : la négation d'autrui ; le *non* proféré à l'encontre de soi – comme on peut

---

[1] Cette notion est développée dans mon ouvrage : *Trahir, être trahi*, p. 53 et suivantes.

en voir de tragiques exemples, au niveau collectif, dans le phénomène génocidaire. Ce beau-père violeur, cette mère perverse semblent n'avoir eu d'autre projet que la néantisation absolue, définitive de cet être qui, cela va sans dire, n'a jamais pu accéder à la moindre parcelle de compréhension relative à leurs motifs. Si motifs il y avait, et pas seulement une sorte de folie psychopathique comme on en rencontre, heureusement, assez rarement en situation clinique.

La cassure évolutive, l'arrêt développemental dont elle a été, et reste victime, indiquent à quel point la construction subjective, ce *devenir soi* (clairement stipulé, par ailleurs, dans la *Déclaration universelle des droits de l'homme*), nécessitent des conditions très particulières, fines, afin de mener à bien l'ambition dont ils sont porteurs. Notamment, au sens large, des éducateurs « suffisamment bons ». La maturation individuelle est, et demeure, un processus fragile, impliquant des composantes multiformes et délicates qui permettent au sujet d'accéder, dans le meilleur des cas, à une véritable autonomie égotique impliquant la possibilité de faire des choix et d'y trouver sens, de désirer et d'assumer ses désirs, d'imprimer une orientation à son existence, d'aimer autrui et ainsi de suite. Ces conditions, innombrables, sont à la fois matérielles *et* immatérielles, cognitives *et* affectives, relationnelles *et* spirituelles. Il s'agit d'un large faisceau signifiant, d'une trame gigantesque dans laquelle l'être peut explorer, évaluer, déployer ses potentialités, aspirations et talents, sans qu'il ne soit, ni ne se sente, constamment bridé ou étouffé.

Inutile de préciser que cette femme n'a pas eu accès à la moindre de ces conditions. Elle a dû grandir et se débrouiller dans un contexte d'une hostilité sans nom, frôlant l'effondrement psychotique à maintes reprises (plusieurs brefs internements ont été nécessaires), son être ayant purement et simplement été broyé, nié, lacéré depuis la plus tendre enfance. Dans de tels cas, il n'y a, hélas, pas de *réparation* envisageable – cette femme en est tout à fait consciente – mais, au mieux, une accommodation la moins maladroite possible à ce-qui-est, sorte d'errance intuitive entre les mille et un récifs que constituent à ses yeux le réel et ses objets, lesquels, incessamment, pourraient encore la meurtrir.

Ainsi, le trauma, dans ses aspects les plus ravageurs, déforme, pour ne pas dire détraque, au sens fort du terme, le mouvement « naturel » de maturation inhérent à chacun. Il signe un arrêt ou une bifurcation mutationnelle dont le symptôme constitue le sceau, lequel, bon an mal an, tente de maintenir un semblant de cohésion au sein de ce qui fut déchiré par l'excessivité traumatique.

C'est le cas de cette personne : maltraitée de façon inimaginable, dépourvue du moindre étayage durant la période cruciale de la construction du moi, celui-ci peut être comparé à une juxtaposition de « morceaux épars » qu'il tente de rassembler avec la rage du désespoir. D'une vulnérabilité inouïe, ouvert à tous les vents, il est constamment soumis aux aléas de facteurs externes : la moindre contrariété, la plus petite anicroche constituant ainsi une occasion supplémentaire de désagrégation, ce que reconnaît cette patiente avec une remarquable lucidité. Dans ce cas, le thérapeute, dans son rôle, se révèle d'une importance vitale en tant que *fiable* – ses géniteurs ne l'ayant pas été –, mais aussi en tant qu'*auxiliaire du moi*, le sien n'ayant pu s'élaborer dans son rôle de contenant, suffisamment robuste pour y incorporer la réalité.

De justes attitudes

À rebours de cela et dans les cas les plus favorables qui, heureusement, fleurissent eux aussi, le processus maturatif peut amener l'individu vers l'épanouissement de ses potentiels, notamment créatifs, et y favoriser la libre circulation et l'interaction des diverses composantes psychiques, spirituelles ou corporelles. Un corps, une âme épanouie, *nous parlent.* Et nous comprenons cette expression lorsqu'on les voit se déployer dans une démarche, un sourire, une conversation ou l'expression d'un bien-être global, à la fois psychique et physique. On y trouve la manifestation d'une vitalité, d'une *santé* – au sens nietzschéen du terme – qui ne laisse aucun doute. Le corps, l'âme respectés se développent dans un espace habité par l'enfant, au sein duquel il se sent et se sait accueilli tout autant que sécurisé. Il peut ainsi l'investir dans toutes les directions imaginables. La manière dont un sujet ayant été aimé se meut dans l'espace, tout autant que dans son corps-espace, est sans commune mesure avec celle dont témoigne celui pour qui tout a été meurtrissure, haine ou abus multiformes.

À cet égard, je me souviens d'une jeune mère qui, un jour, a amené son garçonnet de neuf mois dans l'institution où nous recevions des couples parents/enfants[1]. D'emblée, cette femme avait, me semblait-il, compris l'importance de ce que l'on pourrait appeler son *positionnement*[2]

---

[1] Structure de type « Maison Verte », dont l'initiatrice fut Françoise Dolto.

[2] Le « positionnement » peut être compris de la façon suivante : il s'agit d'un ensemble somatopsychique, fait d'attitudes, d'intentions, d'habitudes (conscientes ou non) animant le sujet et lui permettant un certain *style* personnel à l'égard de soi, d'autrui et du milieu. Le positionnement est un *faire-face* spécifique qualifiant l'individu tout en le rendant immanquablement distinct de tous les autres.

face à l'enfant. Attentive sans y être accolée, elle le considérait en train de vaquer à ses occupations sans la moindre inquiétude, visiblement persuadée qu'il était tout à fait capable de se débrouiller seul face aux aléas de ses propres découvertes et expériences. Son attitude m'a profondément impressionné : j'y sentais, présent et actif, un véritable *savoir* à l'égard des potentiels développementaux du garçon, vis-à-vis desquels elle avait saisi qu'il suffisait de s'effacer, plutôt que de s'imposer ou de s'affoler en cas d'incident sans gravité. Lorsque, comme c'est toujours le cas, l'enfant chutait ou se heurtait, la mère ne bronchait pas, mais *laissait faire*. Le garçonnet pleurnichait un moment, se relevait et poursuivait son chemin en ayant digéré ce mini-trauma, bien plus intéressé par le jeu en cours que par la vexation qu'il venait de subir.

L'attitude maternelle, parentale au sens large, et donc son *positionnement*, permet à l'enfant de découvrir, par lui-même, les conditions de ses propres apprentissages tout en en intégrant les vicissitudes. Car, de fait, chacun d'eux implique une certaine dose de « souffrance » ou de déboires, fut-ce par le fait qu'il *décentre* le sujet de ses propres représentations et fantaisies relatives au réel. En d'autres termes, apprendre signifie se déprendre de ce qu'on voudrait que le monde soit. Apprendre implique que l'on « souffre » l'hétérogénéité du monde, de tout ce qui est *autre*, et d'en supporter la rugosité. Lorsqu'au cours de l'exploration de la marche bipède l'enfant tombe, tombe encore, a mal et hurle d'impuissance ou de rage, il expérimente forcément une dose d'inconfort, inhérente au processus. Ce n'est pas pour autant que celui-ci devient traumatique, au sens où on en parle ici. Il n'est en effet pas excessif d'avoir des bleus aux fesses quand on chute pour la énième fois lors de l'apprentissage de la marche. D'un tel point de vue, le processus en question, dans son entier, reste assimilable et, donc, a-traumatique.

La nuance est de taille, mais nécessaire.

Ainsi, l'appareil développemental inné, propre à tout organisme vivant contient, ou tient compte du fait que difficultés, douleurs et heurts il y a, et il y aura. Il est assez perspicace et, surtout, ancien, pour faire comprendre à l'enfant, ou à tout sujet apprenant, qu'il n'y a là rien que de tout à fait *normal*, au sens non normatif du terme. Autrement dit, l'inconfort et autres vexations font intégralement partie du jeu évolutif et sont acceptables – c'est-à-dire métabolisables – à condition qu'ils ne débordent pas exagérément le niveau maturatif de l'individu en lequel ils s'imposent.

Le moi, dans cette perspective, peut comprendre – étymologiquement « prendre avec, incorporer », c'est-à-dire intégrer – que son destin n'est pas uniquement fait de plaisir ou de satisfaction immédiate, d'aisance et de facilité, mais qu'au contraire, toute nouvelle acquisition implique une part non négligeable de difficulté et de *douleur*, sans pour autant décourager ou dégoûter celui qui s'y attèle.

Vouloir illusoirement éviter tout déboire, pallier toutes les éventualités délétères, soustraire au devenir enfantin tout ce qui pourrait constituer la moindre anicroche recèle, sans doute, de louables intentions, mais se révèle en fin de compte catastrophique du point de vue évolutif : c'est le sujet, lui-même, qui est amené à constater empiriquement ses propres limites et à en pâtir, avant de pouvoir les dépasser ou y œuvrer en vue de leur transformation et de leur intégration. Si le parent y interfère constamment, il se substitue aux aptitudes maturatives de l'enfant et en entrave le libre fonctionnement. Il y a, là, l'expression d'une singulière cécité qui peut se révéler tout à fait dommageable et qui, de manière flagrante, semble en pleine expansion à l'heure actuelle.

À ce propos, me reviennent à l'esprit deux situations. Un garçonnet pénètre pour la première fois dans l'institution, devançant sa mère de quelques mètres. Il doit avoir un an et demi et a parfaitement intégré la marche bipède. Il peut donc se mouvoir seul et se promener où bon lui semble. Toutefois, je remarque un comportement étrange : l'enfant avance les deux bras constamment levés vers le plafond. Au bout d'un bref instant, je comprends : sa mère se place illico derrière lui et lui saisit les deux mains, l'accompagnant où qu'il aille dans cette improbable chorégraphie à quatre jambes et quatre bras. Inénarrable. Le petit se retrouve ainsi privé de sa propre déambulation, tout en ayant compris qu'il n'a pas d'autre choix, sa mère lui ayant intimé qu'il lui était nécessaire de se maintenir dans cette litigieuse position – nécessité surtout pour elle –, de manière à pouvoir contrôler les moindres faits et gestes du gamin et, de plus, à décider des endroits où *elle* estimait qu'il lui était bon de se rendre. Une telle configuration possède ainsi une valeur de métaphore, ou de symptôme, relativement à ce qu'on aurait précisément dû éviter afin que l'enfant puisse s'autonomiser.

Un autre jour, nous accueillons un père accompagné de sa petite fille, une fillette d'environ quinze mois. Elle se déplace parfaitement et manifeste une jolie curiosité pour ce qui l'environne. Néanmoins, nous sentons rapidement une gêne. L'adulte, en effet, ne la lâche pas d'une semelle. Il se place à trente centimètres de la petite, juste derrière, et fait de son corps un permanent *rempart* contre Dieu sait quel danger. Ce corps devenant ainsi, tout à fait involontairement et, comme il se doit, pour de « bonnes » raisons, une prolongation du moi enfantin ayant pour fonction de le protéger (et donc de le couper) d'un univers susceptible de lui nuire. Ici encore, le parent se substitue aux potentiels de l'enfant, l'enfermant précocement dans un enclos rémanent dont la seule lecture du monde se résume en termes de dangers ou d'éventualités morbides. J'eus, à ce moment-là, une étrange sensation que je partageais avec mes collègues qui, elles aussi, l'éprouvèrent : un sentiment d'étouffement, d'asphyxie, sans doute lié à cette enveloppe hyperprotectrice et forcément inhibitrice dont la fillette ne souffrait apparemment pas, détail le plus pénible de cette situation. Tout comme le garçonnet aux bras levé ne semblait pas, lui non plus, éprouver la moindre gêne, celle-ci avait intégré cet accolement anxieux comme allant de soi, sans pour autant s'en affliger. Dans ce cas, l'empreinte symptomatique s'incruste dans la structuration égotique du sujet et prend part, intégralement, à son édification propre.

La contrainte symptomatique

On aura compris en quoi le symptôme consiste en une réaction nécessaire, une réponse faite à l'irruption du trauma ou à son instauration au long terme, comme c'est sans doute le cas dans les vignettes proposées. Effectivement, dans ces deux dernières situations, ce qu'on pourrait identifier en termes d'excès parental n'advient pas *brutalement*, comme c'était le cas précédemment. Il n'en reste pas moins que, dans chacune des occurrences, la réaction symptomatique se révèle *contraignante* : le sujet adulte, conscient de ses agissements ou de ses mouvements psychiques, est capable de reconnaître la dimension d'« obligation » dans laquelle le plonge le symptôme, comme c'est le cas, par exemple, des divers TOC fréquemment rencontrés en situation clinique.

Quel serait le motif d'une telle contrainte, et pourquoi le symptôme s'impose-t-il, apparemment du moins, à l'*encontre* des intentions égotiques, alors que son but semblait consister à leur en faciliter l'existence ?

Tel est le paradoxe, si ce n'est l'impasse à laquelle nous confronte la situation. Car s'il est une chose dont souffrent les patients, c'est bien celle-là : ne pas se sentir libre de leurs mouvements, de leurs désirs ou, plus radicalement, de leurs existences, et se voir obligés, en maintes situations, d'agir ou de penser de manière opposée à ce qu'ils souhaiteraient, tout en étant incapables de faire autrement.

Une des réponses possibles à cette contradiction peut être envisagée en termes *énergétiques*. De ce point de vue, tant Freud que Jung ont identifié nombre de phénomènes psychiques sous cet angle[1].

---

[1] Voir, par exemple Freud, S., *Introduction à la psychanalyse* ou encore Jung, C. G., *L'énergétique psychique* ainsi que *Métamorphoses de l'âme et ses symboles - Analyse des prodromes d'une schizophrénie*, pour ne citer que ces quelques ouvrages. Le concept se retrouvera

Proposons l'hypothèse suivante, que l'on aura ensuite à développer : la contrainte symptomatique serait proportionnelle à l'excès du trauma ou à l'intensité de son impact sur la structure psychique en laquelle il s'impose. La notion d'intensité étant ici à comprendre du point de vue énergétique, précisément. Ce qui reviendrait à dire ceci : l'économie subjective de l'individu impacté est mobilisée afin de réagir à la charge traumatique en produisant un symptôme de puissance structurelle identique *ou supérieure* à celle subie. Le système intrapsychique se verrait ainsi contraint de *surréagir* aux dommages endurés afin, une fois encore, de maintenir un semblant de cohésion en son sein.

Il n'y a là rien que de très logique : pour pallier les ravages d'une attaque subite, on élabore des contre-mouvements défensifs surpuissants, hyperefficaces, de façon à colmater les brèches produites par l'assaut au sein de l'organisation initiale, maintenant mise à mal.

Ce qui reviendrait à dire ceci, et expliquerait du même coup l'apparente contradiction relevée plus haut : le symptôme, dans sa tentative souvent désespérée de maintenir l'intégrité psychique, génère du même coup un second effet traumatique, tout en tâchant de parer aux conséquences délétères du trauma premier. À l'excès initial vient ainsi répondre un excès subséquent, protecteur celui-ci, mais qui, dans ses effets, n'en est pas moins autant inhibiteur ou destructeur que l'était le premier[1].

La dimension contraignante du symptôme, ses dimensions coercitives s'expliqueraient donc ainsi : ses aspects protecteurs ou réparateurs se verraient justifiés par une forme d'intimation l'amenant à surréagir afin de « ne plus jamais avoir à subir *cela* et de s'en préserver à tout jamais ». Le *cela* étant, on l'aura compris, intimement associé au trauma initial et à ses effets.

Un tel mécanisme se retrouve chez nombre d'adultes en thérapie qui constatent, avec effarement, que les défenses précocement construites restent parfaitement mobilisées aujourd'hui, quand bien même elles ne leur sont plus d'aucune utilité et, bien qu'obsolètes, poursuivent aveuglément leur bonhomme de chemin. C'est en cela que le symptôme mérite d'être travaillé et incessamment confronté dans ses outrances, pour la bonne raison qu'il continue de s'imposer dans un paysage psychique en lequel ses automatismes se révèlent, à l'heure actuelle, vains.

---

tout au long de leur œuvre, sous divers oripeaux (notamment les notions d'*excitation* ou de *libido* chez Freud ou de *puissance archétypique* chez Jung).

[1] Durant la crise du coronavirus, un même phénomène s'est produit : dans de nombreux cas, ce ne fut pas tant l'attaque virale qui fut létale, mais bien *la disproportion des réactions immunitaires* qui ont provoqué maints dysfonctionnements, notamment pulmonaires.

Ce qui nous permet de revenir à la question du moi à propos duquel il est maintenant possible d'affirmer ceci, compte tenu des développements antérieurs : celui-ci, dans sa « mission » préservatrice de l'économie subjective, est à la fois le lieu *et* le témoin de formations issues d'un fonds immémorial visant à conserver, autant que faire se peut, l'intégrité individuelle. Dans le cas de la formation du symptôme, ces *constructions défensives* peuvent se révéler, dans les cas extrêmes, aussi invalidantes que celles qui l'ont attaquée ou abîmée, par violence, indifférence ou carences récurrentes. Ce qui, du point de vue de la phénoménologie psychique (en d'autres termes, de ses effets sur le comportement) revient à peu près au même : le trauma est invalidant tout autant que les formations qui s'y opposent, c'est-à-dire le système défensif et tout son arsenal constructif en vue de maintenir l'intégrité égotique.

Jung l'exprime en ces termes à propos d'une de ses patientes :

> Voilà bien la difficulté : lorsqu'on a atteint une compréhension consciente (du problème[1]), c'est comme si la voie était libre, comme si maintenant le progrès devenait facile ; et d'ailleurs on progresse, mais en avançant, on est invariablement blessé, et bloqué, par la puissance du passé. Même si le progrès prend une forme acceptable, bienvenue et utile à tous égards, il n'en reste pas moins qu'on se retrouve en conflit avec le passé. *On oublie toujours ça.*

Insistant sur cet aspect des choses, Jung reprend :

> Lorsqu'on a totalement adhéré à quelque chose, qui nous semble bon et recommandable, on se dit que cela va aller tout seul. Mais non, cela se révèle impossible, de sérieux obstacles interfèrent, et on ne comprend pas pourquoi[2].

Intéressons-nous à un autre exemple. Jean est issu d'une famille dont les parents se sont montrés incapables d'élever leurs fils. Ils les ont faits, me dit ce patient, par pure convention et parce que, dans cette province rurale où la rumeur domine, il était nécessaire de se plier aux us et coutumes ou, comme le dit l'adage, de « faire comme tout le monde. » Les enfants sont donc nés dans, et ont été environnés par un non-sens permanent, saturé de non-dits, d'une vacuité affective de chaque instant, aboutissant à une rétractation individuelle de plus en plus marquée. Les

---

[1] Ajouté par moi.

[2] Jung, C. G., *L'analyse des visions - Le séminaire de 1930-1934*, p. 376, pour les citations susmentionnées. Souligné par moi.

coups pleuvaient, l'inanité des échanges minait les relations et l'ennui, omniprésent, affadissait toute forme de curiosité pour les choses. Dans ce contexte, Jean s'est peu à peu retiré du monde et, me raconte-t-il, « faisait des tours dans la campagne, pendant des heures, en train de réfléchir sur ce que signifiait tout ça », c'est-à-dire ce rien dans lequel l'avait projeté ce funeste destin.

Aucune stimulation, aucun accès à la vie culturelle ou affective n'ont accompagné une enfance qu'il définit comme grise, terne, dépourvue de la moindre émulation. La violence parentale couplée à ce vide s'est muée, pour lui, en un retrait de plus en plus radical. À l'âge adulte, Jean se retrouve non seulement coupé de sa famille, mais aussi du monde. Au travail, les interactions sont réduites au strict minimum et en dehors de celui-ci, je suis la seule personne avec laquelle il converse. C'est un individu qui, pour une large part, a dû se construire seul. Et qui, du fond de cette solitude, s'est bâti une représentation du monde en laquelle toute interaction devient synonyme de risque, tout autant que de perte : perte de soi ; perte de cette autonomie/autotélisme[1] chèrement acquise ; perte du vague sentiment de sécurité que lui procure cet isolement qui, bon an mal an, lui permet une rêverie ininterrompue faite de combats, de gloires fantasmées, de meurtres et de revanches.

Le retrait social et affectif en lequel cet homme s'est emmuré, autrement dit le plus spectaculaire de ses symptômes, constitue une réponse « rationnelle » au trauma en lui permettant de ne plus jamais avoir affaire à quiconque serait en mesure de lui nuire. Toutefois, une telle réponse se révèle aussi invalidante que le faisaient les conditions initiales, historiques, en perdurant aveuglément dans l'existence et les expressions moïques de cette personne. Pour lutter efficacement contre cet effet contraignant, un surcroît de conscience, un apprivoisement continu et une relégitimation des forces primaires sont non seulement nécessaires, mais s'avèrent du même coup les seules issues possibles : le sujet doit se confronter, si ce n'est s'opposer, avec opiniâtreté, à son propre système défensif, devenu avec le temps envahissant et lui faisant accroire qu'il n'est d'autres attitudes possibles que celles que lui a intimé, depuis fort longtemps, ce bagage défensif maintenant devenu un éprouvant fardeau.

Il est clair que la relation thérapeutique peut, ici, jouer un rôle déterminant dans l'advenue d'un individu enfin libéré fût-ce partiellement – des rets protecteurs qu'il a lui-même bâtis et qui, en toutes occasions, tentent de lui prouver qu'il n'existe pas d'autres options envisageables. Il

---

[1] Du grec *autos* « soi-même » et *télos* « but », l'autotélie spécifie un rapport aux choses dans laquelle soi (à ne pas confondre avec « le soi » jungien) devient l'unique référence.

s'agit donc d'une démarche à la fois émotionnelle et cognitive (au sens large), impliquant l'affrontement de maintes sédimentations empiriques, aux multiples arborescences, et qui maintenant emprisonnent et asphyxient l'ego en prétendant – à juste titre, c'est là tout le drame – le protéger de toute nouvelle occasion traumatique, en d'autres termes, de toute forme de *rencontre*, forcément inédite.

Les tendances paranoïdes du moi

Une telle vignette permet d'aborder une des caractéristiques les plus épineuses du moi, tant elle se révèle structurelle et, de ce fait, ancrée dans ses mécanismes les plus avérés : sa propension rémanente à se concevoir au centre de toute forme d'interaction avec le monde ou les autres et de se retrouver, du même coup, incapable de s'en dégager. Ce qui revient à en évoquer les orientations paranoïdes[1].

Rappelons que le terme provient de l'accolement de deux signifiants grecs : παρά (*para*) qui signifie « à côté de » et νοῦς (*noos*), « l'esprit ». Étymologiquement parlant, le fonctionnement paranoïaque consiste à « penser à côté » ou à se retrouver « à côté de la plaque » selon l'expression consacrée. La pensée est toutefois bien présente, contrairement à la stupidité qui ne peut prétendre à cette modalité cognitive, mais elle s'exerce ici de façon fallacieusement équivalente à un penser adéquat. Pour le dire autrement, cette orientation manifeste un mode de raisonnement ou une lecture du monde proche – bien qu'erronée – de ce qui, en une même situation, serait adapté aux enjeux confrontés : le voisin de palier ne m'a pas dit bonjour ce matin, je n'en déduis pas obligatoirement qu'il m'en veut pour des raisons que j'ignore, mais que je me mets à imaginer, enclenchant ainsi le raisonnement paranoïde. Au contraire, je suis capable de me dire qu'il s'est levé du pied gauche ou est préoccupé par certaines choses qui m'échappent et qui, surtout, ne me concernent pas, selon un mode de penser « normal » ou « sain ».

Cette tendance trouve son origine dans, au moins, deux composantes égotiques déjà abordées : la compulsion/nécessité de survivre, d'une

---

[1] Comme indiqué précédemment, il serait erroné d'affirmer que le moi soit une instance *paranoïaque*, ce dernier terme relevant de la psychiatrie et du registre de la psychose. L'adjectif *paranoïde* qualifie ce qu'on appelle des « traits » de personnalité, ce qui revient à dire que le moi possède certaines caractéristiques *ayant une forte ressemblance* avec la paranoïa, ce qui ne le réduit pas à une instance de cet ordre, tant s'en faut.

part ; le savoir de la mort, de l'autre. Cette combinaison logique – être contraint de tout mettre en œuvre pour survivre tout en se sachant mortel – ressemble, à s'y méprendre, au cercle infernal de la double injonction (ou double contrainte, *double bind*) mise à jour, notamment, par Bateson, Watzlawitck et l'école de Palo-Alto dans les années cinquante.

Aux yeux du moi, la double injonction fonctionne de la manière suivante : d'une part, il se sent mu, en toutes occasions, par la nécessité d'affirmation et d'expansion de ce qu'il est, se sentant poussé par des forces irrévocables qui le dirigent incessamment en direction d'un surcroît vital pouvant s'exprimer sous forme de pouvoir, de volonté ou de désir, exigeant reconnaissance et prise en compte de leur singularité. Les proclamations égotiques sont bien telles : elles se réfèrent, en toutes circonstances, à ce qui pourra leur convenir, à elles, indépendamment d'autrui ou de tout ce que cet autre souhaiterait. Ainsi, le vouloir-vivre individuel prime initialement[1] sur toute autre considération et ne tient aucun compte de ce que l'autre est, veut ou nécessite en vue de ses besoins propres.

D'autre part, le savoir de la mort sourd, à bas bruit, des tréfonds. Et la conscience égotique se sachant mortelle ne peut que se cabrer devant un tel destin en construisant, à toute force, un rempart protecteur adressé à tout ce qui, de près ou de loin, pourrait lui rappeler cette inéluctable fin de parcours que, pourtant, elle réfute :

> Oui, car elle est dure, la vie humaine ; et nous avons peur. La peur est la réaction normale de tout animal menacé de mort ; mais le fait de savoir d'avance qu'on va mourir, et de vivre dans la narrativité, change tout. Cela rend notre espèce, en un mot, parano. La paranoïa, maladie de la surinterprétation, est la maladie congénitale de notre espèce[2].

Ainsi, l'ego se retrouve une fois encore pris en étau entre deux réalités titanesques, archétypales : jaillissement vital accompagnant l'affirmation de soi, d'un côté ; omniprésence morbide et le savoir y afférent, de l'autre. Véritable pantin écartelé entre ces puissances incompatibles qui l'attirent chacune en direction de ses propres exigences, le moi tend à s'arc-bouter dans une position de *rigidification*, superflue bien que compréhensible, dont on trouve d'infinies illustrations tout au long de l'histoire humaine, sous forme de conflits armés, de génocides,

---

[1] Il s'agit bien là de conditions originelles qui pourront être tempérées par la vie en société, ses règles et ses lois. Voir, à ce propos, mon ouvrage sur les mécanismes sous-tendant les dérives idéologiques ou religieuses : *Délires et splendeurs du religieux - La transcendance au 21e siècle.*

[2] Huston, N., *L'espèce fabulatrice*, p. 83. Souligné par l'auteur.

d'annexions ou de restitutions de territoires, de luttes de pouvoir ou d'influence, bref, de tout ce qui l'anime depuis la nuit des temps dans une ronde infernale dont chaque nouvelle aube réitère les aberrations.

Plus son enveloppe protectrice est robuste, plus il se croit sécurisé, ce qui n'est pas tout à fait absurde : pour affronter la réalité quotidienne, ses intimations et, souvent, ses outrances – stress multiformes, compulsion à l'hyper-compétence, acquisition des savoirs, rivalités en tous genres, etc. – il faut un « moi fort ». C'est-à-dire un ego puissamment charpenté, structuré et capable d'établir, au cœur de l'entrelacs des obligations usuelles, une hiérarchisation efficace permettant à chacun de trouver son chemin.

L'une des manifestations de cette rigidité ontologique se trouve dans son rapport à l'accumulation et, de façon exemplaire, celle concernant l'argent. Celui-ci en effet, loin de ne représenter qu'une des expressions paradigmatiques de la phase anale freudienne, incarne un « objet » mental du plus haut intérêt. En effet, l'argent est pour le moi l'une des plus évidentes et des plus pertinentes métaphores de *ce qui le protège.* Il représente une réelle enceinte, capable de tenir à distance tout ce qui pourrait atteindre le cœur de l'élaboration fantasmatique en laquelle il veut se reconnaître : son intégrité vitale, sa santé ou, plus radicalement, son existence propre. Dans un tel contexte, il n'est pas surprenant d'entendre Machiavel constater, avec sa froide lucidité, que « les hommes oublient plus vite la mort de leur père que la perte de leur patrimoine[1]. »

L'argent est, pour l'ego, l'instance sécuritaire par excellence. Et force est de reconnaître que, dans de nombreux cas, cela se révèle tragiquement vrai. Tragiquement, car, on l'aura compris, il s'agit *pour une bonne part* d'un leurre qu'il n'est pas trop difficile de démonter. Ce bastion défensif, qui peut aussi prendre la forme d'un calfeutrage affectif, de reconnaissance sociale ou d'amoncèlement de connaissances, est aussi un ouroboros[2], notre ouroboros personnel, intime et souvent honteux, mais dont pour rien au monde on ne voudrait se passer.

---

[1] Machiavel, N., *Le Prince*, p. 138.

[2] Willequet, P., *L'ego face au divin - Naissance du moi et expériences mystiques* ; « Pierre Willequet - l'ego face au divin. » *Santé yoga* 129 (Juin 2012) pp. 2-3. L'ouroboros figure un serpent qui *se mord la queue* (soit l'étymologie du terme). Symbole universel, on trouve ses plus anciennes représentations au XVIe siècle av. JC, dans la basse vallée du Nil. On en trouve également en Mésopotamie et, bien sûr, dans les traités alchimiques du Moyen-Âge ou de la Renaissance. Auto-référé, auto-nourrissant, auto-générateur tout autant qu'auto-destructeur, l'ouroboros symbolise une sorte d'immémoriale rêverie d'omnipotence. Il rappelle combien l'inextinguible passion qui nous gouverne est bel et bien d'ordre narcissique, sécuritaire et circulaire. La fermeture du cercle, l'anneau autoérotique produit par cette structure synthétise l'essentiel des mouvements moïques aspirant à leur propre pérennité, si ce n'est à leur éternel engendrement. Cet enroulement, tendant de plus en

L'ouroboros. Tiré de Abraham Eleazar
« Uraltes Chymisches Werk », 1760

Le fait de gagner ou d'avoir de l'argent, d'en produire ou de l'amasser matérialise ainsi, foncièrement, une fonction identificatrice pour le moi. Le compte en banque, les possessions accumulées rejoignent alors, en tant que prolongements égotiques, ses obsessions défensives tout autant que la manifestation concrète et perceptible – même si réduite à une série de chiffres consultables en toute occasion – de la puissance, ou de l'impuissance avec laquelle il s'imagine s'insérer dans le monde. Ces chiffres lui indiquent, de manière spéculaire, son niveau actuel de potence subjective en lui révélant, du même coup, son efficacité ou sa nullité, sa capacité à se développer ou, au contraire, à sombrer dans ce

plus à se lover autour de son propre centre en un inceste parfait, *de soi à soi*, renvoie à l'univers paranoïde dont il est ici question et à sa tendance à la claustration.

qu'on nomme généralement la *ruine* personnelle. Pour l'imaginaire, l'humain désargenté est ruiné. En d'autres termes, réduit à l'état de ruine.

De cette manière, l'état de son compte en banque lui rappelle également son rapport à la finitude ou, pour le moins, à son risque. Un capital conséquent éloigne, du point de vue fantasmatique tout autant que réel, insistons-y, certains facteurs létaux comme la faim, le froid ou l'impossibilité d'avoir un toit au-dessus de la tête. Privé d'argent, l'individu peut mourir. Affamé, livré aux frimas d'un hiver rigoureux, privé de logis ou de présence humaine. Il n'y a donc pas seulement une relation fantasmatique à la chose, étant donné que la mort frappe bel et bien, et continue de le faire, les plus démunis, les désargentés. Tout cela reste vrai et ne mérite aucun mépris de la part de ceux qui considèrent avec condescendance d'aussi triviales préoccupations : *l'absence d'argent peut tuer*. Raison pour laquelle celui-ci est investi de tant de projections, d'angoisses ou d'espoirs plus ou moins abscons.

Une fois encore, un tel objet constitue un support idéal pour l'ambition égotique première : persévérer dans l'être et faire en sorte de rester vivant le plus longtemps possible. Il n'y a, à cela, rien de foncièrement déterminant à opposer, étant donné que du point de vue réel, cela reste parfaitement exact. De nos jours, des millions d'êtres humains meurent de faim, de manque de soins ou du froid, tout simplement parce que leurs conditions économiques ne leur permettent pas de répondre à leurs besoins fondamentaux. Ainsi l'argent comme objet mental, autrement dit en tant que « symbole » (au sens où il renvoie à quelque chose qui n'est pas lui) se situe à l'intersection d'au moins trois ordres fondamentaux de notre lecture du monde, identifiés par Lacan : le réel, l'imaginaire et le symbolique.

Le *réel*, dans la mesure où, véritablement, son absence peut avoir des conséquences morbides sur l'individu et, en définitive, l'amener à la mort effective ; l'*imaginaire*, dans la mesure où le sujet est capable d'échafauder mille et une constructions plus ou moins mythiques relatives à son utilisation, à son pouvoir ou à sa valeur ; et enfin, du point de vue *symbolique*, il va sans dire que l'inscription sociale du sujet est, et reste, déterminée au regard de la collectivité par sa capacité à en gagner, à le capitaliser et à le faire fructifier de façon plus ou moins performante. Dans l'échelle des valeurs communes, les professions libérales, entrepreneurs et autres capitaines d'industrie sont considérés comme situés au-dessus du reste de la population, du simple fait qu'ils gagnent généralement plus que la moyenne des autres travailleurs. Et l'on connaît l'attirail projectif accompagnant le personnel politique qui, aux yeux du commun, s'en « met plein les poches » en jouissant de prébendes ou d'infinis passe-droits lui offrant la possibilité de s'enrichir outrageusement, là où le salarié lambda peine à boucler ses fins de mois.

Pour la conscience égotique, l'argent cumule ainsi un nombre littéralement effarant de projections, d'angoisses et de rêves, en se situant précisément au confluent de ces diverses instances qui en font un objet spéculatif de la plus haute importance. Qui ne s'est pas demandé, un beau jour, ce qu'il ferait s'il gagnait quelques millions au Loto ? Qui n'a pas imaginé, dans les moments difficiles, ce que pourrait lui apporter une grosse somme lui tombant du ciel ?

Personne.

Sa puissance est incommensurable et proportionnelle au pouvoir que nous lui avons conféré, car s'il est une réalité que l'on ne doit pas oublier, c'est qu'il s'agit d'une création humaine, issue de l'inventivité moïque qui s'est, un beau jour, amusée à convertir la valeur des objets tangibles – produits de l'agriculture, de l'artisanat, etc. – en symboles chiffrés dont, en définitive, aucun paramètre véritable, tangiblement mesurable ne peut définir le poids effectif, étant donné qu'il s'agit bien, et qu'il s'agira toujours, d'une parfaite abstraction, aléatoire, arbitraire et dépendante de facteurs tels que l'offre et la demande, la rareté ou la profusion, et ainsi de suite.

Il y a peu, un amusant débat a secoué la sphère médiatico-artistique. À la foire Art Basel de Miami, une banane scotchée sur un mur par Maurizio Cattelan s'est vendue 120.000 dollars, soit, au cours du change actuel[1], 110.000 euros. À la suite de cette vente, un économiste de renom, Olivier Blanchard, a posté sur Twitter le message suivant : « Coût d'une banane : 2 dollars. Coût d'un ruban adhésif : 3 dollars. Coût d'une banane avec du ruban adhésif : 120.000 dollars. Conclusion pour la recherche économique : nous avons besoin d'une meilleure théorie des profits ». Effectivement. Ce petit scandale révèle le télescopage effarant du phénomène « argent » et de l'inconcevable masse de représentations que l'on y injecte. Il n'y a pas si longtemps, les économistes pensaient que les prix découlaient des coûts et de la valeur travail. Pour Marx, notamment, le prix d'une chose correspondait à une certaine quantité d'activité laborieuse, et c'était cette dernière qui lui conférait sa valeur[2] : si l'artisan avait travaillé cent heures sur tel ou tel meuble, celui-ci valait deux fois plus que celui sur lequel il n'en avait passé que cinquante. Dans une telle logique, il est évidemment difficile de concevoir qu'une banane scotchée à un mur puisse être vendue 120.000 dollars. À la fin du 19e

---

[1] Mi 2022.

[2] Sperber, J., *Karl Marx - Homme du XIXe siècle.*

siècle, certains économistes, dont Turgot, repensent le modèle ancien et comprennent que la valeur d'un bien correspond non pas au temps d'élaboration qu'on lui a consacré, mais à des facteurs « subjectifs » tels que l'utilité que lui trouve le consommateur :

> C'est la base de la loi de l'offre et de la demande. Le prix est la résultante d'une confrontation entre la rareté d'un bien et l'appétence des consommateurs. Ce qui est rare et demandé est cher, ainsi fonctionne l'économie de marché, ce qui a deux implications philosophiquement vertigineuses bien que mal comprises : le prix se fonde sur des appréciations subjectives et changeantes et n'a pas de contenu moral[1].

Appréciation subjective et absence de contenu moral : tels sont effectivement les ingrédients psychiques pouvant donner lieu à ce genre d'événement, dont on peut mesurer l'hubris lorsqu'on sait tout ce qu'il serait possible de réaliser avec une telle somme. Mais la fantasmagorie égotique n'en a cure : la banane scotchée vaut, pour son acheteur, les 120.000 dollars dépensés, car il s'agit de l'œuvre d'un artiste de renom ; parce que le petit univers des collectionneurs saura rapidement qui a dépensé cette somme et en sera impressionné ; parce que l'aura de l'artiste va immanquablement retomber sur l'acquéreur, et ainsi de suite. Tout cela n'a en effet rien à voir avec la valeur travail que l'on pensait pouvoir objectiver il y a deux siècles et renvoie, indubitablement, à des questions plus vastes, plus étranges et plus ancrées dans le substrat égotique dont on tente de cerner, ici, certaines constantes, notamment celle que nous avons qualifiée de paranoïde.

Cette dernière peut se comprendre dans certains effets de surenchère ou d'inflation du positionnement moïque : le paranoïaque, pour des raisons qui lui sont propres tout en ayant trait à sa construction subjective, surévalue de façon tragique la place qu'il occupe en ce bas monde. Il pense et croit (en quoi il s'agit bien d'un rapport à la noèse[2], à la manière dont on conçoit les choses) que son être propre constitue pour l'autre et, pourquoi pas, pour tous les autres, un centre d'intérêt permanent. Ce qui revient à dire, du point de vue conceptuel, que tous convergent en sa direction et n'ont d'autres investissements que ceux le concernant. Cette surenchère égotique – éprouvée ici en termes destructeurs et annihilateurs – renvoie à une sorte de trou, de gouffre

---

[1] Bouzou, N., « Combien vaut une banane ? » *L'Express* 3572, p. 18.

[2] Du grec ancien *noêsis*, « pensée ». La racine du mot est identique à celle apparaissant dans le substantif (para) *noïaque*.

intrapsychique dans lequel tout ce qui environne le sujet ne peut que se déverser, aimanté par l'obnubilation narcissique l'enfermant dans la logique autoréférée définie sous les traits de l'ouroboros.

Tout ramener à soi, de manière glorificatrice ou destructrice, revient au même ; une telle propension ne peut aboutir qu'à une position ultra-défensive relativement à autrui, car, dans le premier cas, le moi risque constamment de perdre son statut grandiose et, dans le second, il se voit cerné, si ce n'est attaqué par les intentions ravageuses d'un environnement perçu, à tout bout de champ, comme pernicieux. En cela, il a sans doute raison, en percevant en autrui le même type de fonctionnement que celui qui l'anime, lui.

Le rapport souvent entretenu avec l'argent rejoint une telle équation, imaginaire bien sûr. Il trouve l'un de ses principaux motifs dans la propension, spécifiquement égotique, au *prendre*, à l'*accaparement*. L'une de ses orientations premières, consubstantielle à son entrée dans le monde, se retrouve en effet dans les innombrables illustrations de la mère offrant son sein à l'enfant. À cet égard, il est assez frappant de constater que l'instinct premier, le mouvement existentiel originel consiste à avaler, à ingurgiter ce que ce sein, généreusement brandi à portée de bouche, est prêt à lui offrir dans le geste immémorial de l'allaitement. Son *habitus* initial s'inscrit dans ce geste, au cœur de l'ingestion et de l'incorporation de la réalité externe et de ce qu'elle peut lui prodiguer en direction du dedans. Se révèle, là, un schème primordial, fondateur et donc structurel du moi et de ce qui s'instaurera en tant que rapport au monde, à l'avoir et au prendre, et à tout ce qui, de près ou de loin, s'apparentera au phénomène de l'incorporation : connaissances, conquêtes sexuelles, pouvoir, etc.

Recevoir de l'argent ne pose généralement pas de problème et chacun s'en accommode. Tous les mouvements sociaux tournent d'ailleurs autour de cette éternelle rengaine : comment en gagner plus ou, corollairement, comment faire pour en dépenser moins ? Le débourser, si ce n'est le donner est une autre affaire et constitue une fois encore, aux yeux d'ego, un *opus contra naturam*, d'orientation inverse à ce qui était évoqué à propos de l'allaitement. Il est dans la nature du moi de prendre et il s'estime en droit de – si ce n'est conçu pour – recevoir. Donner ou dépenser est plus compliqué.

L'argent, en tant que symbole, est pour l'ego un formidable support identitaire. En d'autres termes, ce à quoi il croit pouvoir se reconnaître en tant que sujet. Raison pour laquelle, aujourd'hui plus que jamais, il fait tourner le monde et l'affole en lui tendant à chaque instant le plus formidable miroir aux alouettes qui soit, dans la reconnaissance réitérée, tout autant que justifiée, de son incomblable avidité. Afin de se rassurer totalement, c'est-à-dire de s'imaginer apte à refermer intégralement l'anneau protecteur auquel il aspire face au désarroi existentiel – incarné par le manque, l'angoisse, la mort, etc. –, le moi recherche l'objet idéal lui permettant de colmater, une fois pour toutes, cette béance interne autour de laquelle il virevolte et à laquelle il tente de répondre par les lignes de chiffres indiquées sur son relevé de compte. Il a trouvé, par ce biais, un support objectal apaisant, rassasiant et, cerise sur le gâteau, évolutif, car de l'argent on peut en gagner encore et encore, « jusqu'à plus soif » selon l'expression consacrée.

Ainsi, toute forme de thésaurisation réactive son avidité sécuritaire tout en renforçant ses traits paranoïdes : « La banane de Maurizio Cattelan m'appartient désormais, et à personne d'autre ; je l'ai payée 120.000 dollars et on me jalouse pour cet acte de folie. Mais on ne me l'enlèvera pas ; jamais, elle est à moi et à moi seul. »

Car ce que l'autre veut de moi, c'est-à-dire, structurellement parlant, veut *me prendre* – en d'autres termes, *m'enlever*, si ce n'est *m'arracher* – c'est un peu de ma substance vitale, un peu de ma réassurance, un peu de ce qui me permet de m'imaginer impérissable et situé loin des contingences d'un destin ne voulant pas être assumé : se savoir mortel. Pour saisir ce dont il est question, il suffit d'observer les réactions de n'importe quel citoyen lorsqu'il est abordé par un SDF : *il en veut à mon argent !*

C'est-à-dire à mon existence.

Ainsi, le personnage d'Harpagon n'est pas qu'un stéréotype, minable et angoissé, inventé par Molière pour faire rire. Non. Il sommeille en chacun et surgit au moment de régler l'addition ; lorsqu'il faut payer l'impôt ; quand les pompiers viennent vendre leur calendrier de Noël ou quand on recherche, anxieusement, le prix le plus bas pour tel article « indispensable ».

S'articule donc ici, dans la dialectique moi/argent, de très profondes structures comportementales associées aux fondements mêmes de notre insertion dans le monde : vie et trépas ; puissance ou impuissance ; légitimité ou illégitimité et ainsi de suite. Toutefois, le levier majeur de toute cette dialectique se situe indiscutablement dans un rapport certain à l'angoisse de mort. Et pourtant, qu'on le veuille ou non, l'argent n'épargne personne de la destination finale. Il ne l'évacue pas. Tout au plus en diffère-t-il l'advenue, par d'infinies prouesses techniques, scientifiques ou médicales, toutes plus onéreuses les unes que les autres et généralement réservées aux nantis qui pensent, se les attribuant, régler le problème une fois pour toutes.

On sait qu'il n'en est rien. On aura beau, comme le souhaitent nombre de milliardaires outre-Atlantique, faire en sorte que son corps, par cryogénisation[1] ou d'autres fariboles proto-scientifiques, soit infiniment préservé des ravages du temps, le résultat sera le même : le moi de ces bons messieurs disparaîtra un beau jour, qu'ils le veuillent ou pas. La métaphore de la cryogénisation est d'ailleurs révélatrice de ce qui est analysé ici : c'est effectivement par le comble de la rigidification – la glaciation – que le fantasme de pérennité trouve sa plus frappante expression : plus je me durcis, plus je favorise les conditions de mon hypothétique survie. Kafka a dû passer par là il n'y a pas si longtemps.

Le corollaire à l'ensemble de ces fantaisies et autres fictions omnipotentes est la création, puis la consolidation d'un moi mégalomaniaque. D'un ego tellement infatué de ses propres gonflements, qu'il en vient à penser qu'il se situe loin au-dessus de l'ordre régnant sur le vivant et ses cycles. Or, mégalomanie, paranoïa ou perversion narcissique fonctionnent sur des bases identiques : se considérer, en tant qu'ego, comme situé à l'épicentre de l'univers et, de ce fait, être capable – par force, accaparement ou haine – d'en modifier les lois, si ce n'est, tout au moins, de les nier. Dans tous les cas, l'autre ne peut exister en tant que tel, c'est-à-dire en tant qu'altérité. Celui-ci ne peut être conçu et déterminé que par le moi, y compris pour le paranoïaque qui se croit la cible du mépris de tous, si ce n'est de la terre entière.

Ainsi, l'enfermement par l'argent et « l'ouroborisation » intégrale qu'il brandit à tout bout de champ trouvent leur source dans une angoisse et une illusion immémoriales. S'imaginer protégé, sécurisé parce qu'on amasse des milliards correspond trait pour trait à un raisonnement fallacieux tout autant qu'hypnotisant, autrement dit, à « une manière de penser ressemblant trompeusement à un penser adéquat. » C'est-à-dire à une représentation paranoïde du monde et de ses lois profondes. La chose est déjà traitée par Socrate, cinq siècles avant notre ère, lorsque s'étonnant des préoccupations de ses compatriotes, il les interpelle :

> Comment ne rougis-tu pas de mettre tes soins à amasser le plus d'argent possible et à rechercher la réputation et les honneurs, tandis que de ta raison, de la vérité, de ton âme qu'il faudrait perfectionner sans cesse, tu ne daignes en prendre aucun soin ni souci[2] ?

---

[1] Du grec κρύος *kryos*, signifiant « froid », procédé de conservation à très basse température, usuellement -196 degrés Celsius.

[2] Platon, *Apologie de Socrate - Criton - Phédon*, p. 42.

Constat relayé quelques siècles plus tard par le discours évangélique où un notable interroge Jésus sur la façon la plus efficace d'accéder à la vie éternelle. Ce à quoi il lui est rétorqué :

> « Une seule chose encore te manque : tout ce que tu as, vends-le, distribue-le aux pauvres et tu auras un trésor dans les cieux ; puis viens, suis-moi. » Quand il entendit cela, l'homme devint tout triste[1], car il était très riche. Le voyant, Jésus dit : « Qu'il est difficile à ceux qui ont les richesses de parvenir dans le Royaume de Dieu ! Oui, il est plus facile à un chameau d'entrer par un trou d'aiguille qu'à un riche d'entrer dans le Royaume de Dieu[2]. »

Sauf exception, la plupart des grands penseurs ayant émaillé l'Histoire s'accordent tous sur le constat suivant : l'avidité pécuniaire et l'obnubilation qui l'accompagne sont incompatibles avec ce que Schlanger appelle *une vie bonne*[3]. C'est-à-dire une existence habitée par du sens ou, pour le moins, par un sentiment récurrent de plénitude, de bien-être ou de joie. L'un des plus radicaux qui soient est sans doute Maître Eckhart qui, dans son cinquante-deuxième sermon, énonce sans ambages que les conditions mêmes de ce qu'il appelle la béatitude (l'expérience certaine et immédiate de la rencontre avec la déité) se trouvent dans le plus absolu des détachements ou à travers ce qu'il nomme la pauvreté : « *ne rien avoir, ne rien vouloir, ne rien savoir*[4]. »

Autant de convergences ne doivent certainement rien au hasard et bien que la pauvreté d'Eckhart puisse être entendue au sens métaphorique – notamment son « ne rien avoir » –, il n'en demeure pas moins que celle qu'il nomme extérieure (le fait de ne rien posséder matériellement) constitue une des conditions *sine qua non* de la béatitude autour de laquelle gravite l'ensemble de son œuvre. Il doit donc y avoir de bonnes raisons à cela. Et comme, dans le présent ouvrage, l'on s'intéresse aux aspects psychologiques du problème, permettons-nous d'énoncer quelques hypothèses à ce propos.

Il a été avancé la chose suivante, qui n'est sans doute pas sans fondement : afin que le moi puisse s'éprouver comme inséré dans une relative sécurité, il doit bâtir, autour de l'organisation qu'il est et qui en constitue la clause essentielle, un système défensif ou ce qui a été appelé un – ou plusieurs – rempart(s). Un tel enveloppement est, à l'état

---

[1] Chouraqui traduit : « … en est voilé de tristesse. »

[2] Lc. 18, 22-23

[3] Schlanger, J., *Sur la bonne vie - conversations avec Épicure, Epictète et d'autres amis.*

[4] Eckhart, Me., *Les Sermons*, p. 426.

naissant, indispensable et ne mérite aucun jugement critique. Sans elle, sans cette superstructure comparable à une gaine psychique plus ou moins robuste, il risque de se perdre indéfiniment dans l'autre, dans tous les autres, que ceux-ci soient des êtres humains ou des objets constitutifs de notre être-au-monde. Apparaît donc là, initialement, une nécessité vitale, ontologique, inhérente au moi et qu'il serait absurde de vouloir évincer. Étant donné sa fonction synthétique – être capable d'établir des relations entre les diverses parties de soi et de rendre le monde lisible en lui attribuant une signification – l'ego doit se construire, avons-nous dit, comme à la fois cohérent et solide. On retrouve là le fameux concept de *permanence de l'objet* cher à Piaget, qui signifie essentiellement l'indispensabilité d'une élaboration psychique capable de tenir le choc face au réel.

Faute de cela, le sujet ne peut faire qu'errer dans un océan d'invraisemblance et de flou, tâtonnant sans cesse entre le Je et le Tu[1] et incapable de rien entreprendre sans avoir l'impression de mettre son existence en péril. Lorsqu'une telle construction fait défaut, comme c'est le cas dans les pathologies les plus sévères, l'individu reste incapable d'identifier les limites définissant ce qui est lui et ce qui est l'autre, constamment envahi, si ce n'est dévasté par les choses du monde et les innombrables stimuli dont ils sont porteurs. Une patiente longuement captive de la psychose me disait, il y a peu : « Je n'ai jamais eu de moi ! » Pour une bonne part, elle avait raison.

Il est évident que cet énoncé doit être entendu métaphoriquement, pour la simple et bonne raison que, pour le proférer, un moi reste indispensable. Toutefois, ce qu'elle pointe rejoint effectivement une réalité psychique : cette personne est réellement nantie d'une organisation égotique tellement vaporeuse, instable, que tout stimulus ambiant ne peut que la traverser comme la tornade le fait d'une ville se retrouvant saccagée après son passage. La « frontière » entre elle et l'autre étant quasiment inexistante, tout ce qui provient d'autrui – surtout les motions agressives – déchire et désorganise une cohérence interne, historiquement précaire.

Ce qui revient à dire ceci : la solidité égotique, quoi qu'on en pense, est une rigoureuse nécessité. Très souvent d'ailleurs, dans les premiers temps, la démarche thérapeutique aura pour tâche d'en favoriser la solidification. J'en veux pour preuve les innombrables commentaires de patients se plaignant du *manque de confiance en soi*, de *faiblesse face aux abus subis*, d'*impuissance rémanente*, etc. Et, pour répondre aux injonctions de Me

[1] Buber, M., *Je et tu.*

Eckhart, j'aurais tendance à dire que l'on ne peut se défaire efficacement que de ce que l'on a un jour obtenu ou bâti. En d'autres termes, il est illusoire de s'en prendre aux obsessions égotiques comme si elles relevaient uniquement du caprice ou, même, d'une forme plus ou moins avérée de choix. Dans de nombreux cas, c'est inexact. Et le patient souffre de se voir obligé d'accumuler, autour de lui, une multitude d'objets, tous plus illusoires les uns que les autres d'un point de vue « objectif » (c'est-à-dire dissociés d'un contexte subjectif qui en connaît, lui, l'utilité), mais néanmoins indispensables à ce qu'il estime nécessaire pour la poursuite de son existence. Les addictions sont du nombre, et si l'on se retrouve incapable de se passer de tabac, d'alcool, de pornographie ou de toute autre manifestation compulsive, rien ne sert de recourir à des expédients tels que la bravoure ou la volonté, et encore moins de se référer à l'idée d'une mauvaise foi, se tenant là, tapie dans l'ombre, sapant toute velléité héroïque inhérente à une conscience prétendument capable de prendre la « bonne » décision ou de se défaire de telle ou telle « mauvaise » habitude.

C'est plus complexe que cela.

Accumuler, surconsommer équivaut à se défendre. À pallier le manque initial qui hante nombre d'êtres humains et qui, à n'en pas douter, continuera de le faire. Ce manque renvoie indiscutablement aux conditions les plus précoces de la venue au monde et à la relation première, celle que l'on établit avec La Mère. Mère archétypale[1], bien sûr, dont les bienfaits peuvent être adéquatement véhiculés par d'autres individus que la mère biologique. Car ce qui permet au moi de se construire de façon « suffisamment bonne », c'est un contexte relationnel capable d'en saisir et d'en accepter les particularités. C'est une instance parentale qui sache accueillir l'altérité en devenir à laquelle elle se trouve soudain confrontée. C'est une matrice affective pouvant prolonger, le temps nécessaire, la matrice physiologique dans laquelle on a baigné et qui pourvoyait à l'ensemble des besoins, sans effort ni douleur, dans la

---

[1] La mère archétypale est une fonction, ou un principe, parfaitement dissociable de la personne en laquelle elle devrait ou pourrait s'incarner : la génitrice. En tant que nécessité développementale, celle-ci est perçue par l'enfant, puis par l'adulte, comme une sorte de substrat interne, un fondement, sur lequel tout ce qui relève des aptitudes moïques pourra s'ériger, trouver une synthèse et être à la disposition du sujet en lequel elles se manifestent. En tant que principe ou que fonction, la « mère archétypale » peut être assumée par n'importe qui, homme ou femme, si ce n'est institution, ayant été investi comme « éducatif », au sens large du terme. À cet égard, il va sans dire qu'il n'existe pas d'éducation pertinente sans affectivité. C'est-à-dire sans dynamique *relationnelle*. De ce point de vue, la Mère incarne une telle réalité, tout autant que la capacité d'aimer.

quiétude d'une constante protection prodiguée par le ventre et le corps maternels.

Ce contenant, temporel et relationnel, à la durée de vie longue chez les humains, constitue ce qu'on pourrait appeler le *cadeau* de la mère à l'enfant, sa plus précieuse contribution au devenir de celui qui advient, dans l'inconnaissance totale et foncière de ce que sont le monde et les choses et qu'il devra – car il le devra, impérativement – intégrer peu à peu, sans être anéanti au moindre accroc.

Lorsque la femme « sans moi » dont il vient d'être question se sent ou est agressée par tel événement (ce qui ne manque pas d'arriver de temps à autre), elle m'affirme que durant plusieurs semaines elle part en morceaux, se retrouve dispersée aux quatre vents, atteinte du sentiment de morcellement bien connu des observations psychopathologiques. J'en ai été le témoin à plusieurs reprises où cette personne, littéralement « explosée » m'appelait à n'importe quelle heure afin de pouvoir dire, hurler son immense désarroi, cette perte d'être qui l'assaillait et la laissait pantelante, au cœur de la *terreur sans nom* dont il a déjà été question. L'accumulation est une défense.

Qu'il s'agisse d'argent, de substances, de connaissances livresques, de conquêtes multiformes, l'objectif est le même : s'entourer d'une gigantesque enceinte, comme on le fit de tout temps autour des grandes cités. Cet édifice pallie l'effarement causé par l'absence « maternelle » ou les carences affectives. Là où l'amour manque, l'être se cabre, se rétracte et tente d'ériger alentour, par tous les moyens possibles, la forteresse aux remparts infranchissables, évoquée par Bettelheim[1].

La pulsion accumulatrice possède une autre caractéristique, tout à fait singulière : celle de remplacer le qualitatif par le quantitatif. On a vu à cet égard que la bienveillance maternelle relève d'une texture spécifique qualifiant la relation d'être à être et qu'on appelle, généralement, l'amour. Il s'agit, a minima, d'une subtile orientation faisant du parent un être soucieux du devenir de sa progéniture, perçue comme fiable et non arbitraire, dans tous les domaines possibles. À la manière d'un Kant, on pourrait dire qu'on rencontre ici un *a priori*, nécessaire bien que difficile à définir. Cette ambiance affective, avons-nous dit, ressemble à s'y méprendre à une *matrice* au sein de laquelle l'enfant peut reconnaître et développer ses potentialités, mais aussi s'opposer ou transgresser les interdits ou les règles, sans pour autant en être éjecté.

La condition *sine qua non* de l'efficacité matricielle rejoint précisément le sentiment de fiabilité dont il est question : « Quoi que je fasse, sois ou

---

[1] Bettelheim, B., *La forteresse vide - L'autisme infantile et la naissance du Soi.*

exprime, il existe un *a priori* acceptant, qui m'enlace de son inconditionnelle présence. » Et c'est bien cela qui prime : l'inconditionnalité dont on parle ne correspond pas à une sorte d'acceptation béate de tout ce que manifeste l'enfant, dans la mesure où les impératifs familiaux et sociétaux lui seront obligatoirement intimés et qu'il devra s'y conformer. Ce n'est pas de cela qu'il s'agit, car toute structure relationnelle sera déterminée par une dose plus ou moins développée de conditionnalité. Ce qui, en revanche, ne l'est pas, c'est la *présence.* Et la certitude qui l'accompagne. Cet indéfectible *être-là* reste actif, même dans les pires circonstances transgressives, car au cœur de la sanction, « La Mère » (ou l'instance parentale censée la représenter) reste là. Elle ne se défausse pas et continue d'envelopper l'enfant d'un projet dont elle se sait dépositaire et dont le corps social, par le régime des lois, lui rappelle l'obligation et les conséquences, en cas de défection.

Cette présence relève du monde qualitatif. Elle est une modalité d'être, à flux tendu, dont l'enfant reconnaît la pérennité et, une fois encore, la fiabilité. L'inconditionnalité constructive ne se réduit donc pas, si ce n'est jamais, à l'absence de limites, au déni des règles ou de l'énonciation du « non ! ». En tant que présence, elle *englobe* au contraire les oppositions qui ne manqueront pas d'advenir tout au long de la maturation infantile, sous forme de révoltes, de rejets ou de violences diverses. Elle les contient par intégration, en tant que *conjonction des opposés*[1]. En cela, ceci est capital, la tonalité de cette présence ne peut pas – ou du moins ne devrait pas – être arbitraire. Elle tient, comme le fait le toit de la maison sur nos têtes en cas de bourrasque.

Dans l'iconographie religieuse d'Occident, ce phénomène se trouve illustré par un motif très évocateur appelé la Vierge au Manteau. Au Puy-en-Velay et dans de nombreuses églises ou cathédrales européennes, certaines images montrent une Marie surdimensionnée dont la pèlerine recouvre et protège le personnel ecclésiastique ou, plus généralement, l'ensemble des fidèles. Le fait que ce type de représentation se soit développé à grande échelle renvoie à la dimension archétypale dont il est ici question : la fonction bienfaitrice de La Mère est une potentialité profonde, nichée au fond de l'âme qui, en en façonnant de multiples illustrations, témoigne du même coup de sa nécessité ontologique, développementale et affective.

[1] Jung, C.G., *Les racines de la conscience*, p. 163 et suivantes.

La Vierge au manteau (vers 1400-1410) anonyme
Le Puy-en-Velay, musée Crozatier © Luc Olivier

Dans l'Égypte ancienne, ce même type de représentation accompagne les apparitions de la déesse *Nout*. Les illustrations les plus courantes la représentent sous la forme d'un immense orbe entourant le monde et protégeant les créatures, comme le fait le corps de la mère réelle ou celui de Marie dans l'iconographie européenne.

L'idéal n'étant pas de ce monde, il n'est pas rare que cet *a priori*, que cette présence enveloppante et nécessairement non asphyxiante soit bancale. Par incapacité, indifférence ou dysfonctionnement effectif, elle se transforme alors en entité arbitraire et, de ce fait, illisible tout autant qu'anxiogène. Car cette bienveillance peut parfaitement se révéler, par à-coups ou répétitivement, absente, maladroite ou, pire, annihilée et, ce faisant, annihilatrice : « Dans la plupart des cas, je l'admets, l'amour n'a rien à voir avec la bienveillance, il n'est qu'un état possessif et infernal[1]. » Dans ce cas, ce qui fait défaut oblige le sujet, enfant ou adulte, à lui substituer *autre chose* qui ne peut être de nature qualitative, précisément. Il

[1] Jung, C. G., *L'analyse des visions - Le séminaire de 1930-1934*, p. 577.

est alors contraint de le remplacer par *des choses* et troque, en tout état de cause, des *qualia*[1] pour des *quanta*[2].

C'est là que le bât blesse, car la tonalité qualitative d'un état, d'une relation est, hélas, irréductible. Elle ne peut être échangée par quoi que ce soit, suppléant adéquatement à ce qui a failli. La raison en est simple : c'est qu'elle ressort de la spécificité et de l'absolue singularité d'une trame relationnelle unique, tenant compte des innombrables ingrédients intra- et extra- psychiques qui en sont les composants. De cette manière – et, en cela, on bute sur le tragique de l'histoire – elle demeure irremplaçable par quoi que ce soit prétendant en pallier les carences essentielles.

Ce qui signifie qu'en tant qu'indispensable, cette matrice présentielle va être recherchée *ailleurs* que là où elle aurait dû être prodiguée, ce qui est à la fois parfaitement légitime tout autant que logique. Ce qu'on oublie toutefois, pour de bonnes raisons inhérentes à l'histoire personnelle et au récit que l'on s'en fait, c'est qu'au cours de cette quête – pouvant se révéler incessante tout autant que dramatique – on va s'entêter à obtenir par agglutination ce qui aurait dû nous incomber naturellement. L'accumulation compulsive devenant ainsi l'enveloppe manquante, éternellement manquante, qui aurait dû être octroyée dès la venue au monde. Le manque génère, forcément, la recherche effrénée d'un substitut. Et l'individu ainsi marqué ne peut que courir derrière tout ce qui pourrait lui prodiguer cet essentiel manquant, dans un sentiment rémanent de panique ou de fuite, interrompu seulement par quelques instants rassérénants, lorsque les conditions semblent enfin répondre à ses attentes originelles en lui offrant, comme le disait Socrate, « argent, réputation et honneurs. »

L'esprit du temps, le Zeitgeist et ses représentations vont, comme il se doit, conforter ce genre de fictions en valorisant, outrageusement, tout ce qui se dresse du côté du quantitatif. Une nation ayant un PIB qui augmente sera louée par les médias, contrairement à celle qui entre en récession. Et l'on sait que la logique entrepreneuriale a pour objectif récurrent la progression de son chiffre d'affaires, et non l'inverse[3]. De la

---

[1] Du latin *qualis* qui signifie « la nature des choses, leur spécificité ». C'est ce qu'on expérimente lorsqu'on perçoit ou ressent un phénomène par la perception, les affects, les sensations, etc.

[2] Du latin *quantum* signifiant « combien ». Analogiquement, les quanta s'intéressent à l'énumération et à la quantité des objets.

[3] Nombre de patients travaillant en entreprise me racontent l'énorme pression exercée sur les salariés pour « faire du chiffre ». Autrement dit, pour arriver à ce que cette course folle, permanente, ne s'interrompe jamais et devienne, peu à peu, une sorte de *loi* interne, un *impératif catégorique* non discutable.

même manière, la hiérarchie des valeurs instituées applaudit celui qui a vendu ou publié le plus, lorsque celui qui se traîne en bout de liste apparaît comme un raté. C'est dire à quel point le conscient collectif s'est accolé aux bannières quantitatives, bannières dont il ne peut se départir ou qu'il n'identifie même pas, tant la prégnance et l'évidence ataviques du nombre lui collent à la peau, l'obligeant à s'émerveiller sur le beaucoup et sa propension à la surenchère[1].

C'est ce que dénoncent, à leur manière, Jésus, Socrate, Me Eckhart ou Spinoza, dans leur stupéfaction, mâtinée d'agacement, face à la compulsion accumulatrice. Et lorsque le premier nommé observe qu'il est plus difficile au nanti d'accéder au royaume des cieux qu'au chameau de passer par le trou d'une aiguille, sa parabole nous parle dans ce qu'elle révèle, non seulement de l'avidité pécuniaire, mais de toute forme d'appétence pour « les objets ». Car l'accumulation ouroborique enferme le sujet sur, et en, lui-même. Le rétracte dans une équation autotélique, si ce n'est incestueuse, de relation de soi à soi. Le miroir de Narcisse procède en effet d'une structuration « relationnelle » de cet ordre, la plus achevée qui soit, où l'entre-soi (spécifiant l'essentiel de l'inceste) se transforme, ultimement, en un étrange « entre-moi » ou « de moi à moi » stigmatisé par le mythe ovidien. Or, la rigidification égotique est une impasse : elle empêche le sujet de passer par le trou de l'aiguille, c'est-à-dire de s'assouplir suffisamment pour se mouvoir ou s'extirper de ce qui, jusque-là, l'enserrait dans le carcan de cuirasses identitaires derrière lesquelles, pourtant, il court, espérant échapper à l'insupportable destin nous attendant tous : la métamorphose, l'incessante transformation. En d'autres termes : la mort de l'ancien, l'abandon de peaux désuètes traînant là, autour de nos membres empêtrés dans leurs dépouilles.

Ne nous y trompons toutefois pas : la quête effrénée d'un substitut aux conditions affectives de base, nécessaires à chacun, renvoie instamment au phénomène du trauma auquel s'intéresse le présent chapitre. Prétendre que l'on s'engage dans l'encagement addictif par complaisance *est faux*[2]. Résolument. Et les innombrables compulsions

---

1 Cette question est traitée à propos de la sexualité au chapitre intitulé *Le Zeitgeist* dans mon ouvrage : *Sexualité homme-femme - L'éternel malentendu*, p. 219 et suivantes.

2 Si ce postulat était vrai, n'importe lequel d'entre nous tomberait dans l'addiction à la première occasion. On sait qu'il n'en est rien. J'ai accompagné nombre de personnes ayant goûté aux drogues, avec plaisir et, parfois, ravissement, sans pour autant ne jamais manifester le moindre comportement addictif. D'autres, au contraire, y succombent dès la première prise. Ce n'est donc pas le *produit* qui est en cause, mais bien la structure psychique, le substrat idiosyncrasique qui détermine si, oui ou non, on va s'engager dans la spirale addictive. Pour plus d'informations sur l'aspect biologique de la question, voir : Piazza, P. V., op. cit., p. 280 et suivantes.

émaillant les comportements de l'espèce ne sont pas le fait d'individus particulièrement « vicieux » ou « dégénérés ». Non. Il y a là, souvent, une tentative de réponse aux manquements précoces dont, en définitive, personne n'est réellement coupable : une jeune mère n'ayant pas reçu, de ses propres instances parentales, la qualité présentielle dont il a été question n'est pas appareillée pour l'offrir à sa progéniture. Ainsi, il faudrait remonter jusqu'aux parents originels, mythiques, pour dénicher les « vrais » responsables, ce qui est bien sûr absurde et ne mérite, pour tout commentaire, qu'un haussement d'épaules.

Dans le cas du manque, l'attaque traumatique se spécifie non par l'intrusion brutale d'un coup porté – comme c'est le cas dans de nombreuses maltraitances – mais bien par l'instauration réitérée d'une non-réponse aux nécessités évolutives précoces. Les effets en sont identiques, bien qu'inversés. Dans le premier cas (les « coups » portés), le sujet est percuté par un excès de stimuli s'imposant en lui comme une agression allogène qu'il tente de métaboliser par maintes stratégies plus ou moins efficaces. Dans le second (celui du manque, de l'absence), la non-réponse ou non-accordement des agissements parentaux induit une série de « trous » dans l'enveloppe psychique qu'il essayera de colmater par d'autres stratagèmes, plus ou moins probants eux aussi. Mais, dans les deux cas, trauma il y a, c'est-à-dire, concomitamment, effet traumatique. L'un est l'envers de l'autre.

Toutefois, la brutalité destructrice inhérente au manque n'est pas moins intense que celle prodiguée par les coups. Simplement, elle est moins identifiable et surtout plus sournoise : n'ayant rien de formel, d'effectif à reconnaître – le manque étant *invisible* par définition – le sujet est amené de façon bien plus laborieuse à en déterminer causes et effets, étant donné qu'en règle générale, il n'y a rien à reprocher à celui duquel provient la chose. Les déficiences et inhibitions qui en procèdent sont, de cette façon, bien plus sourdes et difficiles à identifier que chez celui qui a été copieusement abusé, battu ou maltraité. Pour ce dernier, en effet, la mobilisation des forces égotiques peut s'effectuer de façon efficace, car, de son point de vue, « le loup est sorti du bois » : il l'a vu, reconnu et peut, en toute conscience, se rassembler intérieurement en vue d'une série de décisions lui permettant de continuer d'exister en ayant devant lui, clairement, l'adversaire qui a essayé de le détruire par malveillance, abus ou intrusion.

La patiente violée de façon récurrente dès sa prime enfance est de ceux-là : après avoir pleuré des océans de larmes, après avoir admis l'immensité d'une colère indélébile, elle est désormais capable de décider, en connaissance de cause, ce qu'elle peut accepter comme tonalité relationnelle et identifier les signes d'un éventuel nouvel abus, dont il est maintenant exclu de tolérer la moindre manifestation, aussi ténue ou maligne soit-elle.

Tout cela n'est pas à la disposition de celui ou de celle ayant été confronté à l'omniprésence du manque, aux affres de la pénurie. Car il sait, en son for intérieur – et comme l'admettent de nombreux patients – que les entités parentales « ont fait ce qu'elles pouvaient », même si ce *pouvaient* ne représentait pas grand-chose. Le flou, l'aspect diffus des conséquences traumatiques s'y révèle ainsi bien plus pernicieux – car injustifiables – aux yeux de celui qui n'en perçoit que les effets (le plus souvent dépressifs), que ceux auxquels sont livrés les sujets maltraités de façon identifiable. Il n'y a, chez les premiers, rien contre quoi venir buter, se rebiffer. En définitive, se battre. L'enveloppe trouée qui leur a servi de base développementale n'est, en effet, pas reconnaissable en tant que telle, et le sujet, s'épuisant à rechercher une forme de cohésion ou de raison à son mal-être, ne peut que baisser les bras et s'enquérir de ce qui pourrait combler l'abîme dirimant en lequel il s'englue sans pouvoir le liquider par un positionnement éthique capable de le remettre sur pieds, de le restituer à sa verticale.

Un moi capable de se dire : « Ce que j'ai subi est ignoble, immonde, et je le condamne de toutes mes forces » est bien plus outillé pour se repérer dans l'inextricable fouillis des embûches existentielles que celui devant lequel se dresse le ventre mou de l'absence, des faux-fuyants ou de l'indifférence. Toutes proportions gardées, ces derniers tuent bien plus efficacement que les multiples abus, réels, auxquels sont confrontés nombre d'individus à l'heure actuelle. Quand, dans les affaires Weinstein, Matzneff ou Duhamel[1], les femmes molestées montent au créneau et dénoncent, avec force et conviction, les ignominies subies, elles font acte thérapeutique en étant capables – souvent après des années de latence – de dire, si ce n'est de vomir, tout ce qui, en elle, constituait la charge traumatique qui les minait depuis lors. Elles ont bien sûr raison et leurs discours ont un effet cathartique sur la société tout entière ; devenant porte-parole des muettes et des muets, elles légitiment l'accès au domaine public, revigorent les instances légalistes et leur parole devient, ainsi, le révélateur de possibilités énonciatrices chez celles et ceux qui, jusque-là, se sont tus.

---

[1] Pour ceux qui l'ignoreraient encore, ces affaires, révélées depuis 2017, concernent un nombre impressionnant de femmes qui, enfants ou adultes, ont été violées et/ou abusées par des personnages médiatiques qui, de par leur notoriété, se trouvaient en position de force au moment des faits.

Le sujet ayant enduré une « mère » indifférente ou prostrée n'a évidemment pas accès aux mêmes recours et risque d'errer, longtemps, dans le brouillard dépressif et/ou dépréciatif de celui qui ne peut s'en prendre qu'à lui-même, étant donné qu'en dernier ressort, *rien de bien méchant* ne lui est arrivé. Le traîne-misère qui en résulte lui colle à la peau, à l'âme, des décennies durant, souvent amplifié par la nécessité de protéger, intrapsychiquement et au nom d'une loyauté atavique, le ou les parents auxquels rien de tangible ne peut être reproché.

C'est là tout le drame.

Le moi générateur de stratégies

> Des hommes, on peut dire généralement ceci : qu'ils sont ingrats, changeants, simulateurs et dissimulateurs, ennemis des dangers, avides de gain ; et tant que tu leur fais du bien, ils sont tout à toi, t'offrent leur sang, leurs biens, leur vie, leurs enfants (...) quand le besoin est lointain ; mais quand il s'approche de toi, ils se dérobent[1].

Avec la notion de *stratégie*, on pénètre dans une zone cruciale relative à la thématique analysée ici. En effet, l'ego, du fait de sa double appartenance, tout autant que par ce qu'on est en droit d'appeler son écartèlement, sa crucifixion entre les mondes interne et externe, est contraint de fabriquer en permanence des expédients adaptatifs lui permettant de trouver sa place dans un environnement protéiforme, n'ayant aucune vocation à se conformer aux besoins et désirs qui sont les siens. En effet, comme indiqué précédemment, il est projeté dans un monde inconnu, parcouru d'infinis conflits, contradictions, paradoxes ou merveilles dont il doit, bon an mal an, faire façon afin de ne pas se retrouver disséminé, si ce n'est éclaté dans cette multitude de bizarreries, provenant du fond de son être tout autant que du milieu ambiant. La tâche est donc rude.

Dans cette perspective, la notion de symptôme apparaît comme logiquement apparentée à celle de stratégie. On a vu au chapitre précédent combien le premier constitue une réaction, la plus adéquate possible, aux « agressions » provenant du réel, tout en s'installant en soi à ce titre. Il se manifeste sous la forme d'un compromis s'immisçant entre les conséquences traumatiques, d'une part, et les impératifs vitaux en une situation donnée, toujours singulière, liée au contexte familial, social ou culturel, de l'autre. Si on avance d'un pas, on aboutit donc logiquement à l'élaboration de stratégies qui, elles aussi, ont pour fonction – pertinente ou non, là n'est pas la question – de permettre à l'individu de se sentir

[1] Machiavel, N., op. cit., p. 138.

et/ou de se savoir pérenne dans un environnement qui n'est pas conçu pour lui. Du moins pas totalement.

Expliquons-nous.

En arrivant au monde, le nouveau-né apporte avec lui un bagage psychogénétique particulier, fait du brassage d'innombrables données antérieures à sa venue et dont la combinaison, nécessairement originale, constitue ce qu'on pourrait appeler sa particularité ou sa personnalité. Germinale, cela va sans dire. Pour avoir fréquenté plusieurs milliers de nouveau-nés, il m'est possible d'affirmer qu'à l'état naissant, aucun d'entre eux n'est comparable aux autres. Les mères en sont les meilleurs témoins lorsqu'elles affirment que, durant la gestation, elles sont déjà capables de décrire maintes disparités comportementales, in utero, entre leurs différents enfants : chacun apporte déjà, en naissant, une idiosyncrasie[1], c'est-à-dire, du point de vue étymologique, un *tempérament particulier*.

Dans le meilleur des cas, celui-ci est accueilli et valorisé comme tel et l'adulte permet à l'enfant de s'épanouir selon ses propres lignes de force, aptitudes, dons, généralement perçus par le géniteur comme légitimes et appréciables. Le « meilleur des cas » n'étant pas ce qu'il y a de plus fréquent, dans de nombreuses situations le nouveau venu n'est, à proprement parler, pas intégralement bien venu. Certaines de ses attitudes ou spécificités sont perçues comme encombrantes, voire illicites, allant à l'encontre des logiques familiales (ou groupales) en lesquelles elles adviennent. Sans même revenir aux situations limites telles que développées ci-dessus, il va sans dire qu'un nouveau-né, lesté de ses particularités, n'est pas forcément attendu en tant que « bonne nouvelle » ou qu'entité roborative, stimulante, pour ses parents. Tant s'en faut.

À ce propos, permettons-nous de rappeler une situation clinique déjà évoquée ailleurs[2] : une dame d'une soixantaine d'années me raconte que lorsque sa fille, unique, est sortie de son ventre, elle en a tout d'abord aperçu le profil. En un instant fulgurant, elle y a immédiatement reconnu sa propre mère, femme qu'elle a toujours haïe et dont, elle aussi, était détestée. Les dés furent jetés : jamais une relation chaleureuse, aimante n'a pu s'établir entre ces deux êtres, celle-ci étant surdéterminée par l'animosité de cette patiente pour sa propre mère, ensuite reportée sur sa

---

[1] « Du grec *idios* "propre" et de *sunkrasis* "mélange" et tardivement "tempérament", de *krasis* "mélange". Ce terme de médecine désigne la disposition particulière d'un organisme à réagir aux agents extérieurs. Par extension, il se dit (1856, Baudelaire) pour "tempérament personnel". » Rey, A & coll., *op.cit.*, T. I, p. 992.

[2] Willequet, P., *Une effarante vacuité - Spiritualité et opposition âme- esprit*, p. 216.

fille qui n'y pouvait rien, mais a continué de porter l'ineffaçable stigmate sa vie durant.

Cet exemple nous éclaire sur la destinée manœuvrière d'un être soumis à ce genre de circonstances : la fille de ma patiente, arrivant au monde chargée du poids d'une haine méconnue, mais tenace, a bien dû, pour poursuivre son chemin, tenir compte de cette malédiction qui a forcément teinté la tonalité relationnelle la reliant à sa mère et à son prochain. Pour ce faire, elle a nécessairement dû échafauder nombre de stratagèmes, ajustements divers lui permettant, a minima, de ne pas être totalement rejetée par sa génitrice. Alliances avec le père, tentatives de séduction, évitements ont ainsi tissé son être-au-monde[1] sous l'égide d'un entrelacs de stratégies, précisément, dont le moi est féru et qu'il sait indispensables.

Le mot dérive du grec *stratos* (armée) et *ageîn* (conduire). Il se réfère donc bien, historiquement parlant, à un état subjectif potentiellement menacé – *stratos* – tout autant qu'à la manière dont il doit être mobilisé et dirigé – *ageîn*. Ainsi l'ego, dans nombre de cas, s'inscrit à l'égard du monde comme s'il était en guerre, c'est-à-dire, une fois encore, exposé à la mort comme toute armée l'est lorsqu'elle s'engage dans un conflit. La virtuosité avec laquelle il a développé ces aptitudes est tout simplement confondante et ne relève pas uniquement de la sphère consciente ou dirigée. Tant s'en faut.

Se niche, dans la notion de stratégie, un ingrédient révélateur : son élaboration se doit d'être masquée. Sinon, elle perd immédiatement son efficacité et, du même coup, son statut propre, stratégique précisément. Raison pour laquelle l'étymologie du terme est éclairante. Il y a bien, dans ce type d'agissement, une perspective considérant l'autre comme celui que l'on doit tromper, flouer, comme on le fait d'un ennemi. Or, dans son essence, il s'agit bien de cela : je concocte une action, un discours, sachant que mon interlocuteur n'est pas en position d'y répondre, ou ne le souhaite pas comme je le voudrais. Fondamentalement, je sais qu'il s'y opposera, comme un adversaire le fait lorsque, par définition, il refuse d'obtempérer à mes exigences. Le secret, inhérent à la chose, en assure l'efficience, et plus celle-ci est retorse, plus il y a de chances que l'on obtienne d'autrui ce qu'on en escompte. En situation de guerre : son anéantissement. En situation affective : son assentiment et son intérêt. Dans les deux cas, l'ego est gagnant : « Les hommes sont si simples et ils

[1] J'en ai reçu maints échos par sa génitrice tout au long de son parcours thérapeutique.

obéissent si bien aux nécessités présentes que celui qui trompe trouvera toujours qui se laissera tromper[1]. »

Ainsi, on observe que le moi entrevoit précocement que ses attentes les plus fondées, les plus élémentaires, ne peuvent s'exprimer dans toute leur clarté. Par ailleurs, il constate leur fréquente inadéquation avec la situation en cours : espérer de la bienveillance de la part de celui qui n'en peut offrir relève d'une telle équation et, dans de nombreux cas, la demande excède l'offre ou, pour le moins, les capacités du donneur[2].

Relevant d'un fonds archaïque, « préhumain[3] », constamment sous-jacent, ces attentes ne peuvent, dans un cadre social ou relationnel usuel, s'exprimer sans l'enrobage ou le filtre de la prise en compte d'autrui, du socius et de ses règles qui sont généralement, aux yeux du moi, extrêmement contraignantes.

Pour n'en donner qu'un simple exemple, lorsqu'on se met à table, et bien que l'on soit affamé, la coutume veut que tout le monde soit servi avant d'attaquer le pot-au-feu. Si ce n'est pas le cas, les conventions ne sont pas respectées et le fait de se jeter, seul, sur son assiette est perçu comme une transgression, un excès, si ce n'est l'expression d'une régression à l'animalité dont notre espèce prétend, depuis longtemps, s'être extraite. Ainsi, le moteur des options stratégiques, tout autant que leur mobile, provient d'un fond ancestral, instinctif, qui a pour objectif cardinal la réponse à ses besoins fondamentaux, de nature accaparante. Se sachant toutefois nécessairement tamisé par les impératifs sociaux, territoriaux ou interrelationnels, il cherche à obtenir satisfaction tout en prenant soin d'en dissimuler les objectifs.

Ainsi ces opérations manœuvrières, par le fait qu'elles servent à *différer la satisfaction immédiate* tout autant qu'à en tolérer le report, n'en perdent pas moins de vue leur but et les motifs ayant nécessité leur élaboration : une stratégie ne se construit pas par plaisir, mais parce qu'on en perçoit la nécessité. On les retrouve partout, sous l'égide du mensonge, du pharisaïsme, du faux-semblant et, bien sûr, de la rouerie. De ce point de vue, le moi est bien un organe rusé, malicieux, éminemment doué pour le théâtre et la mise en scène.

Un *renard*, aux dires de Machiavel.

Petit exemple clinique qui illustre la façon dont on peut précocement user de ce type de comportement. Nous accueillons dans l'institution une

---

1 Machiavel, N., op. cit., p. 142.

2 Ce genre de malentendu émaille nombre de relations qui s'achèvent dans le ressentiment ou la trahison. Voir, à cet égard, mes ouvrages : *Trahir, être trahi* et *Sexualité homme-femme - L'éternel malentendu.*

3 Au sens pulsionnel du terme.

jeune mère accompagnée de sa fillette, nouvelle née, et de son aîné, un garçon de deux ans. La mère s'installe sur un canapé et se met en devoir de s'occuper du nourrisson qui nécessite les soins habituels de cet âge. Pendant ce temps, le garçon grimpe sur un tricycle et se met à se promener dans l'espace des roulants[1], non loin d'elle. Visiblement agacé par l'attention portée par celle-ci à sa sœur, il les observe du coin de l'œil. Voyant qu'elle se tourne vers lui, au détour d'une tâche dévolue à sa fillette, il se laisse soudain volontairement tomber du tricycle – tout en vérifiant que sa mère continue de le regarder – en arborant l'expression de la plus aigüe des souffrances, due au choc subi lors de la pseudo chute. La mise en scène, parfaite bien que naïve, nous fait tous rire *in petto* – la mère y compris. Il n'en reste pas moins que nous assistons ici à l'usage prématuré d'un authentique stratagème, intentionnellement bâti en vue d'obtenir ce que le garçonnet estimait devoir lui revenir : l'attention et la présence maternelles, accaparées par l'intruse venue scandaleusement s'immiscer entre sa génitrice et lui.

Cette histoire a ceci de paradigmatique qu'elle met en jeu ce qu'on a depuis fort longtemps identifié comme besoin primaire chez l'être humain : l'attention qu'on lui porte, généralement appelée amour. Ce qui n'est pas tout à fait faux. La séquence mérite donc que l'on s'y arrête un instant.

Le garçon, appelons-le Paul, est frustré et dérangé par l'apparent désintérêt de sa mère à son égard. Or, c'est bien cela qui lui est insupportable et la mise en scène ne vise pas autre chose que son contraire : que l'adulte, indisponible pour l'instant, se détourne enfin de sa rivale et lui témoigne, à lui, son attention, si ce n'est plus.

Attendant le moment propice, il met en acte ce qu'il sait pouvoir mobiliser l'attention maternelle en se mettant « en danger » et mimant la souffrance engendrée par la chute factice qu'il a soigneusement interprétée. Cela, il l'a intégré il y a belle lurette et sait l'effet qu'une telle séquence peut provoquer : la suspension de toute autre activité afin que l'on vienne le secourir. C'est-à-dire s'en préoccuper. Or, il était clair que son accident était théâtralisé, *mis en scène*, donc, afin d'en soutirer ce qu'il savait pouvoir en obtenir : anxiété et soins maternels. Ce qui revient à souligner ceci, qui n'est pas pour nous surprendre : quelles que soient les circonstances, le moi humain a besoin, pour se construire, du regard et de l'attention d'un autre. Il s'agit là de la plus effarante des banalités, et

[1] Le lieu est conçu afin que les enfants plus âgés puissent utiliser ce qu'on appelle les « roulants », tricycles, tracteurs et autres petits véhicules à quatre roues.

chacun comprend en quoi, effectivement, la scène décrite est parlante en termes de rétribution.

Il n'en reste pas moins que l'on assiste également – et cela est moins flagrant – à une sorte d'équation pouvant éveiller notre intérêt dans la perspective développée ici. Car il s'agit, de la part de l'enfant, d'une stratégie interactive, et donc *déjà langagière*. En effet, incapable d'énoncer verbalement que quelque chose lui manque – parce que les circonstances ne s'y prêtent pas ; parce que la mère est accaparée par la sœur ; parce qu'il a maintes fois traversé ce genre de situation ou parce qu'il n'a pas une maîtrise du langage suffisante – le garçonnet invente une structure relationnelle qui dit, ou hurle, son besoin à cet instant précis. Sa chute n'est pas authentique ni spontanée. Elle est déjà une transposition symbolisée de ce qui lui fait défaut et qu'il sait, sans doute, ne pas avoir le droit ou la possibilité d'exprimer autrement qu'en le mettant en acte. Il n'en reste pas moins que l'ensemble de la séquence est déjà, au sens fort du terme, un cri, un geste signifiant, comme peut l'être n'importe quelle interpellation verbale chargée d'intentions ou habitée par la même finalité. En voici les principaux composants :

1) L'attention/amour de ma mère m'est nécessaire à cet instant précis.

2) J'estime qu'elle ne me les accorde pas suffisamment, surtout depuis la venue de ce nouveau-né que j'abhorre du fond de mon être.

3) Je vais, à ses yeux, me mettre en danger et lui faire croire qu'un événement potentiellement fatal est en train de m'arriver.

4) Je mime ma chute en tâchant d'arracher ce que je ne puis avoir immédiatement.

De cet enchaînement causal découle un constat, crucial pour la réflexion menée et qui peut se résumer en une formule assez probante : *la stratégie consiste en l'élaboration d'un acte en vue d'obtenir ce qu'on ne peut pas prendre immédiatement*. En d'autres termes, elle médiatise le prendre par un détour réflexif et le contournement de la satisfaction immédiate, inaccessible à l'instant présent. En effet, tout sujet en devenir est amené à supporter progressivement ce que la littérature a justement nommé le phénomène de la *frustration*. Et l'on pourrait dire, à la suite de nombreux autres, que ce travail sur soi constitue un des actes fondamentaux de tout processus civilisationnel : les pulsions égocentrées, de tous ordres, doivent impérativement être atténuées, amendées afin qu'une ébauche de société puisse advenir, permettant à ses membres un certain vivre-ensemble. Les lois, par exemple, qui autorisent, mais surtout interdisent, possèdent clairement cette fonction en régulant les impulsions pouvant émaner des individus formant la collectivité.

Dans l'exemple qui vient d'être présenté, la « loi » à laquelle est soumis le garçon stipule de façon évidente que les préoccupations maternelles relatives au nourrisson priment sur celles qui le concernent, lui. Âgé maintenant de deux ans, il en a moins besoin, peut facilement se débrouiller seul, etc. De telles lois sont généralement formulées comme telles (« *Je dois m'occuper de ta sœur, laisse-moi tranquille un moment !* ») et, la plupart du temps, sont perçues comme sensées tout en étant – relativement – acceptées.

C'est là qu'intervient la stratégie.

Le garçon ne peut pas *prendre* « le sein de la mère » (métaphoriquement, son affection, sa présence…) comme il le faisait il y a peu, ce que de son côté, la mère acceptait, sachant que cela lui était indispensable. Mais ce n'est plus le cas. Or lui, du haut de ses deux ans, veut l'*obtenir*. Pour ce faire, sachant qu'il ne peut l'exiger de but en blanc et qu'un détour s'avère indispensable, sa petite tête ingénieuse invente alors l'amusant stratagème rapporté ici.

Le *prendre* est immédiat et ne nécessite aucun atermoiement. L'*obtenir* est médiatisé par l'intelligence et la compréhension des enjeux présents, notamment légalistes, en quoi il correspond à une activité psychique éminemment plus différenciée que le geste préhensif, nécessitant une compréhension élargie de la situation et la possibilité de s'en faire une représentation. C'est ce que nous apprend cette séquence dont on peut retrouver maints exemples chez le sujet mature, toujours nanti d'un robuste ego, toujours désireux du prendre, mais butant sur les obstacles l'amenant au processus de l'obtenir.

Un homme vient me trouver, bien embêté, car il est tombé follement amoureux de la femme d'un de ses amis. Roué comme pas deux, il fait en sorte de dénigrer ce dernier aux yeux de son épouse afin qu'elle envisage de le quitter, ce qui s'accomplira quelques mois plus tard. Stratégie.

Une jeune patiente a pour collègue une totale incompétente qui l'insupporte de plus en plus. À chacune de ses bourdes, la première lui envoie un petit SMS fielleux lui rappelant la marche à suivre. La seconde, déstabilisée, évoque alors l'éventualité d'une démission, ce à quoi lui répond la jeune femme : « Mais non, ne fais pas ça ! En même temps, si tu ne te sens plus bien ici, je comprendrais ta démarche. » Stratégie.

André n'aime plus Sylvie, mais n'ose la quitter pour toutes sortes de raisons, notamment matérielles. Il fait en sorte d'apparaître de plus en plus sombre, lui fait part de son désarroi, de la tristesse qui le gagne et s'enferme dans un mutisme rémanent. Le quotidien devient infernal et Sylvie le quitte après lui avoir laissé une somme rondelette, rongée par la culpabilité d'avoir abandonné un compagnon déprimé. Stratégie.

En y réfléchissant plus avant, on se rend compte qu'elle consiste aussi, structurellement, à se débarrasser de ce qui gêne : la petite sœur dans le premier exemple ; le mari dans le second ; la collègue incompétente dans le troisième et l'ennuyeuse épouse dans le dernier[1]. Raison pour laquelle il est question de contournement, car l'obtention immédiate de l'objet ou du statut convoité (le *prendre* de notre analyse) n'est pas possible ou, tout simplement, pas autorisée. Un tel schème parcourt l'Histoire en sa totalité et la plupart des empires ont été bâtis sur ce genre de manigance : convoitises territoriales, arrangements avec l'ennemi, mensonges, trahisons, guet-apens émaillent nos parcours terrestres et semblent en être un des principaux substrats. On rencontre ici encore une séquence archétypale, curieusement illustrée dans la Genèse par le récit de la rivalité entre Caïn et Abel. Caïn est le premier-né du couple originel, Adam et Eve. Abel est son cadet. Le premier cultive le sol et le second élève des moutons. À la fin de la saison, chacun consacre à Dieu le résultat de son travail : produits de la terre pour Caïn, viandes et graisses pour Abel :

> Le Seigneur tourna son regard vers Abel et son offrande, mais il détourna son regard de Caïn et de son offrande. Caïn en fut très irrité et son visage fut abattu. Le Seigneur dit à Caïn : « Pourquoi t'irrites-tu ? Et pourquoi ton visage est-il abattu ? Si tu agis bien, ne le relèveras-tu pas ? Si tu n'agis pas bien, le péché, tapi à ta porte, te désire. Mais toi, domine-le. » Caïn parla à son frère Abel et, lorsqu'ils furent aux champs, Caïn attaqua son frère Abel et le tua. Le Seigneur dit à Caïn : « Où est ton frère Abel ? » - « Je ne sais, répondit-il. Suis-je le gardien de mon frère ? » - « Qu'as-tu fait ? reprit-il. La voix du sang de ton frère crie du sol vers moi. Tu es maintenant maudit du sol qui a ouvert la bouche pour recueillir de ta main le sang de ton frère. Quand tu cultiveras le sol, il ne te donnera plus sa force. Tu seras errant et vagabond sur la terre. » Caïn dit au Seigneur : « Ma faute est trop lourde à porter. Si tu me chasses aujourd'hui de l'étendue de ce sol, je serai caché à ta face, je serai errant et vagabond sur la terre, et quiconque me trouvera me tuera. » Le Seigneur lui dit : « Eh bien ! Si l'on tue Caïn, il sera vengé sept fois. » Le Seigneur mit un signe sur Caïn pour que personne en le rencontrant ne le frappe[2].

Énigmatique histoire, tout autant qu'éclairante pour notre thématique. Car n'oublions pas que les deux frères sont, du point de vue mythique,

---

[1] On trouve de formidables exemples d'élaborations stratégiques dans le livre *Les Liaisons dangereuses* de Laclos ou dans le film de H. G., Clouzeaux *Les diaboliques*.
[2] Gen. 4, 4-15.

les premiers véritables *glébeux*[1] c'est-à-dire ceux qui sont nés ici-bas, contrairement à leurs géniteurs qui procèdent, eux, d'une origine divine clairement identifiée et adviennent avant la chute. Autrement dit, avant le geste inaugural qui spécifiera, ensuite, l'ensemble du destin humain en le séparant du lieu originel, l'Eden. Une fois Abel tué, on remarque que Caïn persiste logiquement comme unique représentant de l'espèce, bien que, quelques lignes plus loin, on indique qu'il « connut sa femme[2] » dont on ignore évidemment la provenance. Mais le mythe s'autorise à faire fi de cette invraisemblance, comme c'est le cas la plupart du temps, sans quoi il ne s'agirait pas de mythes. Du fils aîné, Caïn, *le tueur*, procèdera donc toute la lignée vétérotestamentaire qui sera forcément marquée par ce geste inaugural consistant à se débarrasser de son rival, Abel, son propre frère.

Ce qui, reconnaissons-le, est pour le moins choquant. Toutefois c'est précisément en cela que l'on retrouve la dimension archétypale d'un tel récit. Autrement dit, que l'on touche à sa dimension « universelle » ou « génétique », dans la mesure où elle souligne avec une évidente férocité certains des soubassements les plus ravageurs de l'espèce.

Et si l'on reprend la vignette mentionnée plus haut, on voit en quoi le schème archétypal peut, ou va, se rejouer incessamment. En effet, le garçonnet au tricycle, toutes proportions gardées, est confronté au même conflit que le fut Caïn face à son cadet : l'entité transcendantale de laquelle l'un et l'autre procèdent, la mère réelle pour l'enfant, Yahvé pour le glébeux, est comprise comme ne satisfaisant pas à l'attente de reconnaissance pour les « offrandes » qui lui sont dédiées. Le garçon s'estime en droit d'exiger de sa mère amour et attention, du simple fait qu'il *est* et qu'il en éprouve la nécessité. Être est son offrande, elle lui semble suffisante. De la même manière, Caïn attend de la divinité une rétribution « affective », estimant que ce qu'il a sacrifié équivaut, en valeur, à ce que son frère a offert.

Sa stratégie est assez fruste, mais en est bien une, comme le montre la suite du récit. En se débarrassant d'Abel, il « sait » que, désormais, c'est avec lui, et avec lui seul, que sera nouée une relation privilégiée avec la déité, étant donné que l'autre – tout autre – a maintenant disparu. Ne reste plus que lui. Bien que menacé des pires sanctions, Caïn n'en reste pas moins celui par lequel toute la suite de l'Histoire humaine va pouvoir perdurer et proliférer. Il obtient même, par un tour de passe-passe éminemment subtil, d'être marqué d'un sceau protecteur qui ne le

[1] Les *êtres humains*, issus de la terre, selon la traduction de Chouraqui.
[2] Gen. 4, 17.

quittera pas et fera fuir celui qui voudrait l'occire à son tour. « On me tuera ! » s'exclame-t-il. Ce qui signifie clairement, à l'égard du Créateur : « Si tu me laisses dans ce pitoyable état, sans défense, l'essence de ta création sera détruite et plus personne ne pourra, désormais, chanter tes louanges et te faire parvenir maintes offrandes délectables ! »

Yahvé réfléchit. Et son « Eh bien ! » proposé par le traducteur retranscrit parfaitement ce moment réflexif. C'est le fameux « Bon, dans ce cas… » précédant toute décision un peu contrainte, un peu forcée, mais dont on a malgré tout perçu la nécessité. Caïn en ressort protégé. Marqué du signe[1] qui, dorénavant, tiendra éloignés ceux qui voudront le tuer. C'est-à-dire, lui faire subir ce que lui-même a fait endurer à son frère, sang de son sang[2]. Ainsi, par un moyen détourné et apparemment illicite, Caïn a *obtenu* exactement ce qu'il cherchait au moment du sacrifice : reconnaissance et protection divines, symbolisées par ce signe indélébile qui, désormais, l'accompagnera sur sa route.

Ce que l'on peut retenir de cette histoire, outre le fait qu'elle instaure, en le constatant, le phénomène fondateur de la rivalité au sein d'une même fratrie – dont on voit d'innombrables illustrations en situation clinique – c'est que l'homme originel, bien que marqué du sceau de la pire des fautes, le meurtre fratricide, n'en reste pas moins celui par lequel tout adviendra ensuite, l'ensemble des générations à venir et, de ce fait, la totalité des humains assignés à croître et à se multiplier sur terre. Qui plus est, et malgré ce crime (stigmatisé de façon absolue quelques pages

---

[1] « Un *signe* est une indication qui permet de connaître ou de reconnaître quelque chose ou quelqu'un. L'A.T. désigne souvent les miracles comme des *signes*, parce qu'ils signalent une intervention de Dieu. » Bible, La. 2010. *La Bible - Traduction œcuménique - TOB*, p. 2074.

[2] Signalons que, pour les peuples de la maison d'Israël, le sang revêt une importance extrême, en tant que vie, et âme de l'individu. On trouve dans le Lévitique (livre des prêtres, de la famille des Lévi) les énoncés suivants : « … la vie d'une créature est dans le sang, et moi je vous l'ai donné, sur l'autel, pour l'absolution de votre vie. En effet, le sang procure l'absolution parce qu'il est la vie. Voilà pourquoi j'ai dit aux fils d'Israël : « Nul d'entre vous ne doit consommer de sang, et nul émigré installé parmi vous ne doit consommer de sang. Si un homme (…) prend à la chasse un animal ou un oiseau qui se mange, il en versera le sang et le recouvrira de terre ; car la vie de toute créature, c'est son sang ; aussi ai-je dit aux fils d'Israël : "Vous ne consommerez le sang d'aucune créature, car la vie de toute créature, c'est son sang ; celui qui en consomme doit être retranché." » Lv. 17, 11-14. La tradition casher provient de cet interdit et indique la sacralité du sang et la sanction résultant de sa consommation. On trouve la même interdiction en Dt. 12, 13 à 23.

plus loin, dans le Décalogue[1]), ou peut-être grâce à lui, il sera protégé par Dieu en toute occasion, ce qui, reconnaissons-le, laisse un peu songeur.

L'orientation égotique majeure – le besoin effréné de reconnaissance, d'être aimé, quel qu'en soit le prix – est ici tolérée si ce n'est générée par Dieu lui-même, qui aurait pu ou dû savoir qu'elle se trouvait nichée au cœur de l'être, de façon irrémissible et consubstantielle. Si le récit biblique met en scène une divinité courroucée par la faute de Caïn, il la montre aussitôt pleine de mansuétude à son égard, en le chargeant de perpétuer l'espèce tout en le marquant du signe protecteur dont il sera, et sa descendance à sa suite, porteur. Il y a, là, un paradoxe apparent tout autant que pertinent, dans sa froide objectivité. Car en tout état de cause il signifie que, pour la pensée mythique (le « savoir archétypal » enfoui en nos tréfonds), l'humain est violent, tueur et prédateur *par nature*. Et que c'est selon ce régime ontologique qu'il sera, et est encore persuadé d'avoir pour mission de perdurer en « soumettant » ou « dominant » (selon les traductions) l'ensemble des autres étants : « Soyez féconds et prolifiques, remplissez la terre et *dominez-la. Soumettez* les poissons de la mer, les oiseaux du ciel et toute bête qui remue sur la terre ![2] » Si l'on est conséquent, cela revient à dire que le goût pour la domination, le pouvoir, la conquête et la soumission du réel au profit des rejetons de Caïn, procède *d'une injonction divine*. Ce qui éclaire d'une lueur étrange, pour ne pas dire lugubre, la suite de l'aventure et la propension, tout occidentale, à imposer au monde une façon de voir, de consommer ou de régner. En d'autres termes, *de se comporter psychiquement à l'égard du créé*.

Par ailleurs, et pour rebondir sur l'analyse des vignettes proposées, la soif irrépressible d'être « aimé », reconnu, va constamment rejaillir dans le champ expérientiel de l'être humain, pour peu qu'on en supporte les inénarrables expressions. Dans ses aspects les plus retors, elle va rejoindre le besoin d'accaparement dont il a souvent été question, sous la forme, au moins, de deux stratégies égotiques itératives : *culpabilisation* et *séduction*.

---

[1] Ex. 20, 13 : « Tu ne commettras pas de meurtre », repris identiquement dans Deut. 5, 17.

[2] Gen. 1, 28. (Souligné par moi). Traduction de Chouraqui : « Fructifiez, multipliez, emplissez la terre, conquérez-là. Assujettissez le poisson de la mer, le volatile des ciels, tout vivant qui rampe sur la terre. »

Ce levier relationnel universel (l'épisode du garçonnet au tricycle l'illustre clairement) s'articule sur un schème affectif récurrent. On peut le résumer de la façon suivante : « Si tu veux que je continue de t'aimer – c'est-à-dire de t'inclure dans un plus vaste dont tu sais *devoir* faire partie –, tu dois te conformer à ce que j'attends de toi. » L'Ancien Testament est truffé de ce genre de message qui, pourrait-on dire, en constitue le fil rouge. Yahvé, par la voix de ses prophètes, n'aura de cesse d'accuser son peuple d'infidélité, de distraction, d'obsession pour la jouissance immédiate[1], et ainsi de suite. L'avertissement punitif qui en dérive est toujours identique : colère, abandon et, pour finir, destruction. En voici un exemple, parmi cent autres :

> Il est proche, le jour du Seigneur ; comme la dévastation, il vient de Shaddaï. C'est pourquoi tous les bras retombent et chacun voit fondre son courage. Ils sont frappés d'épouvante, les crampes et les douleurs les saisissent, ils se tordent comme une femme en travail. Ils se regardent l'un l'autre avec stupeur, leurs visages sont en flammes. Voici que vient le jour du Seigneur, implacable, et le débordement d'une ardente colère qui va réduire le pays à la désolation et en exterminer les pécheurs. (…) Je punirai le monde pour sa méchanceté, les impies pour leurs crimes. Je mettrai fin à l'orgueil des insolents, je ferai tomber l'arrogance des tyrans, je rendrai les hommes plus rares que l'or fin. (…) Tous ceux qu'on trouvera seront transpercés, tous ceux qu'on prendra tomberont sous l'épée. Leurs petits enfants seront écrasés sous leurs yeux, leurs maisons pillées, leurs femmes violées[2].

Après cette délicieuse admonestation, on lit, un peu plus loin :

> Le courroux du Seigneur est dirigé contre toutes les nations, sa fureur contre leur armée entière. Il les voue par interdit, il les livre au massacre. Leurs morts seront jetés en désordre, de leurs cadavres montera la puanteur, et les montagnes ruisselleront de leur sang[3].

Le message est clair. On le retrouve d'ailleurs chez la plupart de nos patients, encore et toujours hantés, habités par un redoutable *accusateur interne*, n'arrêtant pas de leur seriner qu'ils sont paresseux, improductifs,

---

1 « Tous, ils aiment les présents, ils courent après les gratifications. » Es. 1, 23.

2 Es. 13, 6-16.

3 Es. 34, 2-3.

stupides, pusillanimes, incapables de s'engager, etc. Il se résume de la façon suivante : « Si tu ne veux pas être délaissé (en métaphore vétérotestamentaire, *ratiboisé*), tu dois impérativement obtempérer à l'ordre que « Je » représente et qui t'assigne une totale exclusivité à Mon égard. Tu ne dois adorer que Moi (ne t'intéresser, ne te soumettre qu'à Moi, ne te préoccuper que de Moi...), dont tu sais dépendre vitalement, étant donné que Je suis porteur de l'ingrédient foncier sur lequel ton devenir se tient tout entier : l'intérêt à toi porté, c'est-à-dire Mon « amour » pour toi » :

> Si vous voulez écouter, vous mangerez les bonnes choses du pays.
> Si vous refusez, si vous vous obstinez, c'est l'épée qui vous mangera.
> La bouche du Seigneur a parlé[1].

Ce détracteur, qu'en régime psychanalytique on a théorisé sous l'égide du Surmoi[2], trouve certainement une bonne part de son efficacité dans nos textes fondateurs, Ancien Testament au premier chef. Au cœur du discours accusateur le plus quotidien, le plus trivial, se tient cette instance, immémoriale, gigantesque et surtout, exempte de toute nécessité de justification concernant la légitimité ou l'origine de ses dénonciations, étant donné qu'elles proviennent de l'entité légaliste suprême, « Dieu », identifié comme tel par l'accusé[3]. Sans pour autant le savoir ni, même, le vouloir, la rengaine culpabilisatrice fait appel à un socle archétypal n'ayant souvent pas grand-chose à voir avec la situation actuelle. Et quand le garçonnet en feignant sa chute signifie à sa mère : « Tu ne m'aimes pas assez », il la charge du même coup de l'inassumable imputation suivante, dont sa psyché a *déjà* perçu l'efficience : « Or, cet amour, non seulement tu me le dois, mais en plus, si tu ne me l'octroies pas suffisamment, tu seras toi-même châtiée en retour d'un pareil

---

[1] Es. 1, 19-20.

[2] Freud, S., *Au-delà du principe de plaisir.* Deux formes de surmoi, « paternel » et « maternel », sont développées dans mon ouvrage *Mères et filles - Histoire d'une emprise*, p. 169 et suivantes.

[3] Il est à noter que les fondements de l'intransigeance yahvique ne peuvent se résumer à une simple « obsession divine ». En son essence, elle possède un sens profond, notamment dans la capacité humaine à s'engager dans une certaine unification symbolique relative aux entités divines, jusque-là disséminées dans une multitude d'expressions. L'accès au monothéisme en fut un des principaux résultats. Ainsi, cette réunification en direction du « Un » a possédé un sens historique, en termes de cohésion et de focalisation spirituelle. Se niche sans doute là, l'une des plus importantes nécessités évolutives, inhérente à l'Esprit (au sens où en parle Hegel). Cet aspect de la question ne nous concernant pas ici, il est inutile de le développer plus avant.

désamour, et vouée aux gémonies. » Ainsi, la culpabilisation puise dans un fonds commun – le fameux inconscient collectif – pour asseoir son emprise et soumettre autrui à ses propres attentes, exigences ou intimations.

En tant qu'outil coercitif, tapi en chaque occurrence relationnelle, il y a de fortes chances qu'elle se révèle percutante étant donné, *primo*, qu'elle fait appel à des composantes psychiques archaïques et, *secundo*, qu'elle résonne en chacun par sollicitation de ce qui, en son fonds, lui est déjà soumis et acquiesce à ce genre de levier.

À tous les coups l'on gagne.

Ego, dans son appétence pour l'incarcération de l'autre en ses propres ambitions, a très tôt saisi les formidables avantages qu'il y aura à en tirer. Et, bien qu'il s'en défende – car d'un point de vue éthique, son usage n'est pas défendable[1] – il en use à tort et à travers, sous couvert de respectabilité, ou de ce qu'il estime être en droit d'obtenir du monde environnant, les proches, en particulier. Tout système éducatif, au sens large, a tendance à s'appuyer sur l'axe culpabilisation/sanction, et chacun garde en mémoire l'énoncé parental ou professoral qui stigmatise, condamne, proscrit dans le seul but d'enfermer l'autre dans ce que l'on voudrait qu'il soit ou fasse. Les traces laissées peuvent accompagner le sujet des décennies durant, le marquant du sceau d'une infamie indélébile à laquelle, forcément, il adhère étant donné qu'elle provient – on n'y insistera jamais assez – d'instances perçues comme indiscutables, car porteuses de l'ordre légaliste en lequel chacun s'insère et duquel il est difficile, si ce n'est impensable, de se désenclaver.

La séduction

Ce second levier relationnel, quant à lui, vise *grosso modo* aux mêmes objectifs : capturer autrui dans les rets qui lui sont tendus et les mirifiques bénéfices qui lui seront offerts s'il y succombe. Notamment en termes de pouvoir. Le récit séducteur, qui peut prendre des formes limites, comme on en voit de sinistres conséquences dans les manœuvres perverses, a pour dire implicite l'équation suivante : « Si tu consens à m'aimer, tu en retireras de mirobolantes gratifications ; mais le prix à payer est que tu m'appartiennes. » Le deuxième volet de la proposition

[1] Raison pour laquelle, lorsque quelqu'un est taxé de culpabilisation, il s'en offusque et refuse une telle allégation, rejetant sur son interlocuteur la charge de la faute : « Ce n'est pas *moi* qui te culpabilise, c'est *toi* qui le fais. » Inextricable.

n'est généralement pas explicité, sauf par Valmont dans l'exemple ci-dessous ou par le diable dans différents contes ou mythes. Et pour cause : il n'est pas dicible étant donné son parfait amoralisme.

Si l'on souhaite se frotter aux extrémités de ces manipulations, la lecture des *Liaisons dangereuses* est vivement conseillée. Le vicomte de Valmont, libertin notoire, est mis au défi par la marquise de Merteuil, son ancienne amante, de séduire une jeune femme innocente et pure, mais délaissée par son mari. La présidente de Tourvel, c'est son nom, va peu à peu céder aux coups de boutoir de l'affolant débauché. Dans une scène mémorable, celui-ci fourbit ses dernières cartouches afin de faire fondre les restes de défenses que lui oppose la jeune pudibonde :

> Par bonheur je me ressouvins que pour subjuguer une femme tout moyen était également bon ; et qu'il suffisait de l'étonner par un grand mouvement, pour que l'impression en restât profonde et favorable. Je suppléai donc, par la terreur, à la sensibilité qui se trouvait en défaut ; et pour cela, changeant seulement l'inflexion de ma voix, et gardant la même posture : « Oui, continuai-je, j'en fais le serment à vos pieds, vous posséder ou mourir. »

Valmont pense jouer ici son va-tout et emporter la mise. Mais sa proie ne tombe pas instantanément dans les rets qui lui sont tendus :

> En prononçant ces dernières paroles, nos regards se rencontrèrent. Je ne sais ce que la timide personne vit ou crut voir dans les miens, mais elle se leva d'un air effrayé, et s'échappa de mes bras dont je l'avais entourée. (…) Cependant, tandis qu'elle se dérobait à moi, j'ajoutai d'un ton bas et sinistre, mais de façon qu'elle put m'entendre : « Eh bien ! la mort ![1] »

De cette joute maligne, où s'entremêlent comme on le voit culpabilisation *et* séduction, la jeune femme ne sortira pas indemne et tombera prestement dans les bras de son inimitable héros. Elle en retirera, pour un bref instant, d'ineffables transports (les fameux bénéfices arborés par le tentateur) dont elle fait part à une amie, madame de Rosemonde, tante de Valmont :

> Ce n'est pas que je n'aie des moments cruels : mais quand mon cœur est le plus déchiré, quand je crains de ne pouvoir plus supporter mes tourments, je me dis : Valmont est heureux ; et tout disparaît devant

---

[1] De Laclos, Ch., op. cit., lettre CXXV, pp. 347-348, pour les citations susmentionnées. Souligné par moi.

> cette idée, ou plutôt elle change tout en plaisirs. C'est donc à votre neveu que je me suis consacrée ; c'est pour lui que je me suis perdue. Il est devenu le centre unique de mes pensées, de mes sentiments, de mes actions.

Égarée par sa passion, sans doute la première de sa courte existence, la marquise se défait d'elle-même, dans un élan d'une absolue sincérité :

> Tant que ma vie sera nécessaire à son bonheur, elle me sera précieuse, et je la trouverai fortunée. Si quelque jour il en juge autrement… il n'entendra de ma part ni plainte ni reproche. J'ai déjà osé fixer les yeux sur ce moment fatal et mon parti est pris[1].

La beauté de cette langue, le ciselé de son écriture n'en efface pas moins la pertinence. Et les enjeux mis en scène – félicité, mort, bonheur, consécration – s'articulent dans une ronde dont la victime, pour y avoir souscrit, paiera de sa vie. La présidente de Tourvel, une fois le stratagème découvert (Valmont, vainqueur du pari initié par Merteuil, la congédie dans une missive d'une cruauté impensable[2]), s'en ira périr dans un couvent, atteinte d'une langueur mélancolique que rien ne viendra réparer.

Or, le risque encouru, elle l'avait bien perçu : « C'est pour lui que je me suis *perdue* » s'écrie-t-elle, escomptant naïvement une rétribution infiniment supérieure au sacrifice consenti. S'étant offerte à l'intimation possessive de Valmont et au chantage afférant (*Vous posséder ou mourir*), elle est néanmoins consciente de s'engager dans une perte. Perte évidemment paradoxale, mais qui souligne avec netteté les enjeux en présence : échapper à une vie routinière en laquelle plus rien ne vibre pour se jeter dans le tourment d'une passion qui, croit-elle, la sauvera de la morosité en laquelle elle s'est encagée.

De semblables intrigues se retrouvent dans ces récits où le héros scelle un pacte avec une entité démoniaque, si ce n'est avec Satan lui-même : *La peau de chagrin*, chez Balzac ; *Le diable dans la bouteille*, chez Stevenson ; *Le portrait de Dorian Gray*, chez Wilde ; *Dracula* chez Stoker et ainsi de suite[3]. Les motifs sont toujours identiques : un démon vient tenter le héros, flatte son moi, en lui promettant un surcroît de pouvoir,

---

[1] Ibid., lettre CXXVIII, pp. 357-358, pour les citations susmentionnées.

[2] Ibid., lettre CXLI, pp. 388-391, dictée par Merteuil à Valmont.

[3] D'innombrables contes, notamment chez les frères Grimm, déclinent ce motif à l'envi, preuve, s'il en fallait, qu'il s'agit à nouveau d'une thématique universelle. En d'autres termes, archétypale.

de beauté ou d'avoir, à la condition expresse qu'il s'engage à offrir son âme, ou sa vie, à son interlocuteur après avoir bénéficié des faveurs promises. Le héros, effectivement, en jouit durant un bon moment, mais sait qu'il reste lié à un pacte mortifère qui, in fine, lui ravira son bien le plus précieux : sa liberté et l'imprévisibilité destinale qui l'accompagne.

Dans notre société consumériste, la séduction revêt tous les atours possibles dans l'extraordinaire développement de la publicité, fer de lance d'un environnement littéralement gangréné par ce phénomène. L'inventivité séductrice en est même arrivée à faire croire au citoyen qu'il peut maintenant devenir, lui aussi, un produit consommable via les réseaux sociaux, grâce auxquels la soif d'affirmation égotique trouve un champ d'expression inépuisable. L'individu, de plus en plus captif de ces marqueurs civilisationnels que sont les « like » et autres « amis », en vient à y déceler autant de marques d'affection – et donc d'« amour » – adressées au moi. Je ne compte plus les patient(e) s m'avouant, avec une certaine gêne, qu'ils passent « beaucoup trop de temps » sur ces supports en y scrutant, à tout bout de champ, les preuves de leur valeur personnelle.

Cette conscience d'avoir été leurré par une instance maligne n'est pas nouvelle et signe, bien sûr, un des ressorts les plus puissants de la captation par autrui promettant monts et merveilles. Là où le message culpabilisateur se révélait surtout punitif et dépréciatif (« Si tu ne te soumets pas à ma volonté, tu seras banni de la communauté », soit l'essentiel de l'énoncé groupal, au sens large), celui prôné par la séduction promet, au contraire, un surcroît ontologique : « Vous serez comme des dieux[1]. » On le retrouvera martelé dans nombre de slogans actuels, assurant au propriétaire de tel nouvel achat, *la découverte de potentialités infinies* ou *un sentiment de puissance inégalé.*

Si ces balivernes continuent d'être utilisées par des gens qui réfléchissent à la meilleure manière d'alpaguer le chaland, c'est que leurs ressorts sont probants et prouvent, chaque jour qui passe, leur efficacité aux yeux de ceux qui ont quelque chose à « vendre », justifiant et assurant du même coup leur présence sur terre.

La pensée mythique, on l'a vu, a depuis fort longtemps dénoncé ce type d'argument. Et si l'Ancien Testament, les discours religieux au sens large ou l'éthique socratique se servent, jusqu'à satiété, d'étais culpabilisants, il en va tout autrement de ceux préconisant la séduction. Il y a à cela plusieurs raisons, qu'il nous faut brièvement identifier.

---

[1] Gen. 3, 4.

La *culpabilisation* justifie l'ordre établi. En s'inscrivant dans le régime des lois et de l'autorité de ceux les ayant concoctées – le Décalogue en est une splendide expression – elle se place sous l'égide d'une absolue légitimité, c'est le cas de le dire. Elle parle au nom de la loi, la rappelle incessamment et en affirme le sens. Du point de vue collectif en effet, les lois n'ont *habituellement* pas été émises pour le confort de celui qui les édicte, mais en vue de favoriser le vivre-ensemble. On peut toutefois assister au phénomène suivant, notamment dans les régimes totalitaires : leur dérive en direction d'un arbitraire accaparant et, en définitive, stérilisant. En général, d'ailleurs, ces dérives ne sont fabriquées que pour le bénéfice d'un seul, comme en témoignent actuellement maints régimes autocratiques de par le monde. Les contre-mouvements révolutionnaires – pouvant parfaitement se manifester dans toutes les entités collectives, familles y compris – s'insurgent tôt ou tard contre ces arbitraires en prétendant y substituer la noblesse d'intentions nouvelles, impeccables et pures par définition.

Toutefois, et l'Histoire humaine est, à cet égard, porteuse d'infinis exemples, cet *ordre nouveau*[1] peut tout à fait se révéler aussi monstrueux et privatif de libertés que ne l'était l'ancien[2]. À la révolution succède la Terreur, comme on l'a vu en France au 18e siècle, en Russie, en Chine, en Corée, en Iran ainsi que dans nombre de pays de l'Est au 20e siècle ou, plus récemment, dans certains pays arabes après les mouvements de 2011. C'est dire combien la culpabilisation abuse de ressorts éminemment spécieux tout autant qu'efficaces : en parlant au nom d'un ordre prétendument universel, puisque proféré par des instances « transcendantales » telles que Dieu, le parti unique ou le « Chef », elle s'érige en tant qu'absolu, enfermant ses proies dans un délire autojustifié tout autant qu'auto-engendré.

Là se niche le terrible *piège légaliste*, dans lequel tous les moi du monde peuvent (ou vont) tomber. En oubliant que les lois humaines procèdent toutes du symbolique, c'est-à-dire de constructions langagières, contextualisées, inaptes à embrasser la globalité du réel, ils les lisent en tant qu'absolues alors qu'elles sont le résultat de l'aptitude, humaine, à formuler les choses, à les mettre en mots, *et rien de plus*. La culpabilisation joue, jusqu'à satiété, d'un tel levier, en stigmatisant l'individu « au nom de

---

[1] Comble d'ironie, il s'agit là du nom que se donna un mouvement politique français actif entre 1969 et 1973. À forte connotation néofasciste, il a participé, en 1972, à la création du Front National de J.M. Le Pen.

[2] C'est le constat fait en 1951 par Camus dans *L'homme révolté*, qui lui valut nombre d'inimitiés de la part des intellectuels de l'époque et, notamment, Sartre et les surréalistes.

la loi », c'est-à-dire en le tenant enfermé dans un système de valeurs, d'orientations ou de conventions qui ne lui appartiennent, ni ne lui conviennent obligatoirement.

La *séduction*, au contraire, ne justifie rien. N'émanant pas de telles instances, elle ne profite qu'à celui qui en joue, c'est-à-dire à celui capable de la manier. Raison pour laquelle, effectivement, la pensée mythique la stigmatise avec tant de virulence, le séducteur étant identifié comme agent de fallacieuses promesses en lesquelles, une fois encore, il encage son interlocuteur. Les trois tentations présentées à Jésus sont de cet ordre : le Malin lui promet, en échange de sa soumission (« si tu te prosternes et m'adores[1] »), une seule et unique chose : un surcroît de pouvoir. Notons au passage que, contrairement à d'autres épisodes, les tentations apparaissent dans les trois évangiles synoptiques[2] de façon à peu près équivalente, ce qui laisse à penser combien l'épisode est jugé important, si ce n'est crucial en tant qu'enseignement. À ces trois propositions – être capable de changer des pierres en pain ; de se jeter du haut du temple sans heurt et de devenir le maître du monde – Jésus rétorque, citant le Deutéronome (6. 16) : « Tu ne mettras pas à l'épreuve le Seigneur ton Dieu[3]. »

Qu'est-ce à dire ? Certainement pas qu'il est interdit de provoquer « Dieu », ce qui, d'une part, est démenti à tout bout de champ par l'inventivité humaine et son acharnement à déjouer les contraintes imposées par dame Nature, et, d'autre part, risque de se révéler vain, les forces cosmiques qui le représentent ne pouvant être défiées, étant donné leur puissance et leur infinité. On trouve là l'essentiel de la torture égotique ou de ce que l'on pourrait appeler sa crucifixion : voulant incessamment lutter contre le *fatum*[4], le moi bute néanmoins contre son inéluctabilité, écartelé qu'il est entre son ambition « scientiste », d'une part, et l'inacceptable de son devenir, de l'autre. Cet entre-deux incarne en définitive le nœud énigmatique central, majeur, auquel chacun sera tôt ou tard confronté.

---

[1] Mt. 4, 9.

[2] On parle d'évangiles *synoptiques* dans la mesure ou Marc, Matthieu et Luc possèdent entre eux un rapport particulier, certains passages étant communs aux trois, d'autres seulement à deux d'entre eux. Afin de les comparer, on peut ainsi les disposer en colonnes parallèles, dans une *synopse* (« vue simultanée », en grec). D'où leur appellation de *synoptiques*. Celui de Jean échappe à cette dénomination en se différenciant des premiers, tant par le style que par le contenu.

[3] Lc. 4, 12.

[4] Le destin, en latin.

Ce que révèle en revanche cette intimation (ne pas mettre « Dieu » à l'épreuve), c'est que les interactions en jeu sont d'un autre ordre que celles prévalant dans l'acte de séduction. En d'autres termes, il est stérile de vouloir s'arroger un tel rôle par rapport à ce qui, foncièrement, *est*. L'être, au sens plénier du terme, reste imperméable à ce genre de manœuvre et s'en moque éperdument. C'est ce qu'ont perçu, depuis la nuit des temps, les mystiques de tous poils, qu'ils soient d'ici ou d'ailleurs (pensons, par exemple, à la sagesse chinoise) en comprenant qu'il valait mieux s'abstenir de toute orientation stratégique dans l'ensemble de nos interactions, humaines ou non humaines, afin de laisser place à la *splendeur de l'Être*, toujours tapie dans les replis ontologiques de la créature.

Toutefois, cette dernière n'étant pas toujours au courant des fulgurances mystiques ni de la formidable liberté qu'elles promeuvent – cela se saurait –, force est de constater qu'elle continue et continuera de papillonner entre ces deux extrêmes, culpabilisation et séduction, afin de pouvoir, encore et sans cesse, s'imaginer posséder autrui et être capable de l'instrumentaliser afin de l'amener, *enfin*, à correspondre à ce qu'elle voudrait qu'il soit. L'ascèse d'un Me Eckhart est, à cet égard, bien trop exigeante, pour ne pas dire illusoire. Et son « ne rien vouloir, ne rien avoir, ne rien savoir » s'écarte résolument de nos triviaux batifolages existentiels lorsqu'on prend la peine de les considérer avec un peu de lucidité.

Le besoin de reconnaissance

Les innombrables opérations manœuvrières mises en place par l'ego ont pour visée finale l'obtention d'une condition indispensable à son déploiement : être reconnu par l'autre. Par le plus grand nombre d'autres possible. Un tel phénomène est généralement compris comme relevant de l'*amour*. Adéquatement ou pas, voilà la question. Elle sera traitée ci-dessous.

Ce paramétrage peut se révéler universel, dans la mesure où chacun va, de manière involontaire si ce n'est inconsciente, stimuler cette tonalité relationnelle en faisant en sorte d'apparaître désirable (*aimable*) aux yeux du monde. C'est le carburant égotique majeur, si ce n'est la substance addictive cardinale, dont on se délecte en chaque occasion.

Cette *attention à soi portée*, ce regard, cette appréciation constituent les modalités fondamentales, immémoriales du devenir humain, de

« l'humanisation », et recèlent, du point de vue de la construction du sujet, des ingrédients affectifs structurants tout autant qu'indispensables. À défaut de cela, il erre dans un univers informe, illisible, butant sans cesse sur des individualités environnantes dont il ne saisit ni les intentions ni les expressions, étant donné que lui-même n'a pas été inséré dans la danse interrelationnelle constituant le socle de sa formation. L'absence d'interaction fiable, et donc de toute possibilité de reconnaissance subjective, devient ainsi le terreau de toute forme pathologique grave. Une femme se qualifiant elle-même de psychotique me répète, à chaque séance : « On n'a jamais pris le temps de me considérer en tant qu'individu à part entière. » Tout est dit.

L'épisode du garçonnet au tricycle, décrite ci-dessus, révèle-t-elle une forme plus ou moins patente de carence ou d'indifférence de la part de l'adulte ? Probablement pas. Et pour ce qui était de l'épisode *in situ*, rien ne le laissait entendre. Il n'en reste pas moins qu'à cet instant-là, l'enfant souffrait ou exprimait le besoin d'une attention particulière qui lui faisait défaut et qui, de son point de vue, nécessitait la mise en scène décrite.

D'autres occurrences sont tout aussi évocatrices et soulignent à quel point le moi se nourrit, à jet continu, du « oui » prodigué par l'autre sous forme de regard, d'attention ou de réassurance. Ce regard – terme générique relatif à ces concepts – s'apparente ainsi à la prime nourriture, à l'essence de l'apport d'autrui à la construction moïque, longue et progressive chez les humains, contrairement à ce qui se passe chez la plupart de nos confrères animaux.

Revenons aux locaux de notre institution. Dans un coin, non loin de l'espace cuisine, se trouve un petit toboggan. C'est un plan incliné que longent trois ou quatre marches menant à son sommet. Les enfants raffolent de cet endroit et en profitent à longueur de journée. Une fillette de deux ans et demi découvre ce jeu par une belle après-midi. Elle s'y rend et y glisse avec plaisir. Sa mère la regarde tout en sirotant son café. L'enfant l'interpelle alors d'un tonitruant : « Regarde, maman ! » ce à quoi la mère répond : « Oui, ma chérie, *je te vois.* »

L'histoire ne s'arrête toutefois pas là. La fillette, enivrée par ces glissades, les répète dix, vingt, quarante fois, accompagnant chacune d'elles de la même interjection : « Maman, regarde ! » et la mère, imperturbable, répond à chacune de ses sollicitations par un sourire ou un acquiescement, charmant et attendri. Je n'exagère pas en affirmant que la scène s'est reproduite plusieurs dizaines de fois. À l'identique. Or, il n'y avait là rien d'étrange ou d'excessif, et à aucun moment l'adulte n'a senti le besoin d'interrompre ses encouragements ou de faire comprendre à l'enfant qu'elle en avait assez. Ainsi, elle avait intuitivement perçu que se nichait, dans ces réitérations, un impératif développemental et, sans doute, *constructiviste.*

Cet inépuisable « oui » aux dires, aux faires enfantins est ainsi progressivement intégré dans l'élaboration subjective, jusqu'à ce qu'une forme évidente de satiété vienne s'imposer : la fillette s'en alla ensuite vaquer à d'autres occupations, suffisamment sustentée par le regard et la présence maternels.

Lacan avait coutume de rappeler que « le moi, c'est le désir de l'Autre. » On voit ici en quoi l'aphorisme reste percutant. Certes, l'enfant trouvait un vrai plaisir à utiliser le toboggan. Certes, les sensations afférentes – glisser ; sentir les effets gravitationnels sur le mouvement du corps ; s'autoriser à descendre de plus en plus vite dans des positions variées, etc. – étaient pour beaucoup dans la répétition de la séquence. Mais bien au-delà, la mère, dans son inépuisable patience, laissait entendre que ce jeu, elle aussi l'appréciait. Elle l'intégrait dans sa compréhension de ce qu'une évidente forme de *nécessité* était en train de se jouer là, sous ses yeux, sa fillette découvrant et explorant un nouvel objet, une nouvelle relation à son corps, tout en étant adoubée, pourrait-on dire, par ce fameux regard maternel acquiesçant : « J'aime que ma fille découvre les choses ; j'aime qu'elle me les montre et m'en rende témoin ; j'aime qu'elle ait besoin de moi pour s'autoriser à fabriquer ce moment de jouissance, de plaisir innocent, tout en ayant besoin de me le faire partager. »

De cette manière, cet épisode révélait à sa façon l'expression du désir maternel à l'égard des facultés exploratoires de sa fille, sur ce banal plan incliné. En outre, il faut y insister, ce que l'adulte accréditait aux yeux de l'enfant relevait déjà d'une dimension que l'on peut qualifier d'éthique, en lui faisant comprendre que ce qu'elle effectuait était bienvenu et entrait dans l'ordre de l'acceptable, dont l'adulte est dépositaire et qu'il se sait devoir inculquer à sa progéniture.

Ainsi, dans cette brève interaction – la scène ne dura guère plus de quinze minutes – on saisissait déjà combien les enjeux impliqués étaient, du point de vue de la structuration moïque, cruciaux et profonds, sous leur aspect anodin. Il va sans dire que si la mère avait perçu le toboggan comme effrayant, la scène aurait été tout autre du point de vue relationnel.

Raison pour laquelle il faut y revenir avec insistance : la plupart de nos actes, préoccupations ou manœuvres inter-personnelles ressemblent étonnamment à ce qui vient d'être décrit. Dans de nombreux cas, nos intentions et projets existentiels gravitent autour de ce besoin inné d'affirmation et de valorisation égotiques. Et si l'on est tant soit peu honnête avec soi-même, on va retrouver en d'innombrables situations ou interactions, le même genre de ressorts. De ce point de vue, la reconnaissance d'autrui constitue bien un ingrédient inévitable, nécessaire au développement et à la survie du sujet. Il en est l'aliment princeps, s'immisçant en chaque situation où, avec persévérance, il va la rechercher, la trouver et s'en sustenter.

La reconnaissance s'apparente-t-elle à de l'amour ?

L'amour, essentiellement, implique un mouvement psychique duquel résulte un geste contra-égotique. Afin de reconnaître autrui en son altérité, en sa singularité (c'est-à-dire, tout d'abord, d'arriver à le connaître afin de pouvoir ensuite accéder à sa reconnaissance) – soit le ressort majeur de toute entreprise thérapeutique –, il faut que l'on sache faire abstraction de ce que l'on est, soi. Il est nécessaire que l'on se déprenne de ses obsessions ou de ses manques, défaillances, craintes rémanentes afin d'accueillir[1], au sens fort du terme, ce qu'autrui est et qui, nécessairement, ne peut se révéler qu'hétérogène à ce que soi-même on est[2]. De ce point de vue, il reste patent que la capacité à reconnaître autrui en tant qu'autre possède une forte parenté avec ce qu'on identifie génériquement comme étant l'amour :

> Pour celui qui habite dans l'amour, qui contemple dans l'amour, les hommes s'affranchissent de tout ce qui les mêle à la confusion universelle ; bons et méchants, sages et fous, beaux et laids, tous l'un après l'autre deviennent réels à ses yeux, deviennent des *Tu*, c'est-à-dire des êtres affranchis, détachés, uniques, il les voit chacun face à face. C'est chaque fois le miracle d'une présence exclusive ; alors il peut aider, guérir, élever, relever, délivrer[3].

[1] La notion d'accueil est abordée dans l'ouvrage suivant : « L'accueil : notion complexe » pp. 53-82, dans *L'envol et le lien - Dix ans d'activités au Cerf-Volant : lieu d'accueil parents-enfants*.

[2] Dans cette veine, Me Eckhart priait Dieu « d'être dépris de Dieu », en d'autres termes, des attentes et représentations qu'il pouvait s'en faire par atavisme ou par adhésion à un régime de pensée issu de la tradition. Op. cit., sermon 52, p. 428.

[3] Buber, M., op. cit., p. 48.

Ainsi, au sein du couple, la venue d'un enfant relève d'une des plus formidables gageures qui soient, ce nouvel arrivant étant, par définition, porteur de ce que les parents ne sont pas et, du même coup, n'est pas « obligé » de devenir porteur de ce qu'ils sont. De cette manière, le concevoir implique la déprise de soi, opération psychique apparentée à ce qu'on nomme la *décentration*[1]. Il va sans dire que ce type d'effacement n'est pas ce qu'il y a de plus fréquent et, qu'*a contrario*, la venue d'un enfant est souvent (pour ne pas dire systématiquement) conditionnée par les attentes et projets d'autrui : parent, éducateur, enseignant, etc.

Le moi enfantin, dans cette perspective, relève bien du désir de l'autre. Il en est le miroir, la réponse gratifiante, l'écho attendu, au même titre que l'est la nymphe dans le mythe de Narcisse[2] : un être inapte à proférer autre chose que ce qui vient d'être dit par le dernier locuteur. Ainsi, pour une bonne part, chaque moi est une Écho, tout autant qu'un écho. Il grandit sous les auspices de l'assentiment d'une autorité, croît sous le regard d'un autre s'imaginant savoir ce qui est bon pour lui et pousse, sustenté par les nutriments d'un jardinier qui n'est pas lui. En d'autres termes, il devient, car devenir il le faut bien, ce qu'on lui demande d'être, alors que bien souvent son bagage initial, son génie propre ne sont pas du même acabit que ce à quoi il s'abreuve, sans pour autant savoir qu'il le fait.

Se dévoile là quelque chose de résolument *idéologique* – au sens non délétère du terme – dans la mesure où toute forme d'éducation en ressort, traversée qu'elle est par une somme inouïe d'impératifs moraux, comportementaux ou noétiques qui seront obligatoirement insérés dans le sujet, qu'il le veuille ou non. Ce processus, tout à fait commun, n'est pas une vision de l'esprit ni le fruit du reste de principes éducatifs surannés auxquels plus personne n'adhère. Au contraire, moins ces principes sont définis, et donc relativement inconscients, échappant ainsi à des codifications qui, selon l'expression consacrée, ont *fait leurs preuves*, plus ils vont piocher dans les strates indifférenciées de la psyché collective et du *Zeitgeist*, « l'esprit du temps ». De ce fait, ils restent déterminés par tout ce qui n'a pas été ciselé, réfléchi par l'instance éducative, s'accrochant ainsi aux zones les plus ataviques de la psyché.

---

[1] Concept piagétien d'une grande importance, celle-ci succède à l'égocentrisme du tout-petit, c'est-à-dire « au primat de la satisfaction sur la constatation objective, accompagné des déformations du réel en fonction de l'action et du point de vue propres. » Piaget, J., *La formation du symbole chez l'enfant*, p. 307. Pour le dire de façon ramassée, la décentration implique de se différencier des perspectives purement subjectives (perceptives, au sens large) afin d'accéder aux qualités effectives de l'objet.

[2] Ovide, op. cit., p. 117 et suivantes.

Qui plus est, si les éléments constitutifs des grandes orientations éducatives restent flous ou peu charpentés conceptuellement, ils peuvent engendrer un environnement psychique diluant ou déstructurant pour l'enfant. Une logique éducative « cool », comme on en voit fleurir de beaux spécimens actuellement, peut alors générer des moi infantiles désorganisés par l'apparente tolérance à tout et à n'importe quoi, sous prétexte d'offrir à sa progéniture les meilleures conditions développementales qui soient.

À rebours de cela, une structuration éducative rigide, formelle, rend paradoxalement propice la fabrication d'ego ouverts à la révolte, à l'impératif différenciateur, étant donné qu'ils peuvent se confronter à des injonctions (une fois encore, à des constructions idéologiques) qu'ils ont, d'une part, identifiées et qui, d'autre part, ne leur conviennent pas, car ils en perçoivent précocement l'absurdité. Dans son autobiographie, Stendhal décrit fort bien ce phénomène en évoquant une enfance passée dans une famille guindée, engoncée dans des préceptes d'un autre âge et un ennui qu'à tout prix il fallait fuir :

> Je souffrais, mais je ne voyais point les causes de tout cela, j'attribuais tout à la méchanceté de mon père et de Séraphie[1]. Il fallait, pour être juste, voir des bourgeois bouffis d'orgueil et qui veulent donner à leur unique fils, comme ils m'appelaient, une éducation aristocratique. Ces idées étaient bien au-dessus de mon âge, et d'ailleurs qui me les aurait données ?

Stendhal identifie parfaitement l'enjeu qu'il constitue aux yeux de ses proches :

> Dans leur humeur noire, j'étais leur unique occupation, ils décoraient cette vexation du nom d'éducation et probablement étaient de bonne foi[2]. (…) Pendant (ces années), mon cœur fut rempli du sentiment de la haine impuissante. Sans mon goût pour la volupté, je serais peut-être devenu, par une telle éducation dont ceux qui la donnaient ne se doutaient pas, un scélérat noir ou un coquin gracieux et insinuant, un vrai jésuite, et je serais sans doute fort riche[3].

Si cet exemple existe bel et bien, il ne constitue pas une généralité ; il n'en reste pas moins que la rigidité parentale a souvent pu broyer,

[1] Tante de Stendhal.
[2] Stendhal, *Vie de Henry Brulard*, pp. 108-109. Souligné par l'auteur.
[3] Ibid., p. 197. Souligné par l'auteur.

purement et simplement, les velléités créatrices, le *genius* de nombre d'êtres humains, plutôt que d'en favoriser l'essor. Stendhal a pu, grâce à une lucidité sans faille, en déjouer les effets inhibiteurs, en puisant en son fonds les ressources inventives, tout autant que protectrices, qui s'y nichaient. Mais n'est pas Stendhal qui veut. En revanche, on peut sans doute trouver chez lui un élément déterminant de l'éclosion de son génie, dans le fait qu'il incarnait aux yeux de ses proches[1], leur « unique préoccupation ».

Il faut à cet égard revenir sur la question qui nous taraude. On s'interrogeait sur le fait de savoir si la reconnaissance de soi par autrui pouvait, ou non, s'apparenter à de l'amour. Spontanément, la réponse fut affirmative. Toutefois, la réflexion mérite d'être approfondie. L'acte de reconnaissance implique, on l'a vu, une forme sublime de tout ce qui peut régir les affections humaines, à savoir la capacité à se dés-égotiser. En d'autres termes, à adopter, par principe ou par l'avantage d'une nature généreuse – cela existe – un point de vue permettant de tolérer, en l'autre, ce que l'on n'est pas, soi, afin de s'en réjouir en tant que valable, porteur d'une valeur, quelles qu'en soient les expressions.

Ainsi, la reconnaissance d'autrui en tant qu'altérité correspondrait, de près ou de loin, à ce que certains auteurs, et non des moindres, ont défini comme étant, justement, l'essence de l'amour. Pour Heidegger, « l'esprit de l'amour est la volonté de *voir l'aimé trouver sa propre vérité* et y demeurer fermement[2] », ce qui implique logiquement que celle-ci soit hétérogène à la mienne. Lévinas développe une idée parente, définissant l'amour comme aptitude à rejoindre l'autre dans sa faiblesse et son dénuement. Ce faisant, il le dépouille de tout impératif conditionnel, au sens où celui-ci serait précisément ce qui va engendrer l'élan en question, comme c'est souvent le cas dans la fascination passionnelle. Ici, ce n'est pas le cas ; aimer implique la chute de toute forme d'exigence, ou d'orientation attributive : « j'aime untel *pour telle ou telle raison…* » :

> L'amour vise Autrui, il le vise dans sa faiblesse. La faiblesse ne figure pas ici le degré inférieur d'un attribut quelconque, la déficience relative d'une détermination commune à moi et à l'Autre. Antérieure à la manifestation des attributs, elle qualifie l'altérité même[3].

[1] Sa mère, qu'il adorait, décède lorsqu'il n'a que 7 ans, en 1790.
[2] Heidegger, M., *Approche de Hölderlin*, p. 160. Souligné par moi.
[3] Levinas, E., *Totalité et infini - Essai sur l'extériorité*, p. 286.

Même genre de tonalité chez Buber, on l'a vu, qui décèle en l'amour l'aptitude foncière à percevoir en l'autre son irréductible unicité en l'affranchissant, une fois encore, de toute forme de condition[1].

Il s'agit là d'un véritable *tour de force* moral, ou plus généralement psychique, consistant précisément à envisager que toute relation effective implique un dessaisissement égotique en vue de laisser s'écouler, de soi à autrui, la fraîcheur d'un étonnement rejoignant clairement la capacité à s'émerveiller, chère à Vergely[2].

Il n'a pas été démontré que ce genre de prouesse soit l'apanage de l'ensemble de la population. Et ladite « reconnaissance » peut rapidement s'avérer éminemment restrictive, dans la mesure où serait admis, et uniquement admis, ce que l'on est en mesure de tolérer. De là à ne pouvoir reconnaître autrui que dans la mesure où il ne me déçoit pas, il n'y a qu'un pas qui, souvent, est allègrement franchi. Ce qui reviendrait à dire que nombre d'envolées « amoureuses » relèvent de mes attentes égotiques en lesquelles l'autre vient s'encastrer pour autant qu'il me ressemble, me corresponde ou, au contraire, souligne les failles en lesquelles je patauge, cherchant éternellement chez lui ce qui pourra en combler l'abyssale fracture :

> L'analyse démontre que l'amour dans son essence est narcissique, et dénonce que la substance du prétendu objectal – baratin – est en fait ce qui, dans le désir, est reste, à savoir sa cause, et le soutien de son insatisfaction, voire de son impossibilité[3].

Le moi, avons-nous dit à plusieurs reprises, est un système accaparant, centripète. Il ramène à lui, absorbe les choses par ingurgitation et identification, rejetant tout ce qui, de près ou de loin, lui est trop étranger et, de ce fait, lui semble gênant ou menaçant. Ce qui a pour corollaire que l'amour, sous les traits d'une authentique reconnaissance d'autrui en sa plus ultime altérité, demeure un événement remarquablement différencié et, en définitive, rare.

J'aime mon fils, ma fille, parce qu'ils me ressemblent. Mon amant, ma maîtresse me sied, car, en leur for intérieur, en leur aspect ou en leurs goûts, ils me rappellent ego et en sont le miroir gratifiant. Se verrait ainsi confirmée l'assertion lacanienne selon laquelle, en effet, il n'est d'amour

---

[1] Buber, M., *Je et tu.*

[2] Vergely, B., « L'élan créateur chez Bergson et Jung » pp. 157-93 dans *Jung et l'élan créateur.*

[3] Lacan, J., *Le Séminaire - Livre XX - Encore*, p. 15. Souligné par moi.

que narcissique[1]. Cette vision plutôt sombre mérite réflexion et ne doit certainement pas être écartée d'un simple revers de main ; Lacan jetait sur l'existence un regard sans concession et, en freudien revendiqué, cantonnait la finalité humaine à ce que son maître en disait :

> L'homme n'étant qu'un objet, sert à une fin. Il se fonde – quoi qu'on en pense, c'est toujours là – de sa cause finale, laquelle est vivre, dans l'occasion, ou plus exactement survivre, c'est-à-dire *atermoyer la mort et dominer le rival*[2].

L'affaire est claire et il n'y a, dans ce discours, aucune équivoque à cet égard : l'amour est un leurre, la carotte sous le nez de l'âne, un *récit* en lequel on se perd pour justifier comportements et pensées qui, sans lui, livreraient le sujet à l'enfer de sa condition[3]. Ce qui reviendrait également à dire combien l'enfermement égotique est robuste et déterminé en ses objectifs : maintenir l'individu dans les rets d'une mythologie lui permettant, à lui, de perdurer en ses plus profondes assignations : atermoyer la mort et dominer les rivaux. Dans une telle perspective, on n'y échappe pas, ni à ses visées les plus foncières, fussent-elles enrobées par des fictions, les plus édulcorées, les plus mielleuses qui soient.

Faut-il pour autant souscrire à une telle radicalité, et l'expérience nous ramène-t-elle, sempiternellement, aux mêmes constats ? Voilà bien la question, pertinemment soulevée par Lacan : existe-t-il, et selon quelles modalités, un amour pour un autre ?

Imaginons que la réponse soit *oui*, et que l'on puisse en dénicher, ici ou là, quelques preuves ou manifestations. Tout d'abord en effet, la reconnaissance d'autrui en sa réalité plénière n'est pas une vue de l'esprit ; elle est un fait empirique que l'on peut identifier par observation du ressenti. Par ailleurs, et pour s'autoriser un pas de plus en se projetant au-delà de la « simple » reconnaissance, il peut y avoir en chacun ces instants de saisissement, d'émerveillement où, justement, autrui nous apparaît dans la splendeur de son mystère, dans toute l'étendue de sa singularité. Ces moments, effractifs par définition (on ne peut en décider, ils adviennent comme le fait la grâce ou l'inspiration révélatrice), nous

---

[1] « … quand on est homme, on voit dans la partenaire ce dont on se supporte soi-même, ce dont on se supporte narcissiquement. » Ibid., p. 109 et suivantes.

[2] Ibid, p. 135. Souligné par moi.

[3] « … l'amour (…) *ne fait jamais sortir quiconque de soi-même*. Si c'est ça, tout ça, et rien que ça, que Freud a dit en introduisant la fonction de l'amour narcissique, tout le monde sent, a senti, que le problème, c'est comment il peut y avoir un amour pour un autre. » Ibid., p. 61.

renvoient à une aptitude fondamentale, tout autant que salvatrice. Car c'est bien en de telles fulgurances, au détour de ces irruptions, que se révèle l'essence du génie humain, sa capacité à s'ouvrir, subrepticement, à ce qui, jusque-là, restait fermé ou hermétique.

Simplement, de telles expériences ne relèvent pas des intentions égotiques – cela va sans dire – mais proviennent d'autres perceptions, d'autres espaces que ceux habituellement fréquentés par elles et ouverts, d'une façon ou d'une autre, sur un plus vaste. En termes philosophiques, sur l'infini :

> L'idée de l'infini ne part donc pas de Moi, ni d'un besoin dans le Moi mesurant exactement ses vides. (...) L'idée de l'infini *se révèle*, au sens fort du terme. (...) L'infini n'est pas « objet » d'une connaissance – ce qui le réduirait à la mesure du regard qui contemple – mais le désirable, ce qui suscite le Désir, c'est-à-dire ce qui est approchable par une pensée qui à tout instant *pense plus qu'elle ne pense*[1].

C'est là, sans doute, que le sujet est touché, ravi à lui-même par une dimension qui a été formulée, selon les auteurs, comme relevant du *numineux* – chez Otto[2] – de *l'en plus* – chez Lacan[3] – du *Soi* – chez Jung[4] ou, tout simplement, de l'inconscient chez ce dernier. Jullien souligne, à sa manière, l'Ouvert ainsi entrevu dans ce qu'il nomme la *rencontre* entre les êtres :

> ... s'est-il produit en chacun d'eux (...) la rencontre de l'Autre ? Rencontrer l'« autre », l'autre en tant qu'autre et que singulier : l'Autre qui, parce qu'il est d'abord perçu comme absolument extérieur, peut du même coup, par son intrusion dans notre espace intérieur, y faire surgir un plus dedans de soi ; et servir dès lors d'assise, seule fiable, à ce « soi ».

De cette intrusion, en effet, peut ressortir :

> ... par la médiation d'un Autre se levant soudain du fond du monde et s'en détachant, d'un « autre » qui n'est plus autrui, la révélation d'un infini possible au plus intérieur de soi, d'un soi qui n'est plus limité à

---

[1] Lévinas, E., *Totalité et infini - Essai sur l'extériorité*, p. 56. Souligné par l'auteur.

[2] Otto, R., *Le sacré - L'élément non-rationnel dans l'idée du divin et sa relation avec le rationnel.*

[3] Lacan, J., *Le Séminaire - Livre XX - Encore.*

[4] En maintes parties de son œuvre.

« soi », c'est-à-dire faisant surgir une ressource infinie dans ce nous partagé[1].

L'amour ne provient pas du moi. Il n'en peut être que le témoin ou l'acteur, parfois transi, souvent fasciné, mais certainement pas le générateur.

L'hégémonie stratégique

L'ensemble de ces conditionnements psychiques – moi comme désir de l'autre ; difficulté, voire impossibilité à envisager ce dernier autrement que référé à ce que je suis ; exil du moi quant à son aptitude à aimer – engendre ainsi un paysage relationnel dont on mesure la complexité et, surtout, les innombrables contradictions, illusions, jeux d'intérêts et de loyautés sans cesse renouvelés. C'est dire si, dans cet imbroglio, baigné le plus souvent dans la plus grande ignorance, le moi est amené à trouver sa place, et son chemin, de façon tortueuse tout autant que manœuvrière.

En effet, les infinies tactiques vitales tissent, au sens propre du terme, notre être-au-monde. Elles lui sont inhérentes du simple fait que les humains sont, *nolens volens*, interdépendants et doivent, constamment, provoquer les circonstances en lesquelles l'autre leur sera bénéfique. Ils ont compris, dès leur aurore, que leur survie dépend d'autrui, du regard posé sur eux par lui et du degré de positivité, de gratification dont il est porteur à leur endroit. Sans ce *quantum* minimal, sans une dose nécessaire de « bienveillance » (laquelle, de façon lapidaire, peut se résumer en tant que *projet de non-destruction*), il n'est tout simplement pas d'existence possible.

Mon prochain doit être charmé, envoûté. Et la captation enchanteresse mise en place par ego relève, structurellement, d'opérations stratégiques lui permettant de circuler au milieu des siens sans trop en redouter agressivité ou dévastation. On observe ce phénomène dans les diverses constellations familiales ou groupales : chacun a compris qu'il doit y assumer un rôle, un masque, en termes jungiens, une persona[2] particulière, correspondant aux attentes sociales

[1] Jullien, F., *De l'intime - Loin du bruyant amour*, p. 80. Souligné par moi.

[2] Jung propose la définition de ce terme dans *Ma vie, souvenirs, rêves et pensées*, p. 460 ou encore dans *L'analyse des visions - Le séminaire de 1930-1934* : « La persona est un système psychique qui est constitué en partie de nous-mêmes, mais en partie, aussi, de ce que notre environnement nous oblige à être dans le monde extérieur. Si l'on était seul, on n'aurait pas de persona. » P. 439. Voir aussi : Agnel, A. et coll., op. cit., p. 130.

ou inhérentes à la culture familiale. Ainsi, dans telle fratrie, on va assister à l'émergence de celui qui devra être le boute-en-train, quand son frère aura pour assignation d'être le fort en thème, aux côtés d'une sœur qui se sait devenir, forcément, le bâton de vieillesse d'une mère dépressive. Ces rôles ressortissent tous à des motions stratégiques, dans la mesure où ils satisfont à ce qui est exigé par le système groupal ou la culture familiale, le sujet y étant effectivement *désigné* pour endosser une telle place et, surtout, ne pas en déroger. La docilité d'un caractère, ses aspects conciliants ou rebelles sont des formations de compromis entre les intimations parentales (ou éducatives) et le tempérament personnel, ses particularités propres, toutes appelées à se plier, d'une manière ou d'une autre, aux sommations sous-jacentes ne manquant pas de fleurir au sein de la trame idéologique que constitue tout système collectif.

Il n'y a là que très peu de *liberté*, au sens où l'exaltait, entre autres, Hegel. Pour le philosophe, en effet, celle-ci est, au même titre que l'est la reconnaissance pleine et entière d'autrui dont il vient d'être question, un potentiel à développer, un tour de force, une fois encore, impliquant la désincrustation individuelle relativement à l'ensemble des préceptes, intimations, obligations morales ou religieuses, croyances et idéaux qui ne manquent pas, qui ne manquent jamais, d'accompagner le devenir et la conscience en toutes situations. Hegel l'affirme dans une formule décapante, déclarant que « la liberté veut se saisir comme esprit[1] ». Ce qui revient à dire qu'elle n'est pas accessible immédiatement ni de plein droit. C'est une conquête, un labeur. Autonome, en tant qu'esprit, relativement au flot d'assignations susmentionnées, elle doit être appréhendée par un surcroît de conscience apte à en saisir la suavité et, surtout, la formidable puissance en tant que désenclavement de tout ce qui rend esclave des conventions : esprit du temps ou moralisations polymorphes ciblant chacun de nos actes, la plus banale de nos paroles, si ce n'est, même, nos pensées.

Ce travail, cette conquête laborieuse, souvent poussifs, relèvent des capacités moïques (évaluation ; discernement ; discrimination ; compréhension…) et de ce qu'elles sont capables d'extraire des expériences de vie. La liberté subjective se construit, s'élargit en fonction de ce que la conscience a perçu comme n'étant justement *pas* libre en elle. Elle ne peut l'envisager que négativement, au moment où, se considérant avec lucidité, elle peut se dire : « Là, je ne suis pas libre. Et ce

[1] Hegel, G.W.F., *Phénoménologie de l'esprit*, p. 474. Également cité par Guibal, F. dans *Dieu selon Hegel - Essai sur la problématique de la Phénoménologie de l'Esprit*, p. 36.

que je fais ou exprime est déterminé par un ordre qui m'habite, m'enserre, mais auquel je n'adhère pas. Ou plus. »

On bute là sur l'impasse paradoxale des options stratégiques. Nécessaires du fait de l'interdépendance inévitable en laquelle chacun s'insère, s'immisçant inlassablement au cœur des actes et des pensées, elles deviennent du même coup un enclos mortifère, autojustifié, faisant accroire au sujet qu'il suit « la bonne voie » afin de perpétuer son intégration dans le social et les gratifications qu'il en escompte.

Une jeune femme, gentille, mais un peu terne, a toujours été dévouée à la cause familiale. Incapable de se trouver un conjoint alors qu'elle est maintenant trentenaire, son rôle le lui interdit et elle sait que, s'en délestant, on ne pourra plus l'aimer. Nécessairement asexuée, elle vit chez ses parents qui, bien sûr, ont tellement *besoin d'elle*.

Un quadragénaire, « rebelle », ne peut désormais plus porter d'autres masques que celui-là. Depuis des lustres, il est le porte-parole de frustrations paternelles n'ayant jamais pu être assumées, ni même détectées. En éructant contre la terre entière, il ignore qu'il déverse sur le monde la bile emmagasinée par le père, pris dans les mailles d'une coercition familiale où rien ne pouvait être dit et où sévissait la brutalité d'oppressions obsolètes, tout autant qu'indiscutables. Le moi de cet homme a « compris », subrepticement, que son rôle devait être celui-là. Et il a obéi.

Ainsi, les stratagèmes adaptatifs, l'accommodation psychique à l'ensemble de « ce qui est attendu », ne s'appliquent pas uniquement aux orientations doucereuses de la psyché, et tous n'orientent pas le sujet vers le « bon et le bien », comme on pourrait l'imaginer. Au contraire, ils peuvent prendre toutes les formes, toutes les directions, dans la mesure où celles-ci sont clairement définies. Ce qui ne veut pas dire qu'il existe là, forcément, des impératifs *énoncés* ni soutenus par un discours tangible. Les *ambiances*[1], dans nombre de cas, font largement l'affaire. Et l'on sait, et l'on perçoit, sans que rien n'ait été dit, que face à telle situation mieux vaut se comporter, si ce n'est même penser, de telle manière.

Ce qui revient à dire que, confrontée à la compulsion stratégique (ici nommée son hégémonie), la conscience peut – ou doit – être fortement sollicitée. Car, dans les deux cas (le premier consistant à identifier les motifs de l'enclenchement stratégique ; le second s'adressant aux modalités de sa mise en œuvre), c'est bien elle qui est à la barre : d'une part, en percevant *ce qui lui conviendrait* dans une situation donnée et qui,

---

[1] Ce concept est largement discuté dans un précédent ouvrage : *Une effarante vacuité - Spiritualité et opposition âme-esprit.*

souvent, relève du « besoin[1] » – dans l'exemple de l'enfant au tricycle, la nécessité soudaine de l'attention maternelle. De l'autre, sachant qu'une telle attente va se heurter à une fin de non-recevoir, en comprenant la nécessité d'engager certaines manœuvres stratégiques. Dans les deux circonstances, une conscience mature peut, si ce n'est doit avoir un rôle à jouer[2].

Ce qu'on pourrait appeler les *attentes primaires* butant ainsi sur le fameux principe de réalité qui enseigne au sujet que l'univers n'a pas été conçu pour lui, mais bien afin qu'il y façonne et y forge un semblant de place[3].

Ainsi, en adoptant une attitude, un style comportemental répondant aux exigences ambiantes (provenant du *Zeitgeist*, de l'Autre, etc.), le moi est amené à se nier du point de vue pulsionnel, relationnel, etc., et, par ailleurs, en se conformant tactiquement à ces attentes exogènes, il s'arrime au fait qu'il constitue, de façon immémoriale, un outil adaptatif extrêmement efficace. Notons que cette aptitude se retrouve partout, à tous les degrés du règne du vivant : afin de survivre, il faut constamment inventer, concocter d'infinis stratagèmes plus ou moins probants. Au cours des millénaires, c'est bien ce mode adaptatif qui a prévalu au sein de l'ensemble des espèces, végétales, animales et, bien sûr, humaines. Et l'on sait que cette dernière, dans sa prime vulnérabilité face à des prédateurs bien plus performants[4], a dû s'accommoder aux circonstances environnementales, particulièrement hostiles, en développant un système cognitif à nul autre pareil. On en voit le résultat aujourd'hui dans le phénomène de l'inflation, déjà mentionné.

---

[1] Ou, pour le moins, d'une expectative reconnue comme telle.

[2] Il n'en va pas de même chez l'enfant qui stratégise de façon inconsciente, ou intuitive. Chez l'adulte au contraire, le *discernement* permet l'analyse des enjeux et d'éviter, ainsi, le piège tendu par d'anciennes coercitions, trop connues pour être ignorées.

[3] On rencontre, là, une des plus poignantes souffrances psychotiques : celle d'avoir l'impression de ne jamais pouvoir trouver sa place ici-bas. La problématique s'exprime souvent par les malaises du corps, par l'impression qu'il est pressurisé, scindé ou, plus radicalement, que tout espace lui est irrémédiablement refusé.

[4] Dans un intéressant ouvrage, *Pourquoi j'ai mangé mon père*, R. Lewis développe l'idée suivante : les grands fauves disparaissent peu à peu du règne animal du fait de leur *excessive* efficacité prédatrice. De ce fait, leur bagage génétique est peu sollicité en termes évolutifs – ils n'en ont pas besoin, étant donné qu'ils sont trop parfaitement appareillés pour chasser et persister – ce qui a pour effet une évidente stagnation de ce point de vue. Ils sont alors, peu à peu, évincés de leur règne. Il n'en fut pas de même pour les humains, êtres frustes et vulnérables, qui ont dû constamment lutter, évolutivement et, donc, génétiquement, afin que leurs capacités à survivre puissent continuer de se développer. De ce point de vue, la fragilité de l'espèce engendre et stimule, logiquement, sa créativité génético-psychique. Lewis, R., *Pourquoi j'ai mangé mon père.*

Par ailleurs, les conséquences de l'hyperadaptation, au plan individuel, se retrouvent fréquemment dans la formation de personnalités *as if*, soit ce qu'on a nommé au cours du 20e siècle des *faux-self*[1]. L'expression est juste. Et c'est encore le moi qui, prenant conscience de cette aliénation, sera appelé à déconstruire ce qu'il a mis tant de temps et d'effort à élaborer, afin d'accéder enfin à l'esprit de liberté. Car cette désincarcération incombe à chacun, à condition qu'il ait pris acte de l'incarcération en laquelle l'ont situé son histoire et les innombrables asservissements qu'on y découvre à chaque pas. Sans conscientisation, il n'y a aucune raison de vouloir changer quoi que ce soit, et tout peut perdurer dans une molle acceptation de ce-qui-est avec, au fond du ventre, le lancinant appel d'un ailleurs qui n'adviendra jamais, car il est trop dérangeant, trop perturbant pour le corset idéologique en lequel on végète.

L'accolement sans discernement ni critique aux injonctions groupales a pour bénéfices, tout d'abord, un évident confort notionnel (on adhère aux valeurs du groupe et, ce faisant, on en est accepté) ; ensuite, l'absence de toute nécessité différenciatrice (il n'est pas nécessaire de se fabriquer un monde dont on découvre, par un constant labeur, les balises essentielles, étant donné que celles-ci sont préinstallées par l'Autre) et enfin, un sentiment d'inclusion, rassurant en toutes circonstances. Le prix à payer est, bien sûr, exorbitant, puisqu'il implique une aliénation personnelle en direction de préceptes ou de repères préexistants. Dans un tel cas, l'individuation n'a tout simplement pas lieu et l'individu peut tranquillement « couler des jours heureux » dans une famille aimante, sans se douter un seul instant qu'il trahit son génie, son *daimôn* ou son *genius*, grondant en ses tréfonds et tentant de se faire entendre par nombre de signes dont il vaut mieux ne pas tenir compte si l'on tient à la paix des ménages.

Si, au contraire, l'individu poussé par quelques forces inhérentes à ses esprits tutélaires en vient à comprendre qu'il lui est désormais impossible de suivre la voie indiquée par la « tradition », on fait face à un être obligé de lutter contre les principaux ingrédients l'ayant amené à devenir, socialement et moralement, ce qu'il est. Dans un tel cas, il s'agit bien d'un combat, d'un *opus contra naturam* (un processus, un travail contre nature) le poussant à déconstruire, parfois radicalement, les structurations antérieures sur lesquelles s'est érigé son moi ou son masque social, sa *persona*.

---

[1] Winnicott, D.W., *Conversations ordinaires*.

Un patient, lourdement atteint d'une maladie dégénérative, arrive à sa première séance dans un état de grande exaltation. À peine assis, il me regarde droit dans les yeux, pointe son index en ma direction et assène : « Cher monsieur, je viens vous voir, *car je suis trop gentil*... Cette maladie en est la preuve ! » Tout cela est proféré avec une force, une conviction qui ne laisse aucun doute : cet homme a identifié sa maladie en tant que réaction au moulage groupal l'ayant contraint à se figer peu à peu dans des ornières qu'il sent génératrices de ce qui le détruit à bas bruit.

Cette pathologie en est-elle *réellement* la conséquence ? Je n'en ai pas la moindre idée. L'important, c'est qu'il la perçoive comme telle et puisse la travailler, la prendre à bras le corps à ce niveau-là. De cette manière, il est évident qu'à partir de l'instant où il décèle, en lui, cet « excès de gentillesse » en d'autres termes son hyperadaptabilité aux injonctions régnantes – il va devoir remettre en question nombre de postulats, croyances ou loyautés ayant émaillé son parcours depuis les origines. Un autre-du-moi, ou un autre-moi[1] advient alors, ayant subitement entrevu l'impasse en laquelle ce patient s'est enferré, et le pousse à réfléchir sur, tout autant qu'à se rebiffer contre, cette aliénation mortifère. C'est ce qui l'amène en analyse.

*

Pour schématiser cette dialectique intrapsychique, il est possible d'avancer que le moi primaire (ou originel) relève de processus initiaux, adaptatifs et inconscients – il ignore qu'il se conforme aux injonctions groupales, tout en le faisant pour d'excellentes raisons, explicitées antérieurement –, instaurant une sorte de socle comportemental, cognitif et idéologique spécifique (une idiosyncrasie), véritable ossature psychique *à laquelle l'individu s'identifie* sans savoir pour autant qu'il le fait. Nombre de conduites apparemment irrationnelles, telles que les embrigadements religieux ou politiques, ainsi que les agissements qui en exsudent (fanatisme, terrorisme, bigoterie, etc.) s'expliquent, pour partie, par cette véritable confection du moi qui, par identification, se restreint précisément à ce que l'on exige qu'il soit, dans toutes les circonstances imaginables. Ces affiliations moutonnières se révèlent fréquentes aujourd'hui, alors que la *vox populi* édifie maints diktats et préjugés auxquels l'ego adhère par pur atavisme ou nonchalance, étant donné que tout ce qu'il a à faire ou à penser se trouve médiatiquement prémâché par l'inénarrable « On » heideggérien.

---

[1] Décrit comme étant le « Je » dans un précédent ouvrage : *L'ego face au divin - Naissance du moi et expériences mystiques*, p. 215 et suivantes.

Dans un second temps, et pour peu que réaction il y ait, « l'autre » moi regimbe. Selon des modalités que l'on pourrait qualifier d'instinctives, étant donné qu'elles émanent de fondements vitaux ayant survécu aux endoctrinements initiaux, *quelqu'un* (ou « *quelque chose* ») en soi ne peut plus supporter ce dans quoi l'on végète. Tentant de s'en affranchir par mille ruses plus ou moins efficientes, cet autre veut déconstruire ledit socle afin de s'approprier une réelle forme d'accès au choix. En d'autres termes, afin d'acquérir un degré de liberté supérieur à ce qui prévalait jusque-là et qui correspondait, peu ou prou, à ce que la logique groupale tolérât qu'il fût.

Signalons que, dans les deux situations, il s'agit d'un processus adaptatif, mais non référé aux mêmes instances. Dans la première, l'individu se retrouve contraint à se couler dans des moules environnementaux auxquels il croit ne pas pouvoir échapper. Il doit donc s'y faire, et la meilleure option consiste à s'en accommoder de manière à rester « aimable », c'est-à-dire « reconnu » par les conditionnements l'ayant vu naître. De cette manière, il se sait et se sent inclus dans une collectivité qui, de toute évidence, lui dicte ses lois et lui mène la vie dure s'il en dévie exagérément. On fabrique ainsi de gentilles personnes, si ce n'est, comme me le criait ce patient, *excessivement* gentilles.

Dans la seconde, où le sujet ressent et comprend qu'il lui faut enfreindre les préceptes inculqués, il est paradoxalement appelé à s'*adapter*[1] à ce qui, de son fonds, lui rappelle qu'il ne peut se réduire à ce qui lui a été prescrit avec tant de persuasion et d'évidence. Il ne s'agit pas, là, d'une vision de l'esprit ou d'un attachement romantique à des figures mythologiques surannées. On sait aujourd'hui à quel point chaque sujet est rigoureusement unique. Définitivement tel, et lesté, à son corps défendant, de potentiels et d'orientations n'ayant pas grand-chose à voir avec ceux émanant de sa communauté. Chaque individu est un mixte étonnant, sublimement complexe, fait d'innombrables composantes dont les linéaments restent, à proprement parler, insondables en leurs combinaisons. Chacun est donc bien, au sens où en parle Buber, irrémédiablement et indiscutablement singulier. Et cette singularité parle. Hurle. Demande à être entendue et prise en compte.

---

1 Adaptation qui n'est pas sans rappeler la notion d'*obéissance* en terminologie « mystique ». Celle-ci n'étant pas, on l'aura compris, naïve soumission aux prescriptions du dogme, mais bien prise en compte et prise au sérieux d'un appel, d'une intimation intérieure dont la flagrance se développe au fil du temps.

Dans cette perspective, est donc bien exigé un méticuleux travail de différenciation relativement aux présupposés groupaux afin d'envisager ce qui, de cette singularité, rejoint l'idée ou la puissance d'un destin personnel, résolument unique. Il s'agit sans doute, là, d'une des plus profondes intuitions jamais dévoilées concernant le devenir humain et son positionnement face au collectif. Jésus s'en fait d'ailleurs le porte-parole en assénant ce discours inouï, scandaleux, en apparent démenti avec tout ce qui avait été dit au sujet de l'amour :

> Ne pensez pas que je sois venu apporter la paix sur la terre : je ne suis pas venu apporter la paix, mais le glaive. Oui, je suis venu séparer l'homme de son père, la fille de sa mère, la belle-fille de sa belle-mère : on aura pour ennemis les gens de sa propre maison. Celui qui aime son père ou sa mère plus que moi n'est pas digne de moi ; celui qui aime son fils ou sa fille plus que moi n'est pas digne de moi ; celui qui ne prend pas sa croix et ne me suit pas n'est pas digne de moi. Qui a trouvé sa vie la perdra ; qui a perdu sa vie à cause de moi la gardera[1].

On a tout intérêt à s'imprégner de ces versets, sans tomber dans le piège d'une lecture au premier degré, car ils en valent la peine. En effet, le « moi » dont il est question n'est bien sûr *pas* celui du personnage historique appelé Jésus. Il s'agit au contraire de ce dont il est débattu ici : l'être intérieur, l'entité cachée, occultée, par laquelle chacun est un beau jour appelé (« l'appel de l'être » chez Sibony[2]) lorsqu'il se penche sur ses tréfonds et prend la peine de les écouter. Or ceux-ci exigent, car telle est leur nature, avec force et détermination, un processus de rupture avec la logique ancestrale, dont on retrouve l'écho dans les affirmations christiques. L'accès à l'intime sépare l'homme de son père, la fille de sa mère et, plus généralement, l'amène à la prise de conscience de ce qui le justifie et le légitime en tant que distinct. Le glaive dont il est question est donc bien « réel ». Il rejoint, de manière certaine, la *nécessité différenciatrice* inhérente au devenir-soi, aux exigences et sacrifices que cela impose.

Ce glaive est interne, ontologique. Et disjoint – à l'instar de celui évoqué dans Matthieu – le moi atavique, l'ancien moi du nouveau,

---

[1] Math. 10, 34-39. On retrouve le même type d'énoncés dans Michée, 7, 6 : « … le fils traite son père de fou, la fille se dresse contre sa mère, la belle-fille, contre sa belle-mère. Chacun a pour ennemi les gens de sa propre maison. »

[2] Sibony, D., *Les trois monothéismes - Juifs, Chrétiens, Musulmans entre leurs sources et leurs destins*, en plusieurs occurrences.

arrachant le sujet d'une logique d'attachement/accolement afin de le mener vers, si ce n'est de lui imposer, une autre « attache », en direction de *ce-qui-l'anime* et qu'on nomme, avec Jung, le processus d'individuation. Rien n'est plus exigeant, rien n'est plus ardu que ce geste séparateur dont la psychanalyse a fait son cheval de bataille depuis plus d'un siècle.

La tâche du *Je*, subtil compromis entre les orientations qui viennent d'être évoquées, est donc immense, titanesque, si ce n'est inhumaine, tant les arrimages originels sont puissants et semblent avoir pour unique but de maintenir l'individu à l'intérieur de limitations qu'ils ont eux-mêmes engendrées. L'horreur de la trahison pointe ainsi son nez tout au long du processus et il n'est pas rare de s'entendre dire, en situation thérapeutique : « Mais si je laisse parler tout ce qui, en moi, veut s'exprimer, non seulement je ne vais plus être moi, mais je vais passer aux yeux des miens pour un monstre ! » Ce qui n'est pas tout à fait faux. Les coercitions groupales sont, elles aussi, construites sur les mêmes bases que le moi primaire. En tant que telles, elles constituent une fois encore un système foncièrement conservateur, comme on l'a vu précédemment à propos de la formation du moi. Or, ce qui anime le principe de conservation c'est, précisément, le maintien dans le même, la répétition du semblable afin de préserver la cohérence des structures en lesquelles il s'insère. Dans la plupart des organismes collectifs, la place et le rôle de chacun se rapportent à une forme plus ou moins forte d'obligation, et il n'est pas certain que l'extraction dudit rôle soit, à tous les coups, envisageable étant donné son ancrage au sein d'un faisceau d'habitudes (l'*habitus* philosophique) résolument contraignant. On retombe ici sur la notion de *faux-self* en tant qu'intimation existentielle, nécessaire au sujet afin de se maintenir inclus dans le social et d'y trouver sa place, légitime et reconnue.

L'individuation se révèle, ainsi, tout sauf aisée. Aux yeux du sujet, elle constitue un risque, une échappée, un saut dans le vide dont il ignore foncièrement les conséquences. Qui plus est, il est même inhérent à sa progression de ne pas les connaître, sans quoi il n'y a pas de réelle prise de risque, celle-ci s'apparentant à une errance, à une exploration en territoire vierge, non encore dévoilées et, souvent, minées :

> En fait, s'approcher du Soi peut être, est presque toujours, la tâche la plus difficile ; c'est presque insoutenable. C'est pourquoi la plupart des gens l'évitent. Ils font tout ce qu'ils peuvent pour ne pas travailler sur leur psyché, pour ne pas devenir eux-mêmes, parce que tout le reste paraît tellement plus facile à vivre.

Poursuivant sur sa lancée, Jung conclut :

> Au fond, c'est comme si chacun avait une notion très claire de ce que le Soi implique, et c'est pourquoi tous l'évitent avec soin, car en se rapprochant vraiment du Soi, on va presque toujours au-devant de gros problèmes[1].

C'est la raison pour laquelle toutes les démarches initiatiques recèlent – étant tenues de le faire – une part non négligeable de mise en abîme : c'est effectivement la mort de l'ancien moi qui est convoquée, intimée, afin que puisse advenir un autre moi, re-né. Ré-initialisé. Dans les rituels aborigènes australiens, par exemple, le jeune homme est expulsé du clan durant six mois. Pendant ce laps de temps, il doit se débrouiller seul dans le bush et s'y nourrir, se défendre des maladies, du froid et du chaud, des bêtes sauvages et de tout ce qui pourrait le mettre à mal. De nombreux adolescents y laissent leur peau et ce n'est qu'après cette longue pérégrination, appelée *walkabout* par l'anthropologie anglophone[2], que le jeune est réintroduit et célébré au sein de sa communauté, en tant qu'adulte, cette fois et, donc, re-né, initié.

Analogiquement parlant, l'individuation est un rituel initiatique. Elle projette le sujet hors des sentiers battus et l'expulse loin des repères affectifs et idéologiques ambiants. Le recours aux rêves, tel qu'on le rencontre dans les démarches analytiques, rejoint trait pour trait ce qui se faisait il y a des millénaires lors d'innombrables rites où le pratiquant devait s'enfoncer dans l'*underworld* hillmanien, afin d'y découvrir son propre moyen d'accès et les enseignements qu'il pouvait en retirer. Les différences, extrêmes, entre ces procédés ancestraux et les actuels, tiennent surtout au niveau de conscience des sujets impliqués, d'une part et, de l'autre, aux intensités coercitives exercées par le groupe, incomparables dans les deux situations.

Avec l'avènement et le développement de la pensée philosophique et son arborescence en diverses branches scientifiques, tout autant qu'avec la critique radicale de la religion, poussée à son paroxysme à l'époque des Lumières[3], l'Occident invente la notion d'individu, la subjectivité[1]. Celle-

---

[1] Jung, C. G., *L'analyse des visions - Le séminaire de 1930-1934*, p. 482, pour les citations susmentionnées.

[2] Baldwin S. & Gillen F. J., "*Initiation Ceremonies*" in : The Native Tribes of Central Australia, Londres : Dover, chapitre 7, pp. 212-270.

[3] Il faut lire, dans la biographie de Stendhal, les immenses réticences de sa famille à aborder, au tournant du siècle (1799), un ouvrage tel que *L'Encyclopédie* de Diderot et D'Alembert. Celle-ci entérinait en effet, dès 1751, la suprématie des sciences et de la

ci a contraint le sujet contemporain à penser le monde, à le concevoir autrement qu'en restant benoîtement soumis aux croyances antérieures. Le schisme individualiste, dont on voit aujourd'hui nombre d'effets, des plus délétères aux plus sublimes, a forcé l'individu à se pencher sur son ontologie et sur la signification de son être-au-monde.

Dans les sociétés traditionnelles, une telle chose n'était pas nécessaire ou, tout au moins, pas au point où elle l'est devenue aujourd'hui. L'initié aborigène, dont on vient de mentionner les épreuves, était ensuite réintégré au sein d'un « tout » dont les orientations et cosmogonies n'étaient pas remises en question. Devenu globalement plus vigoureux, extrait une fois pour toutes du calfeutrage maternel, il pouvait réintégrer la tribu afin d'y procréer en tant que *plus apte*, étant donné qu'il avait survécu à de terribles épreuves. Se manifestait là quelque chose d'éminemment darwinien : le renforcement individuel étant, et restant, au service de la survie et de la santé du groupe, les plus faibles étant éliminés par la dangerosité des situations traversées.

Rien de tel aujourd'hui. L'individuation s'effectue dans un système ne possédant plus, ou peu, de cohérence globale. Et la dimension coercitive des croyances et appartenances y est diluée à un point tel qu'elle a souvent perdu toute efficacité[2]. Ainsi, le sujet contemporain est confronté à une errance bien plus lancinante, bien plus angoissée que ne l'était celle de son ancêtre initié.

En terres occidentales, les balises *collectives* – systèmes religieux, idéologies de toutes sortes et autres générateurs de croyances – sont, à l'heure actuelle et pour la plupart, mises à mal, pour ne pas dire dissoutes. Elles ont laissé la place à une sorte de marée informe, faite d'informations, de slogans multiples et contradictoires, d'orientations diverses ne revendiquant aucunement un substrat transcendantal, comme c'était le cas anciennement. Cette *dissolution du substrat* – dont il a longuement été question dans d'autres ouvrages[3] – est d'ailleurs un des grands problèmes de l'âme moderne[4] (et du moi qui en est le porte-

---

rationalité sur tout autre accès au réel, et notamment sur la religion chrétienne dont les proches de l'écrivain étaient de farouches défenseurs.

[1] Beaufret, J., *Parménide - Le Poème*, p. 3 et suivantes.

[2] Signalons toutefois qu'on assiste aujourd'hui à un phénomène de *déplacement* de ces coercitions. Ce n'est plus nécessairement la famille ou la communauté des proches qui les exerce, mais bien le tissu relationnel établi avec l'ensemble des influences communautaires (ou communautaristes) telles que les affiliations ou les appartenances aux divers réseaux, qui en sont d'évidentes résurgences.

[3] Willequet, P., *Délires et splendeurs du religieux - La transcendance au 21e siècle* ou encore : *Une effarante vacuité - Spiritualité et opposition âme-esprit.*

[4] Jung, C.G., *Problèmes de l'âme moderne.*

parole) : perdue dans une invraisemblable jungle de sens et de contresens, d'idéaux et d'infox, de séductions consuméristes et de leurs rejets concomitants, celle-ci est, plus que jamais, projetée dans un univers désorienté et désorientant. La référence ultime, le « Un » lui étant désormais refusé – et il y va, là, d'un mouvement historique lancé à toute allure en direction d'un futur plus qu'incertain – ego est contraint de bricoler, de concocter ses propres repérages conceptuels, affectifs et spirituels, sans pour autant savoir si ceux-ci valent encore quelque chose. Raison pour laquelle, une fois encore, l'idée même d'individuation reste éminemment problématique, pour ne pas dire préoccupante.

On l'a vu plus haut : les méthodes initiatiques visaient à faire accéder l'adolescent à un plus vaste, le groupe des adultes, après qu'il soit passé sous Les fourches caudines d'une série d'épreuves au cours desquelles il était littéralement décapé. Il en ressortait nanti d'un indiscutable surcroît de puissance. Ensuite, il était réintégré au sein du groupe, à un autre niveau, plus aguerri et en possession d'une indéniable connaissance des choses et de la façon de se comporter à leur égard. Enfin, une fois initié, il pouvait accéder au rôle procréateur, étant donné son nouveau statut.

Rien de tel à l'heure actuelle : cette *logique intergénérationnelle* n'existe quasiment plus, ou plus de cette manière. On en veut pour preuve l'actuel manque criant de maîtres à penser, contrairement à ce qui se passait il n'y a pas si longtemps[1]. Cette absence signe une dilution généralisée de toute forme d'orientation fiable, déterminée par un sens préétabli et validé collectivement, que Taylor identifie judicieusement en tant qu'« évaluation forte », c'est-à-dire une ligne de conduite autour de laquelle s'agrègent certains facteurs qui font consensus. Ceux-ci impliquent :

> … des distinctions entre le bien et le mal, entre le meilleur et le pire, entre le supérieur et l'inférieur, (et) dont la validité ne repose pas sur nos propres désirs, inclinations ou choix, mais qui, au contraire, demeurent indépendantes de ceux-ci et proposent des normes en fonction desquelles on peut les juger[2].

À cet égard, on aura ici reconnu le rôle axial des grands systèmes religieux, fortement charpentés du point de vue moral et comportemental. Tout cela a volé en éclats. Et l'on comprend pourquoi, aujourd'hui, nombre de jeunes des deux sexes se retrouvent embrigadés

---

[1] Où sont, aujourd'hui, les éminents penseurs ayant façonné, du fond de leur créativité, des orientations spirituelles, philosophiques ou conceptuelles capables de donner sens à l'existence humaine ? Dans leurs tombes.

[2] Taylor, Ch., *Les sources du moi - La formation de l'identité moderne*, p. 16.

au sein de groupuscules hyperstructurés, hiérarchisés, d'une rigidité doctrinale sans faille émanant des religions instituées. Ainsi, l'islamisme radical, les mouvements évangéliques, le catholicisme intégriste ou le créationnisme constituent à leurs yeux autant d'entités solides, sécurisantes, parce que revendiquant un arrimage transcendantal, une référence au « Un » qui, ailleurs, fait cruellement défaut. Ces structures deviennent ainsi de véritables *guidelines*[1] pour des êtres désorientés, éperdus de certitudes comme le sont tous les moi existants. C'est d'ailleurs à ce niveau – littéralement psychothérapeutique – qu'il faut les envisager si l'on veut en saisir la puissance de fascination et l'impact sur ces psychés en devenir.

Cela supposerait-il que l'individuation soit une vue de l'esprit ? Un idéal inaccessible, brandi sous le nez de nos contemporains comme un Graal auquel, bon an mal an, ils voudraient souscrire pour échapper à l'horreur du vide qui les guette à chaque pas ?

Oui et non, car comme on l'a repéré plus haut, l'*effort individuant* est, et reste, une entreprise prométhéenne, effarante à proprement parler, tant du point de vue des embûches et obstacles jalonnant son déroulement que des innombrables pertes qui lui sont consubstantielles. Ce n'est, en effet, rien moins que l'effondrement d'un monde et de tout ce qui, jusqu'alors, constituait la base noétique, les assises justificatrices et les valeurs inculquées qui peuvent s'y retrouver mises en péril, si ce n'est laminées. Raison pour laquelle, dans un élan de mansuétude de bon aloi, Jung rappelle combien les arrimages collectifs restent, malgré tout et pour une part, profitables :

> Bien entendu, l'opinion publique, la moralité conventionnelle, les jugements en forme de slogan nous sont certes bien utiles dans certains cas. Tout ça n'existerait pas si cela ne servait à rien. Pour ceux qui se trouvent tout au fond, dans la mer et inconscients, ces idées toutes faites sont vraiment utiles. Par contre, si vous y souscrivez trop souvent, vous finirez par vous retrouver complètement asséchés, parce que votre libido[2] inconsciente va décliner.

Insistant sur les écueils de l'attitude conventionnelle, Jung précise :

---

1 « Lignes de conduite ».

2 Ce concept n'a pas à être confondu avec l'acception qu'en propose Freud depuis ses premiers textes. Jung s'en explique longuement dans *Métamorphoses de l'âme et ses symboles - Analyse des prodromes d'une schizophrénie*. Voir mes commentaires à ce propos dans *Sexualité homme-femme - L'éternel malentendu*, p. 248 et suivantes.

> Adoptez cette sorte de psychologie tant que vous vivez dans les étroites limites du point de vue conventionnel. Mais si vous optez pour la voie personnelle et individuelle, alors cette libido collective va un jour vous abandonner, car vous ne pouvez plus vous fier aux standards collectifs conventionnels, sauf à rester en dessous du niveau moyen, en dessous du niveau de cet être fictif : l'homme normal[1].

Ainsi, on assiste souvent à propos de cette notion à une grave confusion entre *individualisme*, d'une part, et *individuation* de l'autre. La nuance étant importante, elle mérite d'être rappelée.

L'individualisme triomphant

Le projet individualiste relève d'aménagements égotiques. En effet, tout au long de son parcours terrestre et confronté aux vicissitudes de l'existence, ego est amené à identifier ce qui, des exigences groupales, ne lui convient pas, ou plus. Ainsi, il tend à s'en distinguer progressivement, dans un mouvement d'affranchissement fréquent à l'adolescence et qu'il aborde en se basant sur ses propres aspirations et points de vue sur le monde. L'individualisme proclame : « J'ai tous les droits » dans la mesure où il en a cerné la réalité et l'ampleur. Placé au centre de l'échiquier psychique, le moi se reconnaît comme maître et générateur de ses désirs, de ses appétences et de ses volontés. À ce propos, il n'est pas rare d'entendre en thérapie, au détour d'une soudaine prise de conscience : « J'en ai marre. Je ne vais plus me laisser faire. » Ou encore : « Maintenant, c'est moi qui vais décider de mes choix ; désormais je vais faire ceci ou cela, *car tel est notre bon plaisir*[2]. »

Il est clair que cet « accès à soi » ou cette « bouffée individualiste » constitue une sorte de *passage obligé* en direction de l'individuation, cette dernière ne pouvant se retrouver dans ce type de formulation, encore moins s'y résumer. Elles sont pourtant nécessaires. Il faut qu'un beau jour la conscience moïque puisse discerner, de manière patente et déterminée, ce qui l'anime et de quoi elle est faite. En d'autres termes, ce qui la distingue des expectatives et sommations communes.

On en reste souvent là.

Et le sujet, en toute bonne foi, imagine qu'ayant proféré ces louables intentions – car il s'agit bien d'intentions, et non de résolutions, toujours

---

[1] Jung, C. G., *L'analyse des visions - Le séminaire de 1930-1934*, p.462. Souligné par moi.
[2] Phrase erronément attribuée à François 1er, s'adressant à ses successeurs.

mises à mal par l'inertie de l'*habitus* – il a du même coup fait le tour de la question. Nombre de démarches psychothérapeutiques s'interrompent d'ailleurs à ce stade et le sujet, ravi de son nouveau statut, s'en va pérorer à qui veut l'entendre qu'il ne « lâchera plus jamais rien », qu'il « sait où il va », qu'il a « droit au bonheur » et autres billevesées. Du point de vue civilisationnel, nous en sommes là. Le « Un » transcendantal a été remplacé, pour ne pas dire éradiqué par l'omnipotence et l'omnidésirance égotiques, nous amenant bon an mal an à décréter, sans rire : « Après moi le déluge[1]. »

Le consumérisme actuel, le technologisme qui en est l'avatar, la croyance en des lendemains qui chantent parce que nos prouesses cognitives sont infinies et multiformes (ce qui n'est pas faux), nous portent à miser, en toute occasion, sur l'omniscience du moi et sur le caractère illimité de ses pouvoirs. Ce qui, bien sûr, est périlleux. De ce point de vue, la seconde option – l'individuation – relève d'une inénarrable candeur et mériterait d'être reléguée aux oubliettes de l'histoire psychique. L'individualisme s'est érigé en nouvelle religion, véritablement *universelle* celle-là, exigeant de ce fait d'être critiquée, comme toutes les confessions instituées l'ont été ou devraient l'être, en passant par le tamis d'une raison vacillante, mais néanmoins incontournable par les temps qui courent :

> L'histoire humaine montre que chaque tribu inventera une ou plusieurs divinités et leurs cultes, la dernière en date étant la « rationalité scientifique athée ». Avec l'avènement d'une subjectivité individualiste, il y a autant de dieux que d'hommes, même si quelques grandes figures mythologiques dominent le paysage[2].

Nouvelle religion, car, *primo*, au même titre que la plus archaïque des dogmatiques, l'individualisme n'est pas remis en question. Plus personne ne se demande en quoi ni pourquoi, ses désirs propres n'auraient pas force de loi. Un des garçons que j'ai élevés proclamait, du haut de ses trois ans : « J'ai tous mes droits ! » C'est exactement cela. Car, à l'heure actuelle, on ne proclame plus : « J'ai tous les droits », mais bien : « J'ai tous *mes* droits », ce qui revient à dire que, les ayant reconnus et glorifiés, ils s'imposent à tous et en toutes circonstances sans que rien, ni

---

[1] Voir, à cet égard, la manière dont on traite la planète et ses multiples fruits, conçus comme autant d'objets à disposition et dont on peut se servir comme bon nous semble, sans restriction aucune.

[2] Froger, J.F., *Le livre de la Création - Commentaires à propos des trois premiers chapitres de la Genèse*, pp. 391-392.

personne, ne vienne en disputer la pertinence ou le bien-fondé. N'appartenant plus au bien commun, au sens où, effectivement et d'un point de vue légaliste, les droits sont des entités partageables ayant été définis et édictés par la communauté en vue de sa cohésion fonctionnelle, ils relèvent désormais d'un seul et unique juge, entité suprême trônant dans l'azur de ses sublimes convictions : l'individualisme égotique en son indéfectible avidité identitaire. Les problématiques communautaristes, dont il est beaucoup question en ce 21e siècle, trouvent leur origine dans ce genre d'*a priori*, non discutable et non discuté : la revendication d'une identité fermée sur elle-même, excluante, et souvent chevillée au statut victimaire qui en justifie, après-coup, les violences ou les tendances ségrégationnistes. On est en droit de tuer, de torturer ou de génocider celui qui nous maltraite, c'est bien connu.

Secundo, car elle s'est instaurée comme universelle, au même titre que prétendait le faire le catholicisme[1] dès le concile de Nicée, au 4e siècle. De cette façon, effectivement, l'individualisme identitaire a « remporté la mise » et ne tolère plus aucune des limites que pourrait lui intimer le réel, ou l'autre, lui aussi gagné par la même propension à la ghettoïsation de ses revendications, catégorielles, économiques, territoriales ou idéologiques. Le morcellement sociétal auquel on assiste alors ressemblant étrangement à celui qui prévaut dans le phénomène de la psychose : l'éclatement d'une organisation unificatrice en segments épars, exigeant chacun un statut de parfaite autonomie relativement aux autres, à tous les autres, désormais relégués à l'état de non-être du simple fait qu'ils ne s'accordent pas à ses besoins propres. Attitude que l'on retrouve de manière endémique dans la logique « populiste » chère à certains dirigeants, et non des moindres, à la tête de nations qui semblent avoir perdu la raison, ou le simple bon sens.

Tertio, car l'individualisme érige nombre de nouveaux temples, rituels et adhésions multiformes, matérialisés par d'innombrables sites communautaristes, l'addiction aux réseaux sociaux ou aux prouesses mirobolantes affichées par tel nouvel écran[2], qui gangrènent, peu à peu, l'ensemble de la population, enfants au premier chef. Ne nous y trompons pas : il s'agit bien, là, d'ersatz religieux, impliquant le même

---

[1] Rappelons que le terme provient du grec ancien : καθολικὸς, *catholique*, signifiant « universel », de κατὰ « compréhension », et ὅλος, « tout », dont le radical ὅλ paraît être le même que *sol* dans *sol-idus* « solide ». Il y a donc bien, au sein même du terme, prétention à « tout comprendre » de ce qu'il y a à… comprendre.

[2] Voir l'analyse qu'en fait M. Desmurget dans un ouvrage décapant : *La fabrique du crétin digital - Les dangers des écrans pour nos enfants.*

type d'adoubements, d'intransigeances ou de préjugés que la pire des bigoteries. Simplement, une fois encore, ils ne se réfèrent aucunement à une instance transcendante (ou s'ils le font, c'est pour mieux en dévoyer les visées unificatrices), dotée d'intelligence ou d'un projet évolutif, comme pouvaient le faire d'anciennes religions. Celles-ci, reléguées aux placards de l'histoire, meurent à petit feu sur les étagères de nos universités, dépérissant dans des ouvrages que plus personne ne lit, faute d'envie ou de disponibilité.

Enfin, *quarto*, le moi s'est désormais installé en néo-divinité relativement au temps qui lui est imparti. On sait que, traditionnellement, les sociétés anciennes consacraient – c'est le cas de le dire – une part essentielle de leur existence à leur relation au Tout-Autre. Les moindres gestes du quotidien, ablutions, consécrations, actes propitiatoires, prières et dévotions jalonnaient la vie quotidienne et la structuraient tout au long du jour et des saisons. Il en va de même pour le moi, dont l'emblème actuel, pour ne pas dire le symbole, se cristallise dans l'objet narcissique par excellence : le smartphone, miroir privé, inlassablement consulté pour se rassurer du regard d'autrui sur soi porté. Cette temporalité égotique laisse entrevoir combien ego, en tant qu'entité, a pu envahir l'espace mental de façon pléthorique et sans le moindre effet de *résistance* à sa sourde, mais indiscutable omniprésence. Ainsi, l'affirmation selon laquelle le moi s'arroge désormais le rôle de nouvelle divinité, impliquant, de fait, une « religiosité » inédite, ne constitue pas une aimable analogie ou une métaphore un peu facile. Il s'agit bien là, du point de vue sociétal et sans aucune tonitruance particulière, de l'instauration d'une orientation inédite chargée de transcendance, non pas au sens traditionnel du terme, mais bien dans la mesure où celle-ci embrasse un nombre d'individus sans cesse croissant, transformant le phénomène en mouvement global, débordant largement la sphère occidentale ou nantie de la planète. Un peu partout et de façon extrêmement rapide historiquement parlant, l'avènement de l'individualisme, l'évincement du « bien commun » au profit du subjectif – justifié et amplifié par notre rapport aux consommables –, se sont peu à peu imposés comme norme universelle, *catholique* (au sens étymologique), laissant de côté, avec une indifférence grandissante, toute autre forme de perspective un peu structurée.

Ce paysage pourrait laisser entendre que le processus d'individuation n'est plus qu'une vieillerie, la rêverie d'un fou s'imaginant trouver, en son for intérieur, le feu immémorial faisant de lui un être capable d'évoluer, de s'élargir et, surtout, de rencontrer autrui hors des limites ghettoïsantes imposées par des myriades d'instances revendicatrices, identitaires, sectorielles ou confessionnelles.

Il n'en est toutefois rien. Cette *voie étroite* n'a pas à être reléguée au rang de concept éculé, dans la mesure où, malgré ce qui vient d'être dit, elle reste et demeure associée à un *appel de l'être* ne pouvant se satisfaire de nourritures aussi frustes que celles qui viennent d'être décrites. En effet, la singularité dont il a été question, et qui, faut-il le rappeler, s'apparente à un mixte invraisemblable fait d'héritages, de dons, de potentiels divers, infiniment variés, dont les combinaisons produisent ce qu'on appelle un être humain, cette singularité, donc, peut parfaitement sourdre des tréfonds en une impulsion subite, un éveil, intimant au sujet sa pleine et effective prise en compte.

Ainsi, l'individuation est une *mise à disposition* du moi relativement à ce qui sourd de son fonds, ou d'un fonds, qu'il ignore la plupart du temps, tout en étant apte et appareillé pour en reconnaître la voix ou le caractère impérieux. Cette mise à disposition, tout autant que la prise de conscience qui l'engendre, sont donc, du point de vue égotique, paradoxales : exigeant de lui un évident effacement – sans quoi rien d'audible ne peut traverser les strates, souvent épaisses, de ses insatiables appétits –, elle lui demande, dans un même élan, une attention accrue à l'invisible, l'affinement permanent de son discernement et de son appréhension du subtil en vue d'une pérégrination existentielle sensée, capable d'envisager les limitations qui lui sont inhérentes et la fréquente vacuité, si ce n'est vanité, de ses préoccupations les plus récurrentes.

Or c'est bien ego, une fois encore, ou plus précisément la conscience moïque, mûrie et travaillée par d'innombrables expériences, heurts ou malheurs, extases ou angoisses, qui va, peu à peu et dans un permanent tâtonnement, un constant travail de rééquilibration relativement aux motions antagonistes qui le traversent, devenir capable de tenir le cap d'une intuition profonde, complexe, émergeant de l'entrelacs des événements tissant son être-au-monde. L'organe capable d'en tenir compte s'appelle, précisément, la *conscience*. Or, il n'y a pas de conscience sans ego. Raison pour laquelle, en l'occurrence, ce dernier peut être considéré comme intrinsèquement génial, dans la mesure où il peut embrasser l'incroyable intrication/complication que constitue un destin, une vie humaine, et placer son gouvernail en direction d'options viables, vivantes et stimulantes, tout autant pour lui que pour la communauté en laquelle il s'insère.

On « n'individue » pas que pour soi, dans son coin, à l'abri des contingences. On n'élargit pas son champ perceptif à des fins strictement personnelles. Tout comme on ne se met pas à prier pour obtenir, d'une éventuelle divinité, les bienfaits escomptés. Non. L'individuation est, aussi, rayonnement. Elle produit des fruits, vise à les partager et à en transmettre le suc, les fragrances, tout autant que les nutriments. L'individuation est radiation. Pour le dire avec Stendhal :

> Un (être humain) devait être selon moi *amoureux passionné* et en même temps *portant la joie et le mouvement dans toutes les sociétés où il se trouvait.* Et encore cette joie universelle, cet art de plaire à tous, *ne devaient pas être fondés sur l'art de flatter les goûts et les faiblesses de tous*, je ne me doutais pas de tout ce côté de l'art de plaire qui m'eût probablement révolté ; l'amabilité que je voulais était la joie pure de Shakespeare dans ses comédies[1].

La remarque stendhalienne relative au fait que cette joie « ne doit pas être fondée sur l'art de flatter » rejoint, de façon éclairante, ce qui a été avancé à propos de la stratégie. Il y a, comme corolaire à l'individuation, l'accès à une liberté et à une spontanéité permettant au sujet l'affranchissement quasi complet de toute forme d'option manœuvrière et, donc, de flagorneries ou de tartufferies diverses. Étant *devenu ce qu'il* est, arrimé à un substrat qu'il sait inexpugnable, indestructible si ce n'est par la mort, le sujet est en mesure d'évoluer au milieu de ses pairs sans se soucier du joug de leur regard. Il se sait et se sent accompagné, soutenu, par un-autre-en-lui, plus vaste que son moi, plus ample, et qui, de toute manière, n'arrêtera pas d'interagir avec lui, y compris aux pires moments. Pour le dire avec Jung, il se sent « porté[2] » par une force, une puissance immémoriale et pourtant tangible, dont il perçoit qu'elle constitue certainement le plus grand bien qu'il puisse contracter en ce bas monde.

---

[1] Op. cit., p. 274. Souligné par moi. La référence à Shakespeare, en tant que l'un des rares auteurs ayant pu explorer l'ensemble du spectre de l'âme humaine, est éminemment pertinente. En effet, il a pu en déployer, dans ses œuvres, toutes ses composantes, des plus lumineuses aux plus sombres, soit le projet même de l'individuation.

[2] Jung, C.G., *Ma vie, souvenirs, rêves et pensées*, p. 456.

Le moi en ses récits

> Nous seuls percevons notre existence sur terre comme une trajectoire dotée de sens (signification et direction). Un arc. Une courbe allant de la naissance à la mort. Une forme qui se déploie dans le temps, avec un début, des péripéties et une fin. En d'autres termes : *un récit.* « Au commencement, le Verbe » veut dire cela : c'est le verbe (l'action dotée de sens) qui marque le commencement de notre espèce. Le récit confère à notre vie une dimension de sens qu'ignorent les autres animaux[1].

Ego est un merveilleux conteur. Un auteur de fictions. Il se raconte, tout au long de son chemin, un tas d'histoires, de mythes et de légendes. Ainsi, l'étoffe d'une existence se tisse autour d'une série ininterrompue de discours possédant plusieurs fonctions, tout aussi nécessaires les unes que les autres.

La première d'entre elles relève de l'évidence : pour se repérer dans le monde, l'être humain, dès l'accession au langage parlé, doit se le raconter, c'est-à-dire se l'expliciter en y injectant du sens, autrement dit une forme, même embryonnaire, de rationalité. C'est pourquoi les jeunes enfants passent le plus clair de leur temps à épuiser les adultes par leurs sempiternelles questions, commençant toutes par un : « Pourquoi ?[2] »

Ce pourquoi ? dont l'adulte sait que la réponse n'est souvent pas écoutée, ni même véritablement attendue (en posant ses questions, l'enfant instaure son être-là à partir duquel il construit son *habitus* langagier et relationnel, ce qui a pour conséquence qu'effectivement ce n'est pas la réponse qui l'intéresse, mais bien le fait d'interroger), est consubstantiel à notre intégration dans un environnement dont, une fois encore, on ignore à peu près tout lors de notre arrivée au monde. Cet univers protéiforme, empli d'un nombre infini d'étrangetés, il faudra bien

---

[1] Huston, N., op. cit., pp. 14-15. Souligné par l'auteur.

[2] « Notre spécialité, notre prérogative, notre manie, notre gloire et notre chute, c'est le *pourquoi.* » Ibid., p. 14. Souligné par l'auteur.

l'apprendre, le faire sien en étudiant peu à peu sa diversité et surtout, en en assimilant les particularités, les lois et le sens.

La dialectique assimilation-accommodation

Pour l'âme enfantine, tout est découverte. Et l'une des façons d'intégrer ce qui se présente consiste, justement, à se le raconter, à se forger incessamment des histoires relatives à tel ou tel objet que l'on devra intégrer, prendre en soi, selon un double paramétrage :

- Le sien propre, dans lequel on intègre l'objet selon une grille de lecture et une compréhension, prédéterminées par ses composantes biographiques. En d'autres termes, on le lit et l'éprouve en lui injectant du sens, une assignation particulière dépendant de nos acquis et expériences antérieurs, et dans ce cas on parlera d'assimilation, au sens piagétien du terme.
- Celui provenant de l'altérité, constitutive de l'objet, dont le sujet est contraint de saisir les caractéristiques, n'étant plus uniquement amené à l'aborder selon ses propres acquis, cognitifs ou psychiques au sens large. Dans ce cas, qui succède forcément au premier, l'individu est conduit à s'accommoder, au sens profond du terme, à la chose en question. Ce qui revient à dire qu'il doit faire en sorte que les spécificités objectales soient reconnues, puis intégrées, et prises en compte par le mouvement premier, assimilateur, qui jusque-là ne s'en préoccupait pas nécessairement.

Le nouveau-né appelant sa mère ne s'intéresse pas, initialement, à l'état de disponibilité de cette dernière. Activité psychique qui, d'ailleurs, ne lui incombe pas en ces instants premiers, accaparé qu'il est par l'obligation de se confronter au monde environnant, inédit, qui le percute et qu'il doit ingérer. C'est-à-dire *internaliser*. Ce n'est qu'après avoir pu endurer manques et frustrations qu'il peut entrevoir sa génitrice comme n'étant *pas exclusivement* à son service, mais qu'il doit s'accommoder de conditions qui lui sont propres, à elle[1].

Une métaphore écologique, bien dans l'esprit du temps, renvoie à ce type de situation : l'être humain s'est longtemps identifié à ses facultés incorporatrices, puisant sans compter dans les ressources naturelles lui

[1] On trouve un exemple de ce type de procédé dans le fameux « Jeu de la bobine » (le *fort-da*) décrit par Freud dans un célèbre ouvrage : *Au-delà du principe de plaisir*, p. 52 et suivantes.

apparaissant inépuisables[1] (mouvement assimilateur). Ce n'est que très récemment que, se rendant compte des conséquences de ses excès, il est obligé de se plier à cette nouvelle donne, frustrante par définition tout autant qu'impérative (mouvement accommodateur).

La fonction première du récit relève de ce double mouvement. Il s'instaure alors en tant que dialectique constante entre *le dedans* (monde psychique, préexistant à la découverte de l'objet et toujours prêt à lui attribuer un sens défini par lui) et *le dehors* (monde extérieur, préexistant au sujet et globalement indifférent à ce que ce dernier peut en éprouver ou en penser). À l'intersection de ces deux ordres se situe le moi et la plus essentielle de ses attributions : fabriquer de la conscience. En effet, le travail de lecture du monde lui incombant – car il faut bien qu'il se le raconte – implique inévitablement le développement de cette faculté, sous la forme d'un organe capable de tenir compte de l'entre-deux constitué par son destin ontologique.

Située, en effet, entre ces deux univers (dedans et dehors), contrainte de faire en sorte que chacun d'eux puisse supporter l'autre et tenir compte de ses exigences, la conscience permet au moi de bricoler un compromis permanent entre ces réalités hétérogènes et souvent contradictoires. Ce compromis incarne ainsi, de près ou de loin, une forme d'équilibre entre les exigences intrasubjectives et celles provenant du dehors. C'est un acte de conscience, par exemple, qui nous permet de ressentir la faim *et de nous le formuler*, bien que l'information provienne d'un substrat physiologique pulsionnel et non verbal. Tenant compte de ce signal, on peut y répondre en allant puiser au frigo certains aliments (assimilation), tout en n'y dénichant pas forcément ce que l'on souhaiterait y trouver, mais un reste de gratin dauphinois qu'il serait décidément fâcheux de devoir jeter (accommodation).

Par ailleurs, au cours de sa fabrication continue d'actes de conscience – impliquant évaluations, décisions, ressentis, pensées et réflexions multiformes –, ladite dialectique est constamment sollicitée et nécessite, pour fonctionner adéquatement, un certain degré de stabilité émotionnelle : il est impossible de penser une situation en état de panique où lorsqu'on est accaparé de façon outrancière par des déflagrations accidentelles, que celles-ci soient internes ou externes. Il s'agit donc d'une oscillation délicate, faite de constants vacillements et

[1] On sait que pour nombre de sociétés traditionnelles, tel n'était pas le cas : toute forme de prédation humaine (chasse, pêche, extractions diverses) devant être compensée par moult rituels ou sacrifices, afin de permettre à l'ordre naturel de ne point trop être perturbé. Le pragmatisme égotique a cru bon de se passer de ce type d'équation ; on en voit aujourd'hui le résultat.

réévaluations, étant donné que la vie psychique n'arrête pas de se transformer, constatant que ce qui hier était vrai ne l'est plus aujourd'hui.

Du moins, pas de la même manière.

Stephano, vingt mois et des poussières, se cogne contre un muret séparant deux zones d'activités. En pleurs, il hurle en direction de sa mère : « Le mur, il est méchant ! » et se met à le frapper. Il est clair que, dans ce cas présent, on se trouve face à la première orientation cognitive, assimilatrice, non encore temporisée par la seconde. L'enfant attribue au mur une intention, une action, et se comporte ainsi en *animiste*, imaginant la structure de béton chargée d'un esprit qui lui a fait mal et qu'il « compare » à d'autres réalités effectivement lestées, quant à elles, d'une *âme* : son père, sa mère, et ainsi de suite. Sa lecture du mur relève donc bien d'un défaut d'accommodation, celle-ci ayant pu, si elle avait été intégrée, lui faire comprendre que le mur en question est inerte du point de vue intentionnel. Cette étape n'étant pas encore atteinte, l'objet reste comparable aux réalités déjà appréhendées, dont il a saisi certaines lois fonctionnelles. Le muret contre lequel il vient de buter est à ses yeux « méchant », au même titre que ses parents quand ils le grondent ou lui interdisent tel comportement.

Il est à souligner que l'exemple décrit est tout à fait transposable au monde adulte, la psychanalyse ayant depuis longtemps identifié ce mécanisme sous l'égide de la *projection*[1]. Et l'on sait combien chacun est capable, aussi sagace soit-il, d'attribuer à autrui autant de desseins, de pensées ou d'affects dont celui-ci n'est rigoureusement pas porteur.

Le récit émane du travail dialectique qui vient d'être décrit ; il en est le rejeton. Et l'enfant – tout autant que l'adulte, même si de manière moins naïve – va devoir, en toutes circonstances, *se raconter le monde* en en jouissant parfois, tout en en endurant la résistance à ce qu'il veut, si ce n'est à ce qu'il exige, qu'il soit. Car le monde, sous les traits du réel, ne cessera jamais de démentir les attentes égotiques, dans leur délire omnipotent d'un environnement qui devrait être totalement maîtrisé et, de ce fait, circonscrit jusqu'en ses plus infimes expressions. C'est le rôle

---

[1] Rejoignant Piaget, Jung nuance le concept en le rapprochant précisément du processus assimilateur : « On ne projette rien, jamais, c'est en fait une conception erronée. Le mot *projection* ne convient pas : cela a toujours été à l'extérieur, jamais à l'intérieur. Ce qu'on appelle trop souvent une projection c'est simplement que l'on *découvre* un objet comme étant extérieur à soi, puis dans un deuxième temps, le découvreur vient intégrer la chose à son psychisme même. C'est bien à l'extérieur que nous avons trouvé les objets de notre psychologie, et jamais dans notre poche pour les jeter au-dehors. (…) Le fonctionnement psychique archaïque est extériorisé, il identifie les choses à lui, les choses sont des composantes de son esprit. » Jung, C. G., *L'analyse des visions - Le séminaire de 1930-1934*, p. 472. Souligné par l'auteur.

du parent de faire entendre à sa progéniture combien, toutefois, ce réel *résiste*, et souvent *s'oppose*, à ce qu'on en escompte.

À ce propos, voici une autre vignette, paradigmatique de ce genre de situation. Mélanie, trois ans, arrive dans le coin des roulants et voit un petit garçon juché sur un beau camion rouge. Tous les objets présents dans les locaux sont à disposition et il est signalé aux parents qu'il est inutile d'apporter quoi que ce soit, notamment des jouets, de manière qu'il n'y ait pas de confusion entre les choses propres et celles destinées à tous.

La fillette s'approche du garçonnet et tente de lui arracher le camion. Sa mère intervient :

- *Non, Mélanie, tu n'as pas le droit de prendre le camion au petit garçon.*
- *Si ! C'est lui que je veux, le rouge !*
- *Mélanie, tu sais bien qu'ici les jouets sont à tout le monde, et pas uniquement à toi.*
- *Il est à moi !*
- *Non, il n'est pas à toi.*
- (Au garçon) : *Donne-le-moi !*

Le garçonnet, faisant mine de ne rien entendre, s'éloigne rapidement.

- (À sa mère) : *Il doit me le donner !*
- *Non, Mélanie. Il a le droit de jouer avec lui aussi longtemps qu'il veut. Tu dois attendre un peu, il te le donnera sûrement plus tard…*
- *Non, c'est maintenant que je le veux. Il est à moi !*
- *Non il n'est pas à toi,* etc.

Ce genre d'élaboration symbolique, par l'intermédiaire du parent qui tente souvent désespérément de faire comprendre à l'enfant ce qu'est le monde, va peu à peu s'internaliser. Et c'est dans ce va-et-vient rémanent entre attentes égotiques (provenant du dedans) et résistivité des faits (provenant du dehors), que s'instaure la dialectique assimilatrice/accommodatrice, clé de voûte de toute la construction intrapsychique du réel et de son intégration à des acquis antérieurs, mais qui, forcément, devront laisser la place à de nouvelles adaptations. Celles-ci, aussitôt remises en question par de nouvelles découvertes, de nouveaux déboires, vont façonner ce qu'on appelle communément l'univers psychique, la psyché ou, du moins, ses parts les plus conscientes, les plus accessibles au moi. Pour ce qui est de l'inconscient, c'est une tout autre affaire[1].

Le récit est donc l'histoire – ou, plus exactement, ses innombrables variantes, reformulées en chaque occasion et en constante mutation – concoctée par chacun afin que l'univers en lequel il gravite lui devienne compréhensible et qu'il ne se retrouve pas systématiquement en opposition avec lui ou obligé de s'y heurter à chaque pas. Il est, de ce fait, un labeur ininterrompu fait d'apprentissages et d'autorégulations relativement à la complexité inouïe de ce à quoi on est confronté en arrivant sur terre.

Du point de vue moïque, si la dialectique qui vient d'être dépeinte dysfonctionne tragiquement, en d'autres termes, si elle ne s'enclenche pas en tenant compte des exigences propres à chacun de ses termes (*s'approprier les choses* du côté assimilateur et *tenir compte de leur spécificité* du côté accommodateur), deux grandes lignées psychopathologiques peuvent advenir.

L'outrance assimilatrice

Le risque premier se situe du côté de l'excès assimilateur impliquant, logiquement, une carence du mouvement opposé. Incapable de se mobiliser pour l'effort que lui demanderait ce dernier, ego se retrouve en permanence immergé dans l'afflux d'innombrables objets « ingurgités » qui le colonisent et se l'approprient de manière invasive. D'appropriateur, il devient ainsi approprié et ne peut concevoir que ces objets puissent se comporter différemment de ses fonctionnements propres : par projection, le « méchant mur » du petit Stephano se transforme, chez l'adulte, en un milieu ambiant constamment doté d'intentions imaginaires, souvent délétères et, partant, insupportables.

---

[1] Voir ce qu'en dit humoristiquement Kojève dans son *Introduction* : « En prenant pleinement conscience de son inconscience foncière et irréductible, la Psychologie ("analytique") du jour nous dit à peu près ceci : en tant que "simplement" ou "naïvement" humain, l'homme est (plus ou moins) inconscient de soi, sans être conscient de son inconscience. Mais en tant que psychologue ("analytique") (...), l'homme peut prendre (discursivement) conscience de cette "naïve" inconscience, propre à tous les hommes "simples" (...) Par conséquent, lorsqu'un homme psychologique se laisse guider toute sa vie par un sage analyste, il se trouvera sur son lit de mort en présence pleinement conscient d'un océan d'inconsciences qui resteront pour lui inconscientes à jamais (ou du moins tant qu'il vivra encore). » Kojève, A., *Essai d'une histoire raisonnée de la philosophie païenne I - Les présocratiques*, pp. 43-44.

On se trouve là face à des organisations à tonalité *psychotique*, dans la mesure où les choses ne sont plus envisagées que sous l'égide des composantes idiosyncrasiques (inaptitude à les percevoir en tant qu'autre-du-moi), ce qui peut rapidement amener au délire persécutif ou, plus largement, au déni massif de la réalité[1]. Par incapacité à considérer le monde objectal en son *altérité*, tout autant qu'en ses *aspérités*, le moi ne fait qu'y retrouver ses propres ingrédients et percute, à tout bout de champ, un environnement forcément dangereux, hostile, dans la mesure où celui-ci refuse de se soumettre à ce qu'on veut qu'il soit, en s'opposant aux diktats égotiques : « Le camion est à moi ». Dernière assertion qui pourra être déclinée à l'infini au sein de la logique consumériste, parfait avatar de l'hyperassimilation : « La terre, l'univers m'appartiennent et ont été conçus pour moi. »

Un tel mythe est vieux comme le monde et source d'innombrables interprétations continuant de déferler dans nos croyances les plus ancrées. Rappelons une fois encore que, dès la Genèse – *récit* inaugural s'il en est –, est affirmé ceci :

> Dieu dit : « Faisons l'homme à notre image, selon notre ressemblance, et qu'il *soumette* les poissons de la mer, les oiseaux du ciel, les bestiaux, toute la terre et toutes les petites bêtes qui remuent sur la terre ! » Dieu créa l'homme à son image, à l'image de Dieu il le créa : mâle et femelle il les créa. Dieu les bénit et Dieu leur dit : « Soyez féconds et prolifiques, remplissez la terre et *dominez-la. Soumettez* les poissons de la mer, les oiseaux du ciel et toute bête qui remue sur la terre ![2] »

Dominer, soumettre. Posséder. S'accaparer. Tel est, en son fonds, le noyau du discours assimilateur et son drame, dont les effets ne sont plus à démontrer. Et pourtant, non : le camion rouge n'est pas à toi. Et la planète encore moins[3].

---

[1] Pour la littérature psychiatrique, l'organisation psychotique proviendrait d'une relation fusionnelle à la mère, incapable de pouvoir se séparer de l'enfant, identifié à une partie du moi maternel : « Cette relation plus ou moins fusionnelle à la mère (...) se trouvera sans cesse répétée sur le plan interpersonnel par la suite ; une relation objectale vraie n'est envisageable ni sur le mode génital bien entendu, ni même sur le mode anaclitique pourtant moins exigeant. La relation, dans les cas les plus régressifs de schizophrénie, n'est même pas duelle ni même triadique, encore moins triangulaire. » Bergeret, J., *La personnalité normale et pathologique*, p. 72.

[2] Gen. 1, 26-28. Souligné par moi.

[3] Il y a vingt-cinq siècles, Tchouang-Tseu l'avait déjà parfaitement compris en s'exclamant : « *On ne dirige pas le monde, on le préserve, on le protège*. On le préserve de peur que sa nature première ne se corrompe ; on le protège afin qu'il ne se départe de sa vertu originelle. » *Les Œuvres de Maître Tchouang*, p. 85. Souligné par moi.

« Si… *ils sont à moi !* »

C'est là que commence l'égarement. Autrement dit, l'endroit où l'individu dénie aux choses leur hétérogénéité et, surtout, leur ontologie à laquelle leur est substituée la sienne. Sans verser à tous coups dans des formations psychotiques, qui seraient une sorte de paradigme de l'excès assimilateur, il va de soi que dans nombre d'interactions, l'imposition d'une telle logique prévaut sur l'autre, accommodatrice, interdisant à autrui toute forme de légitimité ou, pire, d'existence propre. Quelle que soit l'interprétation qu'on en donne, l'excès assimilateur conduit invariablement à une forme plus ou moins prononcée de *déni* de la réalité[1]. Au-delà de manifestations interrelationnelles telles qu'on les trouve dans les familles ou les couples, le « moi groupal » constitué par toute forme de collectivité peut s'y reconnaître dans ce qu'on qualifie actuellement en termes de communautarismes ou d'intégrismes. Dans ces cas, le rapport à la « vérité » se retrouve constamment perverti, le discours qui en émane y affirmant son accès à la « vérité » en tant qu'unique et irréfutable : le fou est toujours persuadé d'avoir raison, puisqu'il ne voit les choses qu'à partir de lui.

On comprend aisément en quoi un tel positionnement lamine l'indispensable mouvement dialectique spécifiant toute démarche de connaissance, au sens le plus ultime du terme. Si le Roi-Soleil proclamait en son temps : « l'État, c'est moi », l'ego hyperassimilateur énonce, quant à lui : « le Tout, c'est moi » ou encore, en tonalité paranoïde[2] : « Je suis au centre du Tout. » Ce qui signifie que le processus accumulateur généré par l'assimilation produit une structure autotélique, incapable d'envisager d'autres formes de lecture du monde que la sienne. L'état actuel de maintes communautés ou groupes sociaux, tout autant que leur insatiable appétit pour le repliement sur soi, l'imposition de leurs croyances ou l'agrippement à leurs doctrines en sont d'éloquentes illustrations.

Le noyau identitaire hyperassimilateur et le moi qui en résulte sont ainsi investis, habités par « les objets du monde » avec lesquels le sujet a fusionné (c'est le cas de le dire) par ingurgitation ou contamination. Son organisation consiste en l'importation d'éléments allogènes qui constituent, bon an mal an, une pseudo subjectivité faite de multiples

---

1 On retrouve là un des mécanismes favoris du système de défense psychotique : le déni de la réalité ou plutôt la soumission de cette dernière aux excès de la construction égotique. Voir : Bergeret, J., *La personnalité normale et pathologique* ; Bergeret, J., et coll. *Psychologie pathologique - Théorie et clinique.*

2 On sait aujourd'hui que maints dictateurs ou tyrans relevaient d'une telle pathologie. Néron, Caligula, Staline, Hitler, Ceausescu, pour ne citer qu'eux, étaient indéniablement atteints de psychose paranoïaque.

éléments, affectifs, conceptuels ou liés aux mécanismes de survie. Raison pour laquelle l'angoisse qui sous-tend de telles structures relève du morcellement, ces divers éléments juxtaposés pouvant littéralement exploser en cas de trauma ou d'effraction majeure d'une entité hétérogène plus robuste qu'elles, le réel s'imposant toujours, en fin de compte, comme seul maître du jeu[1].

L'outrance accommodatrice

Pour ce qui est de l'excès accommodateur et ses récits, on aborde indiscutablement les lignées dites *névrotiques*, dans la mesure où celles-ci se spécifient, la plupart du temps, par une suradaptation aux volontés et intimations de l'Autre – si ce n'est à une véritable identification à celles-ci. Cette seconde orientation caractérise de manière claire ce que Freud découvre dans le contexte très particulier de la Vienne bourgeoise à la fin du 19e siècle, une société en laquelle conventions, non-dits, tabous relationnels ou sexuels règnent de manière irréfutable. Et irréfutée. L'ensemble de ces composantes psychosociales – ce n'est en effet pas uniquement au sein des *familles* que s'exercent ces contraintes, mais bien dans un collectif qui les englobe – engendre du même coup des êtres corsetés dans un carcan moral, au sens large du terme, à la redoutable efficacité. On peut facilement imaginer combien le fait d'en prendre conscience pouvait, grâce aux libérations langagières ou aux levées d'inhibitions provoquées par la *talking cure*[2], se manifester sous forme spectaculaire chez les « hystériques » de l'époque, par moult cris, orgasmes spontanés, somatisations ou théâtralisations multiformes. Celles-ci signaient, indubitablement, la gigantesque emprise contraignante en laquelle évoluaient les gens de la « bonne société », sans trop savoir, d'ailleurs, qu'ils le faisaient : c'est le propre de la contrainte que d'avancer masquée et de n'être identifiée qu'à certains moments clés où, soudain, on s'en extrait l'espace d'un instant.

Inutile de dire qu'il en va tout autrement aujourd'hui et que les expressions névrotiques, tout autant que notre compréhension de la

---

[1] Les tyrans disparaissent généralement de façon violente et les multimillionnaires peuvent se retrouver ruinés, en quelques semaines, par l'apparition d'un minuscule virus qui démantèle toutes les belles constructions proto-délirantes auxquelles ils se sont accrochés avec une candeur défiant l'entendement.

[2] Comme déjà signalé, la « cure par la parole » fut une des premières appellations de la démarche psychanalytique.

chose, se sont profondément modifiées. Il n'en reste pas moins que, dans la situation qui nous intéresse, le récit hyperaccommodateur reste bien celui d'un Autre. En une telle occurrence, le phénomène assimilateur se retrouve débordé, de tous côtés, par une hyperadaptation à ce qui est intimé, imposé par le vouloir d'autrui, auquel le moi se soumet pour de très bonnes raisons. Il n'a, en effet, souvent pas le choix. Le socle pulsionnel, ingurgitateur, et capable de se manifester sous forme de désirs ou de volonté d'emprise (la fameuse « toute-puissance » dont il a déjà été question) est ainsi proprement *recouvert* – et non détruit[1] – par l'omnipotence du discours de l'Autre. L'hyperaccommodation se manifeste alors en tant que superstructure aliénante, faite de soumissions aux injonctions régnantes, aux préjugés ambiants véhiculés par le *Zeitgeist* – l'esprit du temps[2] – ou par le « On » heideggérien :

> Investi par autre chose que lui et qu'il ne peut jamais maîtriser complètement, *accordé au ton d'un étant étranger*, traversé par son rythme, voilà l'homme. (...) Perdu dans ses besognes, diverti de lui-même par les échéances auxquelles il doit faire face, l'homme reçoit machinalement sa règle de vie d'une discipline faite de conformisme anonyme : la dictature du *On*[3].

Si, dans les deux cas, la formation du moi et les discours qui la soustendent s'inscrivent dans des directions contraires, il n'en reste pas moins que, dans la seconde, il n'est sans doute pas faux de reconnaître une situation moins sévère, dans la mesure où un rétropédalage reste envisageable. Ce qui revient à dire qu'une organisation dite névrotique est plus aisée à moduler que son pendant psychotique, comme chaque psy un peu formé le sait parfaitement. Cette remarque mérite toutefois une explication : le mouvement premier, assimilateur, relève

1 *Non détruit parce qu'indestructible.* C'est ce à quoi on assiste au cours d'irruptions pulsionnelles, fantasmatiques ou émotionnelles qui, soudain, font exploser le couvercle accommodateur sous l'impulsion de leurs énergies propres. On en trouve des exemples spectaculaires dans les phénomènes de transe lors de rituels chamaniques ou religieux, ou après l'ingestion de certaines substances.

2 « Notre souverain est l'esprit de ce temps, qui domine et dirige tout en nous, c'est l'esprit commun avec lequel nous pensons et agissons aujourd'hui. Sa puissance est énorme, car il a apporté à ce monde des biens immenses et enchaîné les hommes par le biais d'incroyables jouissances. Il est paré des plus belles vertus héroïques et voudrait pousser l'humanité vers les hauteurs de l'éclatant soleil pour qu'elle s'élève à l'infini. » Jung, C. G., *Le Livre Rouge - Liver Novus*, p. 181.

3 Beaufret, J., *De l'existentialisme à Heidegger - Introduction aux philosophies de l'existence*, p. 22. Souligné par l'auteur.

originellement de paramètres présymboliques que l'on peut qualifier de pulsionnels (Freud) ou d'archétypiques (Jung). Ancrés dans « l'instinct », ils procèdent des orientations les plus archaïques de l'être et les révèlent du même coup, en s'arrimant aux strates les plus « enfouies » de la psyché. C'est-à-dire, à ce qui est le moins accessible aux outils forgés par la conscience : discernement, langage, pensée et décision. De ce fait, l'hyperassimilation façonne un moi ressortissant aux motions les plus impénétrables de la vie psychique auxquelles, par la même occasion, elle s'identifie. Ce faisant, et pour une bonne part, le moi qui en découle est incapable de faire la distinction entre le « vrai » (l'objet toléré et compris en tant qu'altérité) et le « faux » (l'objet n'étant intégré que selon des paramètres idiosyncrasiques). C'est là le propre du délire : *l'incapacité à pouvoir suffisamment se décentrer afin de concevoir les choses du monde en tant qu'autre-du-moi.*

Il en va tout autrement pour l'individu soumis à l'excès accommodateur, dans la mesure où, contrairement à son antagoniste, le travail assimilateur a *déjà* dû être effectué – même si de façon fragmentaire – puisque, temporellement parlant, celui-ci précède *obligatoirement* son pôle opposé et complémentaire. Le mouvement inverse n'existe pas et ne peut logiquement exister : afin d'intégrer la notion de froid, par exemple, il faut d'abord concrètement s'y confronter et en saisir les effets sur le corps (assimilation), avant de s'en protéger en se couvrant ou en restant au chaud (accommodation). Ce qui revient à dire, tout autant qu'à expliquer, en quoi la sévérité de l'une de ces outrances reste sans commune mesure avec celle de l'autre. Les excès accommodateurs peuvent être identifiés et conceptualisés par le sujet lui-même, bien qu'il les réfute souvent dans l'après-coup, comme on le voit en situation clinique où le patient reconnaît certains dysfonctionnements tout en résistant au savoir qu'il en a. Il n'en reste pas moins qu'en tant que mouvement second, l'accommodation relève d'une structuration psychique nécessairement plus différenciée que la première. Par ailleurs, les diverses aliénations ou « couvercles » spécifiant l'hyperaccommodation restent accessibles à la conscience et, dans le meilleur des cas, peuvent être dénoncés par le sujet. Il n'en va pas de même pour la première orientation, bien trop archaïque (originelle) pour lui permettre une telle évaluation.

En situation de crise, ou de ce qu'on nomme généralement une *décompensation*, l'organisation psychotique n'est pas capable de se dire : « Je délire. » Elle est happée, prise dans un récit qui s'impose en tant que *réalité*, aussi tangible que l'est la chaise sur laquelle on est assis : le KGB utilise *véritablement* la télévision du salon pour m'espionner et observer mes moindres faits et gestes[1]. Il n'y a là aucun doute possible. Dans ce cas, on parlera d'un mécanisme mental appelé le *déni* qui se distingue foncièrement, tout autant que structurellement, de la *dénégation* qui est le propre des mécanismes défensifs dits névrotiques ou, dans les termes utilisés ici, hyperaccommodateurs.

Le récit dénégateur est à la fois plus subtil et plus retors. Le sujet ayant déjà identifié la nasse en laquelle il s'est fait prendre – désir de l'autre, injonctions conventionnelles ou de confort auxquels il se soumet sans trop s'en préoccuper, etc. – va cependant tenter de s'en défendre *en réfutant ce qu'il a perçu.* Il oppose ainsi, à son propre discernement, un autre récit lui permettant de se maintenir dans un connu rassurant :

> La névrose correspond au mouvement de l'âme s'étant obstinément mise à se cocooner elle-même (et, par la même occasion, la personne qui en souffre également), au sein d'un schème dont elle connaît parfaitement la fausseté[2].

En d'autres termes, on se trouve face à des individus ayant *déjà* entrevu les composantes de leur enfermement, mais qui refusent d'en tenir compte par atavisme, habitude ou angoisse. On parlera alors, à juste titre, de dénégation.

Ainsi, si le *déni* se spécifie par l'incapacité de voir ou de saisir des pans entiers de ce-qui-est (la télévision n'est pas un espion au service du KGB), la *dénégation* se caractérise quant à elle par l'évitement des conséquences d'un savoir déjà acquis ou, pour le moins, entrevu (« Je n'aime plus mon conjoint, son corps me dégoûte, mais, pour toutes sortes de raisons, je me raconte, ainsi qu'à tous les autres, le contraire. »)

Les récits émanant de ces organisations sont bien sûr divergents. Pour ce qui est de la première, on va se heurter aux extrémités assimilatrices dans un argumentaire mégalomaniaque (« Dieu s'adresse à moi de façon immédiate et me dit quoi faire à chaque instant[3] ») ou paranoïaque (« Une malédiction pèse sur moi depuis la nuit des temps et

---

1 C'est, au mot près, ce que m'a affirmé un patient il n'y a pas si longtemps. Pour les jeunes lecteurs, le KGB (Comité pour la Sécurité de l'État) était le nom donné aux services de renseignements russes. Cette dénomination a disparu en 1991 après la chute du mur de Berlin et la dislocation de l'ancienne URSS.

2 Giegerich, W., *What is soul ?*, p. 165. Traduit par moi.

3 Soit l'essence du *délire* mystique, à ne pas confondre avec l'*expérience* du même nom qui, elle, n'a rien de délirant, quoi qu'en disent les tenants d'une « saine orthodoxie rationaliste ». Voir, à cet égard, le remarquable ouvrage de M. Hulin : *La mystique sauvage* ou encore l'ensemble des écrits de Jung.

d'innombrables vies antérieures, le monde entier me hait et me regarde de travers »).

Dans la seconde, la plus fréquente des équations peut ressembler à ceci : « Je sais pertinemment de quoi je souffre, mais les chambardements qu'impliquerait la remise en question de la situation me sont intolérables ; autant en rester là et ne rien y changer. »

On l'aura compris, il est tout sauf aisé de se passer de tels récits, dans la mesure où ils possèdent une fonction indispensable à la pérennité égotique : sa justification.

La fonction justificatrice

Quelle que soit la perspective, ou l'extrémité du spectre envisagé (assimilation-accommodation) le rôle central de ces narrations se dévoile à chaque instant. Ayant, lui aussi, maille à partir avec le moi, son insertion dans le monde et ses ambitions les plus foncières, conscientes ou non, assumées ou pas. Il s'agit de sa légitimation par autojustification. En situation thérapeutique, on tombe là sur un des phénomènes les plus spectaculaires qui soient : la capacité quasiment universelle à expliciter, tout autant qu'à défendre, les motifs par lesquels on continue de s'enferrer dans son mal-être, ses croyances ou son symptôme. Les mythes qui en découlent sont souvent surprenants d'absurdité, de paralogisme, ou truffés de roueries rhétoriques auxquels on s'accroche pour éviter de modifier un iota des circonstances décrites, cinq minutes auparavant, comme insupportables.

De telles formations langagières (c'est bien de cela qu'il s'agit) rejoignent ainsi, notamment par leur caractère persuasif, les stratégies précédemment décrites. Elles en sont le prolongement et s'insèrent, logiquement, dans ce qu'on pourrait appeler le destin égotique.

Les exemples sont légion, pour ne pas dire récurrents, et relèvent à peu près toujours du hiatus existant entre les deux positionnements repérés plus haut[1]. En général il y a, d'un côté, la situation présente, souvent décrite comme calamiteuse, lourde et, en définitive, infernale, qui relève du système adaptatif primaire, le moi originel. C'est typiquement la situation « névrotique » de base : l'individu constate, à son corps défendant, qu'il s'est empêtré dans une nasse aliénante faite de

[1] Un point de vue accessible à la conscience, d'une part, et, d'autre part, le regard d'un *autre-en-soi* qui observe le premier et vient en démentir les options, souvent avec une impressionnante détermination.

peurs, d'obéissances et d'injonctions non dialectisées qui l'ont amené à devenir *ce qu'il pense devoir être* : un citoyen socialement intégré, ayant souscrit à telle option professionnelle qu'il abhorre et dans laquelle il ne se reconnaît plus, et ayant accepté pour conjoint une personne avec laquelle il n'a plus rien à échanger, la communication s'étant depuis longtemps tarie.

Se révèle par ailleurs, par le truchement des rêves ou diverses formations symptomatiques, un autre moi, plus enfoui, constitué d'un faisceau d'aspirations, de transgressions inaccomplies ou de potentiels dormants que thérapeute et patient ont tout intérêt à écouter s'ils ne veulent pas rester dupes des arguties justificatrices qui ne manqueront pas de surgir à jet continu.

Ce scrupuleux fonctionnaire imagine, *in petto*, une vie faite de musique et de rencontres torrides avec l'autre sexe ; une informaticienne ne songe qu'à écrire des romans noirs et cet excellent Docteur en droit aspire, depuis bien longtemps, à une formation en ébénisterie.

Ces exemples ne sont pas imaginaires. Ils ressortent du matériel clinique et ne sont, en aucun cas, teintés d'ironie ou de mépris. Ils sont réels. Et la souffrance qui s'y niche mérite, une fois encore, une authentique prise en compte si l'on veut entrevoir, ici ou là, certains linéaments par lesquels l'âme veut se manifester, exister et, enfin, bondir, au sens le plus fort du terme.

Je me suis entendu dire à une jeune femme particulièrement douée, qui m'apportait de merveilleuses créations oniriques, tout en menant une vie d'une parfaite monotonie à laquelle elle s'accrochait par pur confort : « Mais enfin, chère Madame… il serait tout de même temps que vous *naissiez* un beau jour, non ? » Je ne pensais pas si bien dire, même si la phrase contenait, en sa rudesse, une indiscutable charge de violence. Cette personne l'entendit heureusement à bon escient et put en faire quelque chose.

La tension générée par ces deux orientations, antagonistes et irréconciliables, est intenable. Raison pour laquelle il y faut un récit. C'est-à-dire un élément explicatif, qui la rend acceptable ou, tout au moins, supportable dans la durée. En gros, on va se dire : « Quand j'aurai achevé ma thérapie, ce conflit sera résolu et je pourrai enfin vivre selon mon génie propre. » Toutefois, et c'est là la dimension retorse de la chose, ces concoctions justificatrices n'en finissent pas de se déployer jusqu'à permettre au sujet de s'engluer dans ce qui, précisément, ne lui appartient pas et qu'il sait ne pas/ne plus lui convenir. Ayant pu enrober son mal-être dans maints plaidoyers ou rhétoriques plus ou moins probants, il est devenu capable de *tout* expliciter, jusqu'à l'inexplicable ou, plus tragiquement, jusqu'à l'injustifiable.

Telle est la force, pour ne pas dire la perfidie de la chose. Le récit a souvent une fonction analgésique. Il injecte au sein d'un agencement existentiel invivable un ingrédient édulcorant lui permettant de se perpétuer. Ouroboros d'une formidable efficacité, il façonne autour de l'être un encerclement mielleux, un « mol oreiller[1] » auquel, bon an mal an, on s'habitue. Celui-ci devient une surréalité surplombant tout ce qui a pu être découvert en termes de dérangement à l'ordre établi, auquel on tient tant, tout en le maudissant à chaque pas. Et le tour est joué. Du moins le croit-on : les éléments séditieux, les visées transgressives sont pris dans la glu de cet enrobage fictionnel et, bien que continuant à remuer ici ou là, se retrouvent anesthésiés… jusqu'au prochain rêve ou à la prochaine rencontre bouleversante pouvant en ranimer, fût-ce faiblement, les échos.

La fonction essentielle du récit, avons-nous dit, est justificatrice. On constate à présent que cet emmaillotement possède aussi un rôle atténuateur, non contradictoire avec le précédent, mais qui en incarne l'un des plus astucieux leviers : l'intensité des aspirations et désirs inhibés peut, grâce à lui, être tempérée, si ce n'est, dans le pire des cas, étouffée. Par exégèse réitérée, il présente au moi (il serait d'ailleurs plus exact de dire qu'en l'occurrence c'est ego qui se parle à lui-même, s'explicitant rationnellement combien il est opportun de perdurer tel quel et entérinant des options existentielles qu'il estimait, le quart d'heure d'avant, intolérables) les motifs l'ayant poussé à supporter ce dans quoi il patauge sans *trop* s'en trouver affecté. C'est-à-dire, sans se retrouver submergé par l'angoisse ou le spectre dépressif et, de ce fait, incapable de s'y maintenir.

De cette manière, si le récit a valeur et fonction justificatrices, il engendre du même coup le maintien du *statu quo* et des aménagements spécifiques en lesquels on s'est installé, souvent, il faut le reconnaître, à son corps défendant. Sans ce type d'élaboration, sans cet étayage pseudosensé (ou *tout à fait sensé*[2]), l'édifice moïque se fend, vacille et peut, en définitive – ou enfin – s'écrouler, laissant la place à l'immense faille

---

[1] Heidegger, M., *Introduction à la métaphysique*, p. 19.

[2] C'est le propre des instances diplomatiques, par exemple, de fabriquer moult récits afin de rendre les positionnements d'une nation, d'un gouvernement, acceptables pour la partie adverse. Dans la vie quotidienne, d'identiques procédés sont mis en place pour rendre une situation, un choix, tolérables à autrui. Dans cette mesure, ceux-ci sont bien sûr *sensés* en permettant d'éviter l'aggravation d'une situation explosive. C'est du moins leur but avoué.

que constituent nombre d'existences faites d'habitudes, de dérobades ou de reniements constants. Or, aux yeux du sujet, ces derniers doivent nécessairement être motivés. Sans quoi, la vie devient inenvisageable et l'autoanéantissement pointe le bout de son nez :

> Ainsi, « l'étant nommé homme » est appelé à faire choix de lui-même, et, dans ce choix, il peut conquérir son authenticité, ou se perdre au contraire dans la dissimulation, le bavardage, le divertissement, la dispersion. En un mot, l'ek-sistence[1], dans la mesure où il lui revient en propre de donner licence à l'être de déployer son essence (...), est fondamentalement liberté[2].

[1] Néologisme forgé par Heidegger afin de la distinguer de la notion traditionnelle d'*existence* en tant qu'opposée à l'essence. Dans l'idée d'ek-sistence, au contraire, le philosophe allemand propose d'insister sur la « *possibilité d'être* » offerte à l'humain, ses potentiels, du fait même qu'il survient en tant qu'étant, qu'être-au-monde.

[2] Beaufret, J., *De l'existentialisme à Heidegger - Introduction aux philosophies de l'existence*, p. 94.

Conclusion

> Héraclite dit qu'il y a pour les éveillés un monde unique et commun, mais que chacun des endormis se détourne dans un monde particulier[1].

On l'aura sans doute entrevu, le moi est une entité éminemment touffue, maligne, indispensable tout autant que bornée dans sa propension à discréditer tout ce qui n'est pas elle, ou ce qui ne concourt pas à la satisfaction de son insatiable avidité. Raison pour laquelle il a semblé utile d'y réfléchir tout au long de cet ouvrage. S'il est coutumier d'énoncer, en concluant un essai, « qu'il y aurait encore beaucoup de choses à dire à ce propos », le fait est qu'en l'occurrence cela reste vrai. Pour ce qui est de l'espèce humaine et de sa vie psychique, l'ego se retrouve partout, universellement. On n'y coupe pas. Il se tient là, glorieux dans ses prouesses, misérable dans ses failles, déterminé dans ses péroraisons. Et pourtant, il reste difficile à définir, d'autant plus à cerner, dans la mesure où ce ne sera jamais qu'à partir d'un autre ego (le « champ conscientiel[2] » évoqué par Jung) qu'on pourra l'aborder, en discuter l'intelligence ou les dérives, la folie ou, en moult circonstances, le génie.

Toute la difficulté provient du fait que c'est bien à lui qu'on s'identifie. En d'autres termes, c'est à lui que l'individu trop souvent se résume, se confine et, d'une manière ou d'une autre, se restreint.

Le geste premier revient donc à l'acte mental, véritable travail sur soi, consistant à s'en désincruster afin de s'en différencier. Il est trop pauvre, en effet, de s'imaginer que la vie de l'âme, dans son foisonnement inouï et ininterrompu, puisse se borner à des horizons aussi ténus que ceux auxquels, pour de fort bonnes raisons avons-nous dit, ego tente de la réduire en la mutilant. Afin de s'en extraire, il est donc impératif d'envisager une authentique démarche *critique*, portant sur les motivations réelles associées à ce que l'on fait, l'on pense, l'on envisage, pour en

---

[1] Héraclite, *Fragments recomposés - Présentés dans un ordre rationnel par Marcel Conche*, fragment XLIV, p. 60.
[2] Jung, C.G., *Types psychologiques*, p. 456.

évaluer l'adéquation ou l'inadéquation relativement aux situations traversées. Narcisse face à son miroir reste actif, et il lui est souvent malaisé de faire la part des choses entre ce qu'il voudrait y voir et ce qui s'y trouve authentiquement, ou en arrière-fond.

Comme indiqué dans de précédents ouvrages, le cœur de la question est donc épistémologique. Il concerne les possibilités d'accès à la connaissance de l'objet auquel on s'adresse, à savoir, ici, le moi.

À cet égard, voici le rêve stupéfiant d'un patient, reçu il y a peu :

> Je contemple le ciel avec un télescope. Mon thérapeute, présent, me demande :
> - Que voyez-vous avec cet instrument ?
> - Je vois les étoiles et c'est fabuleux, mais cela m'angoisse terriblement…
> - Ah bon, répond-il, mais qu'est-ce qui vous angoisse à ce point dans le ciel ?
> - Ce n'est pas tant le ciel qui m'angoisse, dis-je, *c'est cet appareil, ce télescope dont j'ignore tout du fonctionnement, c'est ça qui m'angoisse.*

Voilà le problème parfaitement posé : de quoi est fait cet instrument, concocté par l'inventivité humaine, qui nous permet un certain accès à l'infini situé hors de soi ? La question est donc impeccablement formulée et rejoint, point par point, l'investigation menée ici : de quoi est fait cet outil, égotique, qui nous permet le saut ineffable vers son au-delà ? Interrogation qui nous mène au constat suivant, non point pour résoudre l'énigme épistémologique qui, foncièrement, ne peut l'être par les outils alloués à la conscience subjective – ceux-ci étant trop frustes pour faire le tour de la question et embrasser d'un seul regard l'ensemble des éléments qui sans cesse la traversent de part en part – *mais bien afin d'en atténuer l'impuissance.*

Pour ce faire, il y faut de l'autre.

C'est-à-dire une dialectique. Un processus que l'on appelle *dialogique.* Le « un » représenté par ego doit se risquer au face-à-face qu'implique une telle exploration. Il est appelé à supporter le surgissement d'une altérité et le regard porté par un autre *sur lui* et sur ses mécanismes les plus récurrents, aussi performants soient-ils. Car performants, ils le sont généralement. À ce propos, il ne faut jamais perdre de vue que le moi actuel, aussi obtus soit-il, est issu d'un long, interminable parcours adaptatif, cognitif, affectif, somatique, ayant façonné au cours du temps une entité extraordinairement *douée* relativement aux contextes en lesquels elle se voit projetée. Sans le formidable épanouissement de ses aptitudes, ces derniers auraient probablement ratiboisé l'espèce, initialement mal pourvue face aux prédateurs et autres vicissitudes qui l'agressaient de toutes parts. Soit dit en passant, il en va de même des autres espèces qui, si leur « moi » n'est pas du même acabit que le nôtre, se sont elles aussi magistralement développées grâce à des phénomènes évolutifs « génétiques » – sous l'égide du fameux instinct – qui leur ont aussi permis de survivre.

En effet, on ne pourra jamais assez y insister, c'est grâce à ses capacités égotiques que l'homme a pu développer l'ensemble des arts et métiers qui constituent et donnent sens à son quotidien. C'est grâce au génie moïque qu'il a également pu déployer jusqu'à l'outrance des moyens technologiques, scientifiques lui permettant de juguler nombre d'aléas que son simple statut naturel ne pouvait, jusque-là, que subir, comme le font les animaux sauvages de la faim, du froid, et d'autres facteurs délétères entravant leur parcours ici-bas. Alors que la pandémie de covid19 a récemment affecté une grande part de la population mondiale, c'est grâce aux facultés rationnelles et à la compréhension qui en résulte que l'on put imposer certaines privations, comme le confinement, qui fut de son côté globalement accepté par des citoyens ayant pu en saisir les enjeux et se soumettre, bon an mal an, aux sacrifices afférents.

Tout cela est évident et ne mérite pas de plus ample démonstration : le moi et le champ conscientiel dont il est le cœur sont, et resteront, d'indispensables outils au service de l'individu, tout autant qu'à l'épanouissement de ses facultés les plus subtiles et à sa capacité au vivre-ensemble dans un contexte environnemental qu'il façonne, désormais, jusqu'aux ultimes recoins et qui, non content de l'avoir vu naître, l'a peut-être conçu *pour cela* : afin qu'il se dévoile et se comporte en tant que créature consciente, précisément[1].

Nécessité dialectique, avons-nous dit. C'est bien le cas. Il s'agit là d'une sorte d'impératif catégorique dont l'essentielle utilité se trouve, justement, dans l'intimation faite à l'individu contemporain de questionner ses obsessions sécuritaires, tout autant que les infinies justifications qui en procèdent, et de s'en déprendre. Il y va sans doute –

---

[1] C'est la thèse de Jung dans sa fameuse *Réponse à Job*. Le livre émet comme hypothèse que « Dieu », compris comme puissance archétypale, constitue en définitive une instance foncièrement inconsciente ou, pour le moins, dépourvue de sens éthique, si ce n'est moral. Raison pour laquelle il aurait « créé » l'être humain, afin que celui-ci puisse compenser, réguler ou contrebalancer, par ses aptitudes au connaître et au questionner, *la cécité originelle, inhérente à la déité*. On sait que pour les théologiens de l'époque, un tel postulat fut inacceptable et Jung leur apparut comme un horrible blasphémateur. Il n'en reste pas moins que sa réflexion reste, aujourd'hui encore, tout à fait éclairante.

sans vouloir noircir un tableau collectivement déjà assez sombre – de la pérennité de l'espèce et du substrat qui la supporte (au double sens du terme) : notre « bonne vieille terre. »

Cet impératif dialectique peut prendre, en tout cas, deux formes, non exclusives l'une de l'autre. La première s'inscrit dans le face-à-face avec un autre existant, la seconde dans celui que l'on peut établir avec soi-même. Voyons de quoi il s'agit.

- Dans le premier cas, impliquant la confrontation *de soi à autrui* (ou inversement), on aborde un processus apparemment évident, dans la mesure où il se retrouve universellement. C'est bien par le fait que l'on se soumet au regard de l'autre, à sa perspicacité ou à un certain savoir nous concernant, qu'il est éventuellement possible à ego de se désengluer des impasses en lesquelles il s'est engagé et dont il perçoit les écueils, si ce n'est les ravages. Pour ne citer qu'elle, toute l'histoire de la démarche thérapeutique, au sens large, se résume dans la mise en place d'un tel processus qui en est, par la même occasion, la principale *méthode*. Non démentie jusqu'à ce jour, elle en tire toute son efficacité et sa puissance. Lorsqu'on est malade, angoissé ou déprimé, on va voir quelqu'un et on lui parle. En retour, celui à qui l'on s'adresse tend l'oreille, laisse œuvrer en lui ce qu'il en comprend et, dans le meilleur des cas, propose une réponse ou un remède à son interlocuteur. Dans la haute antiquité déjà, dès l'âge classique, les patients se rendaient à Épidaure, au sanctuaire d'Asclépios, pour s'allonger sur le *klinê* (lit ou canapé qui, ultérieurement, a donné le mot « clinique ») afin de soumettre ses rêves au dieu bienveillant qui leur dictait l'ordonnance ou guérissait l'organe malade en le touchant.

L'interaction thérapeutique, sa dialectique, était ici déjà active : c'est bien parce que le malade consentait à livrer les parts les plus intimes de son être (sa vie onirique) à un Autre, que celui-ci était *ensuite* capable de lui venir en aide. Sans une telle circulation, sans cette confiance offerte, le geste guérisseur ne pouvait être enclenché et le mal poursuivait son cours.

Dans un premier temps, donc – temps initial qui éternellement se rejouera, en chaque occasion où on se voit déstabilisé, meurtri ou désemparé, là où on perd pied, ne sachant plus où mènent nos pas dans ce monde indéchiffrable où on se trouve « jeté là comme ça[1] » – l'interrelation, le regard sur soi porté par l'autre, ou par soi porté sur autrui, demeure et règne en tant que puissance germinative, ensemencement et réensemencement rémanents, permettant à l'être non

[1] Beaufret, J., *De l'existentialisme à Heidegger - Introduction aux philosophies de l'existence*, p. 25.

seulement d'éclore, mais aussi de se maintenir debout dans une existence que, pour une bonne part, il subit et, souvent, ne comprend pas : « Il n'est que l'altérité absolue et l'autorité sans pareille du Visage de l'autre homme pour arracher la liberté à son inféodation aux puissances mythiques[1]. »

> Se manifester comme visage, c'est *s'imposer* par-delà la forme, manifestée et purement phénoménale, se présenter d'une façon, irréductible à la manifestation, comme la droiture même du face-à-face, sans intermédiaire d'aucune image dans sa nudité, c'est-à-dire dans sa misère et dans sa faim[2].

Cela ne signifie aucunement qu'une telle démarche soit aisée ni dépourvue d'embûches. Les procédés psychothérapeutiques, psychanalyse au premier chef, en ont d'ailleurs fait leur miel en réfléchissant, souvent avec perspicacité, sur des notions telles que l'alliance thérapeutique[3], le transfert et le contre-transfert[4], et ainsi de suite. L'objectif est toujours identique : aboutir au fait que le sujet puisse progressivement se considérer non seulement comme champ de manifestations psychiques récurrentes et souvent étranges, mais qu'il soit également capable de les envisager autrement que sous le registre de la fatalité et, ce faisant, en accepter la mutabilité. C'est bien là le pari de tout acte thérapeutique conséquent et chacun comprend qu'effectivement, si l'on va chercher de l'aide, c'est bien dans la perspective d'un certain degré de métamorphose personnelle, et pas uniquement pour justifier[5] l'ensemble de ce qui, jusque-là, servait de socle à nos agissements ou à notre *Weltanschauung* (notre « *vision du monde* »).

- La seconde de ces formes, *de soi à soi*, est bien sûr plus périlleuse et nécessite un travail de différenciation intra-psychique qui n'est pas à la portée de tous. Car dans de telles circonstances, s'il est question d'une relation *de soi à soi*, les deux termes doivent, nécessairement, se *distinguer*

---

[1] Guibal, F., *Emmanuel Levinas - Le sens de la transcendance, autrement*, p. 82.

[2] Lévinas, E., *Totalité et infini - Essai sur l'extériorité*, p. 218. Souligné par l'auteur.

[3] Linehan, M., *Traitement cognitivo-comportemental du trouble de personnalité état-limite*, p. 115 et suivantes.

[4] Jung, C. G., *Psychologie du transfert* ; Freud, S., « Remarques sur la théorie et la pratique de l'interprétation du rêve » pp. 79-91 dans *Résultats, idées, problèmes II - 1921-1938*. ; Lacan, J., *Le Séminaire - Livre XI - Les quatre concepts fondamentaux de la psychanalyse*, et en maints autres ouvrages.

[5] Les faits nous apprennent cependant qu'il s'agit souvent de cela : la thérapie sert d'alibi, ou de légitimation à ce qui est perçu, par l'entourage si ce n'est par le patient lui-même, comme dysfonctionnant.

après s'être *disjoints* l'un de l'autre. Sans quoi l'on reste dans l'envoûtement narcissique, autoréféré, duquel il est logiquement impossible de s'extraire, étant donné que l'on y perçoit sempiternellement du Même : soi.

Afin qu'un autre-en-soi devienne perceptible, et s'érige peu à peu en tant que réel protagoniste, il est nécessaire d'en passer par certaines procédures, aptes à le reconnaître comme tel. Cela est, et reste, la grande problématique associée à la relation qu'il nous est possible d'entamer avec un phénomène aussi étrange que la vie psychique. À cet égard, et depuis la nuit des temps, le moi humain a été confronté à une irrémissible altérité, identifiée sous maintes appellations toutes aussi *plausibles* les unes que les autres : l'Infini, la transcendance, les dieux et les démons ou, plus proche de nous, l'inconscient ou l'Autre.

Terminologies plausibles, disions-nous, dans la mesure où, justement, par leur pluralité autant que par le caractère évanescent de ce qu'elles évoquent, elles ne pourront *jamais* qualifier une réalité délimitée et, de ce fait, identifiable[1]. C'est-à-dire apte à être circonscrite comme peut l'être un objet tangible (une table, une boîte de conserve, un coronavirus…). Bien au contraire, celle-ci a pour caractéristique foncière de se montrer, de s'exprimer ou de hurler selon des lignes de force ou des fulgurances qui dépassent, radicalement, toute forme d'emprise ou de pouvoir. Inassignable en tant que telle, irréductible en ses multiplicités, toutes les appellations en lesquelles on veut la saisir seront ainsi à la fois vraies et fausses, étant donné qu'elles ne peuvent s'exprimer que de manière métaphorique, poétique et, en définitive, erratique. C'est-à-dire sous forme de *tentatives de compréhension*, une fois encore[2].

Lorsqu'un patient me déclare, par exemple, qu'il se sent possédé par le démon de la jalousie, il exprime empiriquement un événement

---

[1] C'est tout le problème des religions qui mettent dans la bouche de « Dieu » ce que bon leur semble. De là découleront toutes les dérives imaginables justifiant, une fois encore, la négation d'autrui ou de tout ce qui, de près ou de loin, diverge des présupposés sur lesquels elles s'appuient. Il en va de même de toute théorisation sur la psyché ou, plus généralement, sur les valeurs et leur rapport incertain avec la « vérité ». Voir, à cet égard, mon ouvrage : *Délires et splendeurs du religieux - La transcendance au 21e siècle.*

[2] Voir au chapitre *Définitions* l'article relatif au *symbole* dans *Types psychologiques* de Jung, p. 468 et suivantes : « Voir dans l'expression symbolique (…) la meilleure formule possible d'une chose relativement peu connue, que l'on ne saurait donc tout d'abord désigner de façon plus claire ou plus caractéristique, c'est faire du *symbolisme.* (…) Symbolique est la conception qui, dépassant toute interprétation concevable, considère la croix comme l'expression de certain fait encore inconnu et incompréhensible, mystique ou transcendant, donc psychologique en premier lieu, qu'il est absolument impossible de représenter plus exactement que par la croix. » Souligné par l'auteur.

psychique non réductible à un acte volontaire ou désiré. Il se sent alors *réellement* habité par une puissance, une intention autonome surgissant de manière inopinée et souvent ravageuse dans le champ d'une conscience qui n'en comprend ni l'intensité, ni même les motifs. Il ne se l'explique pas. Et toute forme d'investigation sur d'éventuelles causes ayant pu le mener à en pâtir se révèle impuissante à en purger l'excès ou, même, l'irruption. Certes, on pourra débusquer çà et là quelques éléments pouvant éclairer, fut-ce sommairement, la ou les origines de ladite compulsion, il n'en reste pas moins que sa force irruptive et sa mainmise sur l'ensemble de la vie psychique demeurent incompréhensibles pour l'individu. C'est bien là toute la difficulté : son moi, se trouvant soudain dépossédé de ses facultés usuelles, est alors confronté à une absolue altérité – dont il devient du même coup le porte-voix – s'imposant à lui et s'emparant des rênes afin de lui substituer son règne.

Dans une lecture ancestrale de la chose, on attribuera cette possession à des facteurs objectifs, externes au sujet, s'introduisant en lui comme le fait un voleur dans le logis qu'il cambriole : la personne est alors infestée ou investie par « un autre » qui, effectivement, lui confisque son vouloir et s'y comporte selon des modalités qui lui correspondent, à lui[1]. Raison pour laquelle on parle alors de *possession.* À cet égard, il faut signaler que nombre de nos contemporains ont recours à des techniques dites « exorcistes » afin de se débarrasser de ces encombrants parasites. Par diverses prières ou soins, le prêtre, le chaman ou le guérisseur extraient, concrètement, l'intrus de là où il s'était engagé et, dans le meilleur des cas, le patient repart guéri.

Pour une compréhension psychologique de la chose, il en va tout autrement : l'absolue altérité en question n'est plus envisagée comme une entité externe s'immisçant dans sa proie à la suite d'un sort, d'une malédiction ou de toute autre intervention *étrangère* à sa constitution. Au

[1] Voir l'exposé qu'en propose Mabit dans un ouvrage collectif : « (Les) pratiques rituelles d'origine chamanique révèlent que toute infestation s'inscrit d'une façon ou d'une autre dans le corps de l'individu entendu comme une unité physico-psycho-spirituelle, et dont la manifestation commune est d'ordre énergétique. » Mabit insiste alors sur la dimension objective de ces infestations : « Dans tous les cas, *une forme d'intrusion énergétique a été opérée depuis un acte ou une situation qui a violé l'intégrité "des" corps de l'individu.* Ce viol ne suppose pas toujours une violence manifeste, mais peut opérer depuis la séduction ou la tromperie. L'individu a pu également ouvrir la porte aux intrusions par ignorance, par curiosité, et aussi très souvent à partir de réactions inadaptées face à des contentieux affectifs ou existentiels profonds. » À lire dans : « Le sorcier, le fou et la grâce : les archétypes sont-ils des esprits désacralisés ? Réflexion à partir du chamanisme amazonien » pp. 119-200 in *Danger et nécessité de l'individuation*, pp. 147-148. Souligné par moi.

contraire, il est ici postulé que la violence de l'événement ou sa dimension disruptive est due, principalement, à des composantes intrapsychiques jusque-là méconnues, refoulées ou, éventuellement, dormantes. *Du point de vue de l'ego toutefois, celles-ci sont bel et bien perçues comme « extérieures » à lui.* C'est là que la question se corse.

On a eu recours, dans un précédent chapitre[1], à la notion de complexes[2]. Ceux-ci, en tant que concrétions indépendantes relativement aux fonctionnements moïques, en sont du même coup clivés, pour toutes sortes de raisons. Mais, l'occasion faisant le larron, au cours d'épisodes existentiels particuliers, ils peuvent effectivement se manifester de façon intempestive, si ce n'est obsédante. La jalousie dite « pathologique » en est un bon exemple. Dans ce cas, la charge énergétique inhérente au complexe explose littéralement dans le champ conscient et y prend, temporairement, toute la place. Le phénomène, loin d'être envisagé comme provenant d'une quelconque activité externe (comme peuvent l'être une malédiction, un sort), est ici conçu comme hétérogène à l'organisation égotique en tant que telle. En d'autres termes, *il est bien étranger à ce à quoi s'identifie l'individu* – son moi – sans pour autant relever d'une hypothétique entité objectale, dotée d'intentions ou de projets spécifiques le concernant.

C'est ici que peut intervenir le travail dialectique. Car ce qu'a identifié le conscient au cours de l'épisode irruptif, alors que, soumis aux rafales de poussées émotionnelles inouïes, il se voit vaciller sur des bases qui jusque-là le portaient, correspond à un faisceau de comportements, d'affects et de pensées qui « appartiennent », empiriquement, à l'autre-en-soi (le « complexe ») dont il est ici question.

Que faire d'une telle rencontre qui prend souvent les traits d'une véritable *confrontation* ? La meilleure des options consiste à l'interroger. Car le but de toute opération dialogique reste et demeure la transformation de l'une ou de l'autre instance impliquée. Leur mutation. Or, il n'en est pas d'imaginable sans la prise de risque consistant à se confronter à autrui, quelle qu'en soit la nature. C'est pourquoi, depuis la nuit des temps, on interroge ses rêves, on prie, on médite, on crée, on se met en état de réceptivité afin que cet autre puisse nous parler, nous informer et, dans le meilleur des cas, nous *enseigner*.

En interrogeant, on est du même coup amené à se mettre à l'écoute, acte sublime dont généralement on se prive, pour nombre de raisons évoquées ci-dessus. Car si le moi est bien le champ d'infinies aptitudes,

---

[1] *Le moi, générateur de stratégies.*

[2] *Le trauma et ses effets : le traumatisme.*

d'intelligences et de savoir-faire dépassant l'entendement, il est aussi un tueur. Par attachement démentiel à ses prérogatives les plus avérées, il ne peut se résoudre au suspens que lui intime le fait d'être, tout simplement. Et lorsqu'il baisse la garde, épuisé par une journée de stimuli permanents, c'est pour s'écrouler dans l'obscurité d'un sommeil sans rêves, réparateur de ses forces et, du même coup, lui permettant de poursuivre son inépuisable quête en direction de l'accaparement, du plus, de la maîtrise. De cette manière, l'ego « extermine » littéralement tout ce qui n'est pas lui, tout ce qui lui résiste, au nom de son angoisse ou de sa faim, atavique tout autant qu'omniprésente :

> Quoi que nous fassions, la démesure gardera toujours sa place dans le cœur de l'homme, à l'endroit de sa solitude. Nous portons tous en nous nos bagnes, nos crimes et nos ravages. Mais notre tâche n'est pas de les déchaîner à travers le monde ; elle est de les combattre en nous-mêmes et dans les autres[1].

Afin que le moi puisse muter, il lui est nécessaire d'entrer dans le recueillement qu'implique l'écoute et les modalités qui lui sont inhérentes. Petit à petit peut alors émerger ce qu'ailleurs nous avons appelé le *Je*[2]. Cet entre-deux, ce médiateur entre le *haut* – facultés dites nobles, issues du brassage phylogénétique favorisant l'évolution cognitive – et le *bas* – le monde du dessous (*the Underworld*[3], chez Hillman), reconnu en tant qu'*âme* depuis la nuit des temps, sombre, étrange, comparable aux courants profonds parcourant l'océan et dont, en surface, on ne ressent rien si ce n'est, parfois, au détour de formidables bouleversements qui laissent ego pantois ou sidéré.

Ce dernier hait ces mouvements, car ils lui échappent ; il vomit ces fluctuations, car elles démentent son besoin de certitude ; il les fuit également, car elles lui intiment ce qu'il redoute le plus : être dérangé de ce qu'il a patiemment *rangé*, ordonné, construit au fil du temps, des années, des siècles, et dont il perçoit (comme le fait le percepteur) les bénéfices à tout bout de champ. Ce faisant, il se prive de ce qui constitue la sève de la vie psychique, autrement dit, les circulations invisibles, sous-jacentes qui, sans cesse, et malgré ses dénégations, n'arrêtent pas d'animer, de traverser le substrat sur lequel il est posé, comme un

---

[1] Camus, A., *L'homme révolté*, p. 376.

[2] Willequet, P., *L'ego face au divin - Naissance du moi et expériences mystiques*, p. 215 et suivantes.

[3] Hillman, J., *The Dream and the Underworld.*

bouchon sur le fleuve. Or, comme l'avait parfaitement compris Héraclite, « On ne peut entrer deux fois dans le même fleuve[1]. »

Le fleuve sait[2] ; le moi croit savoir. C'est là toute la nuance.

Contaminée par la voracité égotique, la psychologie académique tout autant que nombre d'orientations psychothérapeutiques en sont arrivées à élaborer une vision du psychisme rigoureusement dépourvue d'âme. C'est-à-dire cantonnée aux mouvements de surface d'un phénomène qui – la clinique nous l'atteste à chaque pas – déborde de tous côtés les perspectives, forts ténues avons-nous vu, d'un univers mental limité à sa manière d'appréhender les choses du point de vue conscient et, de ce fait, rationnel, cognitif et causal.

Or l'âme n'est ni rationnelle ni cognitive au sens restrictif du terme ni ne fonctionne selon des logiques de pure causalité. N'importe quel journal de rêves le prouve à chaque page : le foisonnement des thématiques, images, symboles qui le parcourent nous démontrent, d'un point de vue authentiquement scientifique (phénoménologique, donc), qu'il s'agit là d'une réalité absolument insaisissable, polymorphe, maniant à l'envi les contradictions les plus absolues, les paradoxes les plus impitoyables et les faux-fuyants de toute nature. Le fourmillement onirique et sa pléthore d'émotions, de représentations ou de réflexions le confirment à chaque pas : l'âme est *causa sui*, sa propre cause se produisant elle-même :

> Les objets naturels, y compris notre réalité corporelle, sont tous mus par quelque chose qui leur est extérieur. Tout a une cause ou est l'effet d'une cause. Le soleil réchauffe la pierre. L'âme, en revanche, et à un degré moindre la vie au sens biologique, n'est pas mue par quoi que ce soit en dehors d'elle-même. L'âme possède ses causes à l'intérieur d'elle-même. Elle est intériorité. Raison pour laquelle l'âme est fondamentalement *contra naturam*[3].

Afin que le moi puisse accéder à l'état de *Je*, il lui faut donc s'aventurer dans les contrées effarantes d'un réel *aveuglement* – comme

---

1 Héraclite, op. cit., fragment XCI, p. 87.

2 C'est cela que tente de théoriser la psychanalyse depuis plus d'un siècle, à savoir que l'inconscient (autre mot pour l'âme) est bel et bien « … *le témoignage d'un savoir* en tant que pour une grande part il échappe à l'être parlant. » Enfonçant le clou, Lacan poursuit : « Si l'inconscient nous a appris quelque chose, c'est d'abord ceci, *que quelque part, dans l'Autre, ça sait.* » Lacan, J., *Le Séminaire - Livre XX - Encore*, p. 174 et 111. Souligné par moi.

3 Giegerich, W., *What is soul ?*, p. 219.

celui que dû traverser Saul sur le chemin de Damas[1]. Admettre et surtout tolérer de ne plus savoir, de ne plus comprendre et de ne rien maîtriser. Dans le noir de cette absolue ignorance, maintes et maintes fois abordée par la mystique, le sujet est appelé à se *déprendre* de ses certitudes, de ses représentations les plus affermies, tout autant que de ses croyances les plus solides. C'est à ce prix que son moi peut entrer en métamorphose.

Dans l'un de ses plus fameux sermons déjà cités (le 52e), Me Eckhart affirme que l'attitude juste en vue de ce qu'il nomme la *béatitude* consiste à ne rien vouloir, rien savoir, ni rien avoir. Le verbe qui revient sans cesse dans ce chapitre est, précisément : « se déprendre ». Plus radical encore, le théologien rhénan en vient à *prier Dieu de le déprendre de Dieu.* Audace conceptuelle suprême, revenant à dire que son intuition le mène à l'endroit où, relativement à la divinité, il lui faudra se dépouiller de toutes formes de représentations, si ce n'est de toute *trace*, ou *reste*, les concernant :

> Nous disons que l'homme doit être si pauvre qu'il ne soit et qu'il n'ait aucun lieu où Dieu puisse opérer. Là où l'homme garde un lieu, là il garde une différence. C'est pourquoi je prie Dieu qu'il me déprenne de Dieu. (...) Plus : dans la percée où je me tiens dépris de ma volonté propre et de la volonté de Dieu et de toutes ses œuvres et de Dieu même, je suis par-dessus toutes les créatures et ne suis ni Dieu ni créature, plus : je suis ce que j'étais et ce que je dois demeurer maintenant et pour toujours.

Un peu plus loin, Eckhart poursuit, sur un registre identique :

> Là je suis ce que j'étais, et là je ne décrois ni ne croîs. (...) Ici Dieu ne trouve aucun lieu en l'homme, car avec cette pauvreté l'homme conquiert ce qu'il était éternellement et doit demeurer pour toujours[2].

En relisant ces phrases, on touche de près la stupéfiante lucidité eckhartienne à l'œuvre. Car la pauvreté évoquée ici n'a bien sûr rien à voir avec un quelconque attachement matériel. Cela va sans dire. Au contraire, le rhénan s'attaque à ce qu'il discerne comme étant les « lieux » en l'homme, à savoir les espaces « mentaux » où il est encore possible de

---

[1]Ac. 9, 3-9. Après avoir été frappé par une « lumière venue du ciel », Saul, persécuteur des chrétiens, est jeté à terre et entend une voix lui demander « Saul, Saul, pourquoi me persécuter ? » Il se relève ensuite, mais : « Bien qu'il eût les yeux ouverts, il n'y voyait plus rien et c'est en le conduisant par la main que ses compagnons le firent entrer dans Damas où il demeura privé de la vue pendant trois jours, sans rien manger ni boire. »

[2] Eckhart, Me., op. cit., sermon 52, pp. 432-433

s'agripper afin de préserver les acquis faisant le lit de fixités antérieures. Celles-ci, ajoute-t-il, sont appelées à être délaissées au profit de ce qu'il nomme l'*être essentiel*[1], « Là où les anges les plus élevés et la mouche et l'âme sont égaux[2]. »

Il faut saisir l'incroyable intelligence psychologique nichée dans ces lignes, car elle révèle, à qui veut l'entendre, toute la paradoxale dynamique de l'individuation chère à Jung. En effet, celui-ci insiste constamment sur le fait que le propre du processus consiste justement à se déprendre de toute forme d'adhésion ou de confort conceptuel à du déjà-pensé, du déjà-dit, du déjà-vu, c'est-à-dire à une paradoxale *pauvreté* égotique. C'est à ce prix que le *Je* peut advenir. Le *Je* comme positionnement libéré des injonctions ataviques, tout autant que des agrippements naïfs à des systèmes[3] ou à des visées uniformisantes, faisant de l'humain le clone de ses semblables.

Le *Je*, comme suffisamment allégé des intimations conceptuelles, moralistes en lesquelles il a été jeté-comme-ça. Le *Je* comme capable d'assumer les dimensions rugueuses, décapantes de l'individuation, cheminement en lequel, finalement, on se trouve dépossédé de toute forme de certitude absolutiste telle que promue par les diverses confessions ou idéologies en « isme » dont Jung aimait à se gausser. En toute fin de vie, il écrit :

> Je suis hors d'état de constater une valeur ou une non-valeur définitive ; je n'ai pas de jugement sur moi ou sur ma vie. Je ne suis tout à fait sûr en rien. Je n'ai à proprement parler aucune conviction définitive – à aucun sujet. Je sais seulement que je suis né, et que j'existe ; et c'est comme si j'éprouvais le sentiment d'être porté. J'existe sur la base de quelque chose que je ne connais pas.

Concluant son œuvre biographique, Jung se réfère à la sagesse chinoise :

---

[1] Ibid., p. 432.
[2] Ibid., p. 428
[3] « Un système n'est jamais qu'un moyen commode de se tirer d'affaire. Il contient d'avance toutes les réponses à toutes les questions possibles. Nous connaissons trop, par exemple, les explications risiblement inadéquates d'un déiste de système, aussi bien qu'un athée de système, peut donner avec arrogance sur n'importe quoi, pour peu qu'on l'y provoque. *Un système, cela signifie que plus rien n'est incertain.* » Beaufret, J., *De l'existentialisme à Heidegger - Introduction aux philosophies de l'existence*, p. 12. Souligné par moi.

Quand Lao-Tseu dit : « tous les êtres sont clairs, moi seul suis trouble », il exprime ce que je ressens dans mon âge avancé. Lao-Tseu est l'exemple d'un homme d'une sagesse supérieure, qui a vu et fait l'expérience de la valeur et de la non-valeur, et qui, à la fin de sa vie, souhaite s'en retourner dans son être propre, dans le sens éternel inconnaissable[1].

[1] Jung, C.G., *Ma vie, souvenirs, rêves et pensées*, p. 408, pour les citations susmentionnées.

Bibliographie

Agnel, A. et coll., *Dictionnaire Jung* (2008), Paris, Ellipses.

Alexandre, L., "*Notre ADN se casse 2500 milliards de fois par seconde*", *L'Express* 3555 (Semaine du 21 au 27 août 2019), p. 12.

Anzieu, D., *Le Moi-peau* (1985), Paris, Dunod.

Attali, J., "*Sur une poudrière, une fois encore*", *L'Express* 3554 (Semaine du 14 au 20 août 2019), p. 17.

Baddeley, A. *La mémoire humaine - Théorie et pratique* (1993), trad. S. Hollard, Grenoble, Presses universitaires de Grenoble.

Baudelaire, Ch., *Les fleurs du mal et autres poèmes* (1855), Paris, Garnier-Flammarion, 1965.

Beaufret, J., *Parménide - Le Poème* (1955), Paris, PUF, 2020.

—. *De l'existentialisme à Heidegger - Introduction aux philosophies de l'existence* (1986), Paris, Librairie Philosophique J. Vrin, 2000.

Bergeret, J., *La personnalité normale et pathologique* (1985), Paris, Dunod

Bergeret, J., Achaintre, A., Bécache, A., Boulanger, J.J., Chartier, J.P., Dubor, P., Houser, M. & Lustin, J.J., *Psychologie pathologique - Théorie et clinique* (1979), Paris, Masson.

Bettelheim, B., *La forteresse vide - L'autisme infantile et la naissance du Soi* (1969), trad. R. Humery, Paris, Gallimard.

Bible, *La Bible - Traduction œcuménique - TOB* (2010), Paris, Éditions du Cerf.

Blanchard, A.M., & Decherf, G., "Le devenir de la toute-puissance dans les liens précoces" (2009), *Le divan familial* 22 (1), pp.149-163.

Bonardel, F., *Philosophie de l'alchimie - Grand œuvre et modernité* (1993), Paris, PUF.

Boutot, A., *Heidegger* (1989), Paris, PUF.

Bouzou, N., "Combien vaut une banane ?" *L'Express* 3572 (Semaine du 18 au 24 décembre 2019), p. 18.

Buber, M., *Je et tu* (1923), trad. R. Misrahi, Paris, Aubier, 2012.

Burkert, W., *Les cultes à mystères dans l'antiquité* (2019), trad. A. Segonds, Paris, Les Belles Lettres.

Camus, A., *L'homme révolté* (1951), Paris, Gallimard, 2019.

Chartier, Cl., "Le futur sera marqué par des bouleversements inouïs", *L'Express* 3556 (Semaine du 28 août au 3 septembre 2019), pp. 112-13.

Clouzot, H. G., "Les Diaboliques" (1955), Paris, Vera Films, Filmsonor.

Cot. B., D., "Les nouveaux obscurantistes." *L'Express* 3549 (Semaine du 10 au 16 juillet 2019), pp. 22-26.

De Laclos, Ch., *Les Liaisons dangereuses* (1782), Paris, Pocket, 1998.

Descartes, R., *Discours de la méthode* (1637), Paris, Garnier Flammarion, 2016.

Desmurget, M., *La fabrique du crétin digital - Les dangers des écrans pour nos enfants* (2019), Paris, Le Seuil.

Dhonte, I., "Le désir dans la subversion lacanienne du sujet : « Ne pas céder sur son désir »" (2010), *La revue lacanienne* 6, pp. 121-28.

Eckhart, Me., *Les Sermons* (1340), Paris, Albin Michel, 2009.

Ellenberger, H.F., *Histoire de la découverte de l'inconscient* (1970), trad. J. Feisthauer, Paris, Fayard, 1994.

Foucart, P., *Les Mystères d'Éleusis* (1914), Paris, Pardès, 1999. Freud, S., "Les psychonévroses de défense" pp. 3-14 in *Névrose, psychose et perversion* (1894), trad. J. Laplanche, Paris, PUF, 1988.

—. *L'interprétation des rêves* (1900), trad. I. Meyerson, Paris, PUF, 1967.

—. *Totem et tabou - interprétation par la psychanalyse de la vie sociale des peuples primitifs* (1912), trad. J. Jankélévitch, Paris, Petite Bibliothèque Payot, 1979.

—. *La vie sexuelle* (1914), trad. D. Berger & J. Laplanche, Paris, PUF, 1969.

—. *Introduction à la psychanalyse* (1916), trad. S. Jankélévitch, Paris, Petite Bibliothèque Payot, 1962.

—. "Josef Popper-Lynkeus et la théorie du rêve" pp. 93-95 dans *Résultats, idées, problèmes II 1921-1938*, trad. J. Altounian & coll., Paris, PUF, 1992.

—. "Remarques sur la théorie et la pratique de l'interprétation du rêve" pp. 79-91 in *Résultats, idées, problèmes II - 1921- 1938* (1923), trad. J. Altounian & coll., Paris, PUF, 1992.

—. *Au-delà du principe de plaisir* (1920), trad. J. Laplanche & J.B. Pontalis, Paris, Éditions Payot, 2010.

Froger, J.F., *Le livre de la Création - Commentaires à propos des trois premiers chapitres de la Genèse* (2017), Gap, Éditions Grégoriennes.

Giegerich, W., *The soul's logical life: Towards a rigorous notion of psychology* (1998), Frankfurt/Berlin/Bern/New York/Paris/Vienne, Peter Lang.

Giegerich, W., *What is soul ?* (2012), New Orleans, Louisiana, Spring Journal Books.

Goethe, J.W., *Faust et le second Faust* (1808), trad. G. de Nerval, Paris, Éditions Garnier Frères, 1969.

Grandcolas, Ph., "Coronavirus : « Nous offrons à des agents infectieux de nouvelles chaînes de transmission » " (2020), in *Le Monde* (en ligne) Paris.

Graves, R., *Les mythes grecs* (1958), trad. M. Hafez, Paris, Fayard, 1967.

Guibal, F., *Dieu selon Hegel - Essai sur la problématique de la Phénoménologie de l'Esprit* (1975), Paris, Aubier Montaigne.

—. *Emmanuel Lévinas - Le sens de la transcendance, autrement,* (2009), Paris, PUF.

Hegel, G.W.F., *Phénoménologie de l'esprit* (1807), trad. J.P. Lefebvre, Paris, Aubier, 1991.

Heidegger, M., *Être et temps* (1927), trad. F. Vézin, Paris, Gallimard, 1986.

—. *Approche de Hölderlin* (1951), trad. H. Corbin & coll., Paris, Gallimard, 1973.

—. *Introduction à la métaphysique* (1952), trad. G. Kahn, Paris, Gallimard, 1992.

—. *Essais et conférences* (1954), trad. A. Préau, Paris, Gallimard, 2001.

—. *Chemins qui ne mènent nulle part* (1986), trad. A. Préau, Paris, Gallimard.

Héraclite. *Fragments recomposés - Présentés dans un ordre rationnel par Marcel Conche* (2017), trad. M. Conche, Paris, PUF.

—. 1991. "Témoignages - Fragments" (1991), pp. 49-107 in *Les écoles présocratiques*, trad. J.P. Dumont, Paris, Gallimard.

Hésiode, *Théogonie - la naissance des dieux* (1993), trad. A. Bonnafé, Paris, Éditions Rivages.

Hillman, J., *The Dream and the Underworld* (1979), New York, Harper & Row.

—. *Pan et le cauchemar* (1979), trad. Th. Auzas & coll., Paris, Éditions Imago.

—. *Le Mythe de la psychanalyse* (1972), trad. Ph. Mikriammos, Paris, Petite bibliothèque, 2006.

Homère, *Des héros et des dieux (hymnes)* (1993), trad. F. Rosso, Paris, Arléa.

—. *Odyssée* (1999), trad. V. Bérard, Paris, Gallimard. Hulin, M., *La mystique sauvage* (2008), Paris, PUF. Huston, N., *L'espèce fabulatrice* (2008), Arles, Actes Sud.

Jullien, F., *De l'intime - Loin du bruyant amour* (2013), Paris, Grasset.

Jung, C. G., *Sur l'interprétation des rêves* (1987), trad. A. Tondat, Paris, Albin Michel, 1998.

—. *L'analyse des visions - Le séminaire de 1930-1934*, trad. J.P. Cahen, B. Eveno, P. Crouzet, Paris, La compagnie du livre rouge, 2018.

—. *C. G. Jung letters I* (1973), Londres, Routledge.

—. *Le Livre Rouge - Liber Novus* (2009), trad. Ch. Maillard & coll., Paris, L'iconoclaste/La compagnie du Livre Rouge, 2012.

—. *Métamorphoses de l'âme et ses symboles - Analyse des prodromes d'une schizophrénie* (1911), trad. Y. Le Lay, Genève, Librairie de l'Université - Georg & Cie, 1983.

—. *L'énergétique psychique* (1919), trad. Y. Le Lay, Genève, Librairie de l'Université - Georg & Cie, 1973.

—. *Types psychologiques* (1937), trad. Y. Le Lay, Genève, Librairie de l'Université - Georg & Cie, 1986.

—. *Psychologie et Alchimie* (1944), trad. H. Pernet & R. Cahen, Paris, Éditions Buchet/Chastel, 1979.

—. *Les racines de la conscience* (1953), trad. Y. Le Lay, Paris, Éditions Buchet/ Chastel, 1982.

—. *Ma vie, souvenirs, rêves et pensées* (1962), trad. R. Cahen & coll., Paris, Gallimard, 1973..

—. *L'âme et la vie* (1963), trad. R. Cahen, Y. Le Lay, Paris, Éditions Buchet/Chastel.

—. *Réponse à Job* (1964), trad. R. Cahen, Paris, Éditions Buchet/Chastel, 1977.

—. *Psychologie du transfert* (1971), trad. E. Perrot, Paris, Albin Michel, 1980.

—. *Problèmes de l'âme moderne* (1931), trad. Y. Le Lay, Paris, Éditions Buchet/Chastel, 1987.

—. *Le Divin dans l'homme - Lettres sur les religions choisies et présentées par Michel Cazenave* (1999), trad. M. Cazenave, Paris, Albin Michel.

Kohut, H., *Le Soi - La psychanalyse des transferts narcissiques,* (1974), trad. M. André Lussier, Paris, PUF, 2004.

Kojève, A., *Essai d'une histoire raisonnée de la philosophie païenne 1- Les présocratiques* (1968), Paris, Gallimard.

Ksenofontov, G., *Les chamanes de Sibérie et leur tradition orale,* (1925), Paris, Albin Michel, 1998.

Kundera, M., *La plaisanterie* (1967), trad. M. Aymonin, Cl. Courtot et M. Kundera, Paris, Gallimard, 2003.

Lacan, J., E*crits* (1966), Paris, Le Seuil.

—. *Le Séminaire - Livre XI - Les quatre concepts fondamentaux de la psychanalyse* (1973), Paris, Le Seuil.

—. *Le Séminaire - Livre XX - Encore* (1975), Paris, Le Seuil.

—. *Le Séminaire - Livre VII - L'éthique de la psychanalyse* (1986), Paris, Le Seuil.

Laplanche, J., & Pontalis, J.B., *Vocabulaire de la Psychanalyse,* (1967), Paris, PUF.

Lemoine, H., "La honte - Les trois faces de la honte" (2010), pp. 1-27 dans *AIRE - Analyse Intégravie Rêve Éveillé*, Cluses, AIRE.

Lévinas, E., *Totalité et infini - Essai sur l'extériorité* (1971), Paris, Le Livre de Poche.

Lewis, R., *Pourquoi j'ai mangé mon père* (2012), trad. R. Barrisse & coll., Arles, Actes sud.

M. Linehan, M., *Traitement cognitivo-comportemental du trouble de personnalité état-limite* (2000), Genève, Médecine & Hygiène.

Mabit, J., "Le sorcier, le fou et la grâce : les archétypes sont- ils des esprits désacralisés ? Réflexion à partir du chamanisme amazonien" (2015), pp. 119-200 dans *Danger et nécessité de l'individuation*, Les Colloques de Bruxelles, Bruxelles, Esperluète/l'Arbre Soleil.

Machiavel, N., *Le Prince* (1513), trad. Y. Lévy, Paris, GF Flammarion, 1980.

Marteau, St., "Jeunes : les réseaux sociaux rabattent pour la chirurgie esthétique", *L'Express* 3556 (Semaine du 28 août au 3 septembre 2019), pp. 50-54.

Millot, C., *La vie avec Lacan* (2016), Paris, Gallimard.

Naccache, L., *Le Nouvel Inconscient - Freud, le Christophe Colomb des neurosciences* (2009), Paris, Odile Jacob.

Neumann, E., *The Child - Structure and Dynamics of the Nascent Personality* (1973), Londres, Maresfield Library.

Nietzsche, F., *Le gai savoir* (1881), trad. A. Vialatte, Paris, Gallimard, 1950.

Otto, R., *Le sacré - L'élément non-rationnel dans l'idée du divin et sa relation avec le rationnel* (1929), trad. A. Jundt, Paris, Payot, 1949.

Ovide, *Les Métamorphoses* (1992), trad. G. Lafaye, Paris, Gallimard.

Piaget, J., *La formation du symbole chez l'enfant* (1945), Neuchâtel - Paris, Delachaux et Niestlé, 1976.

—. *L'épistémologie génétique* (1970), Paris, PUF, 2011. Piazza, P. V., *Homo Biologicus* (2019), Paris, Albin Michel.

Platon, *Le Banquet - Phèdre* (1964), trad. E. Chambry, Paris : Flammarion.

—. *Apologie de Socrate - Criton - Phédon* (1965), trad. E. Chambry, Paris, GF-Flammarion.

—. *Protagoras - Euthydème - Gorgias - Ménexème - Ménon – Cratyle* (1967), trad. E. Chambry, Paris, GF-Flammarion.

—. *Charmide - Lysis* (2004), trad. L.A. Dorion, Paris, GF- Flammarion.

Quinet, A., "L'Inconscient structuré comme un théâtre" (2010), *Savoirs et clinique* 12 (1) pp. 188-95.

Racamier, P.C., *Les perversions narcissiques* (2012), Paris, Payot.

Redeker, R., "Comprendre ce que nous ne comprenons pas" *Le Point* 2254 (Jeudi 19 novembre 2015), pp. 120-21.

Reeves, H., *Poussières d'étoiles* (2014), Paris, Points.

Rey, A & coll., *Dictionnaire historique de la langue française* (1993), Paris, Dictionnaires Le Robert.

Ricard, F., "Le roman de la dévastation" (2003), pp. 479-510 dans *La plaisanterie*, Paris, Gallimard.

Ricœur, P., *De l'interprétation - Essai sur Freud* (1965), Paris, Le Seuil.

Rohde, E., *Psyché - Le culte de l'âme chez les Grecs et leur croyance à l'immortalité* (1897), Paris, Claude Tchou, 1999.

Roudinesco, E., Plon, M., *Dictionnaire de la psychanalyse* (1997), Paris, Fayard.

Roussillon, R., "Jalons et repères de la théorie psychanalytique du traumatisme psychique" (2002), *Revue belge de psychanalyse* 40 (2002) pp. 25-42.

—. *Agonie, clivage et symbolisation* (2012), Paris, PUF.

Sade, D. A. F., *Les 120 journées de Sodome ou l'école du libertinage,* (1785), Paris, Union générale d'éditions, 1975.

Sartre, J.P., *L'existentialisme est un humanisme* (1996), Paris, Gallimard.

Schlanger, J., *Sur la bonne vie - Conversations avec Épicure, Epictète et d'autres amis* (2000), Paris, PUF.

Schopenhauer, A., *Le monde comme volonté et comme représentation* (1818), trad. C. Rosset, Paris, PUF, 2014.

Sibony, D., *Les trois monothéismes - Juifs, Chrétiens, Musulmans entre leurs sources et leurs destins* (1997), Paris, Le Seuil.

Sperber, J., *Karl Marx - Homme du XIXè siècle* (2017), trad. D. Tuaillon, Paris, Éditions Pirahna.

Spinoza. 1667/1990. *Éthique* (1667), trad. R. Misrahi, Paris, PUF, 1990.

—. *Traité politique* (1677), trad. B. Pautrat, Paris, Éditions Allia, 2013.

Stendhal, *Vie de Henry Brulard* (1836), Paris, Folio, 2017.

Syeda, R.K, Zubia, S.A., "A Literature Review on the Definition and Measurement of the Concept of Genius" *International Journal of Research - Granthaalayah - A knowledge Repository* 3 (Novembre, 2015) pp. 21-31.

Taylor, Ch., *Les sources du moi - La formation de l'identité moderne* (1998), trad. Ch. Mélançon, Paris, Le Seuil.

Tchouang-Tseu, *Les Œuvres de Maître Tchouang* (2010), trad. J. Levy, Paris, Éditions de l'Encyclopédie des Nuisances.

Testot, L. & Chartier, C., "Quand les grandes épidémies dictaient la géopolitique." *L'Express* 3586 (Semaine du 26 mars au 1er avril 2020) pp. 69-70.

Vergely, B., "L'élan créateur chez Bergson et Jung" (2018), pp. 157-93 dans *Jung et l'élan créateur,* Colloques de Bruxelles, Bruxelles, Esperluète/l'Arbre Soleil.

Vernant, J.P., *L'univers, les dieux, les hommes - Récits grecs des origines* (1999), Paris, Le Seuil.

von Franz, M. L., *Patterns of Creativity Mirrorred in Creation Myths* (1986), Dallas, Spring Publications, Inc.

Von Hartmann, E., *Philosophie de l'inconscient. Métaphysique de l'inconscient* (1877), trad. D. Nolen, Paris, Hachette livre - BNF, 2016.

Wilde, O., *Le Portrait de Dorian Gray* (1890), trad. A. Tomczak, Paris, Grasset, 2016.

Willequet, P., *La bizarrerie du rêve et ses représentations - Une revue critique et une étude empirique* (1999), Berne/Berlin/Bruxelles/Francfort-s. Main/New York/Vienne, Peter Lang.

—. "L'accueil : notion complexe" (2000), pp. 53-82 dans *L'envol et le lien - Dix ans d'activités au Cerf-Volant : lieu d'accueil parents-enfants*, Genève, Suzanne Hurter.

—. *Mères et filles - Histoire d'une emprise* (2008), Paris, Le Seuil.

—. *L'ego face au divin - Naissance du moi et expériences mystiques* (2010), Genève, Slatkine.

—. "Pierre Willequet - l'ego face au divin." *Santé yoga* 129 (Juin 2012) pp. 2-3.

—. *Délires et splendeurs du religieux - La transcendance au 21e siècle* (2018), Paris, Le Martin-Pêcheur - Domaine jungien.

—. *Une effarante vacuité - Spiritualité et opposition âme-esprit* (2019), Avion, Éditions du Cénacle de France.

—*Trahir, être trahi* (2015), Paris, Le Martin-Pêcheur - Domaine jungien.

—. *Sexualité homme-femme - L'éternel malentendu* (2016), Paris, Dervy-Médicis.

Winnicott, D. W., "La crainte de l'effondrement" *Nouvelle revue de psychanalyse* 11(Printemps 1975), pp. 25-34.

—. *La mère suffisamment bonne* (2006), trad. J. Kalmanovitch, J. Michelin, L. Rosaz, Paris, Petite Bibliothèque Payot.

—. *Conversations ordinaires* (1988), trad. B. Bost, Paris, Gallimard.

Zemmour, E., "Eric Zemmour affiche sa peur face à « l'extermination de l'homme blanc hétérosexuel »" (2019), YouTube.

Remerciements

Je remercie chaleureusement Mme Nathalie Richard pour son aide lors de la finalisation de cet ouvrage. Avec patience et persévérance, elle a lu et relu le manuscrit de façon très minutieuse, à la recherche de la plus infime coquille pouvant encore s'y trouver. Que sa collaboration soit ici vivement appréciée et, bien sûr, reconnue.

Structures éditoriales du groupe L'Harmattan

L'Harmattan Italie
Via degli Artisti, 15
10124 Torino
harmattan.italia@gmail.com

L'Harmattan Hongrie
Kossuth l. u. 14-16.
1053 Budapest
harmattan@harmattan.hu

L'Harmattan Sénégal
10 VDN en face Mermoz
BP 45034 Dakar-Fann
senharmattan@gmail.com

L'Harmattan Cameroun
TSINGA/FECAFOOT
BP 11486 Yaoundé
inkoukam@gmail.com

L'Harmattan Burkina Faso
Achille Somé – tengnule@hotmail.fr

L'Harmattan Guinée
Almamya, rue KA 028 OKB Agency
BP 3470 Conakry
harmattanguinee@yahoo.fr

L'Harmattan RDC
185, avenue Nyangwe
Commune de Lingwala – Kinshasa
matangilamusadila@yahoo.fr

L'Harmattan Congo
219, avenue Nelson Mandela
BP 2874 Brazzaville
harmattan.congo@yahoo.fr

L'Harmattan Mali
ACI 2000 - Immeuble Mgr Jean Marie Cisse
Bureau 10
BP 145 Bamako-Mali
mali@harmattan.fr

L'Harmattan Togo
Djidjole – Lomé
Maison Amela
face EPP BATOME
ddamela@aol.com

L'Harmattan Côte d'Ivoire
Résidence Karl – Cité des Arts
Abidjan-Cocody
03 BP 1588 Abidjan
espace_harmattan.ci@hotmail.fr

Nos librairies en France

Librairie internationale
16, rue des Écoles
75005 Paris
librairie.internationale@harmattan.fr
01 40 46 79 11
www.librairieharmattan.com

Librairie des savoirs
21, rue des Écoles
75005 Paris
librairie.sh@harmattan.fr
01 46 34 13 71
www.librairieharmattansh.com

Librairie Le Lucernaire
53, rue Notre-Dame-des-Champs
75006 Paris
librairie@lucernaire.fr
01 42 22 67 13